高等职业教育机电类专业系列教材

电子技术项目式教程

孙　畅　刘英明　刘旭东◎主　编
李　洋◎副主编
梁法辉◎主　审

中国铁道出版社有限公司
CHINA RAILWAY PUBLISHING HOUSE CO., LTD.

内 容 简 介

本书按照项目驱动式教学模式，将内容分解为电子技术基本认知及技能训练、直流稳压电源的设计与制作等 8 个实际电子技术的学习项目，以项目为学习情境，以任务为课程载体，包括任务描述、任务分析、知识与技能、任务工单和综合评价。本书注重做中学、学中做、边讲边练，实现职业能力的培养；以实际应用分析为主，体现"掌握概念、强化应用"的原则；计算机仿真与电子电路实训结合，提高教学质量。

本书适合作为高职高专院校机电一体化技术、电气自动化技术、电子信息技术等专业教学用书和教学参考书，也可供相关领域工程技术人员参考。

图书在版编目(CIP)数据

电子技术项目式教程/孙畅，刘英明，刘旭东主编．—北京：
中国铁道出版社有限公司，2022.10
高等职业教育机电类专业系列教材
ISBN 978-7-113-28718-4

Ⅰ.①电… Ⅱ.①孙…②刘…③刘… Ⅲ.①电子技术-高等职业教育-教材 Ⅳ.①TN

中国版本图书馆 CIP 数据核字(2021)第 263976 号

书　　名：电子技术项目式教程
作　　者：孙　畅　刘英明　刘旭东

策　　划：尹　鹏　　　　　　　　　　编辑部电话：(010)83552550
责任编辑：钱　鹏　绳　超
封面设计：高博越
责任校对：苗　丹
责任印制：樊启鹏

出版发行：中国铁道出版社有限公司(100054，北京市西城区右安门西街 8 号)
网　　址：http://www.tdpress.com/51eds/
印　　刷：三河市宏盛印务有限公司
版　　次：2022 年 10 月第 1 版　2022 年 10 月第 1 次印刷
开　　本：787 mm×1 092 mm　1/16　印张：18.25　字数：444 千
书　　号：ISBN 978-7-113-28718-4
定　　价：48.00 元

版权所有　侵权必究

凡购买铁道版图书，如有印制质量问题，请与本社教材图书营销部联系调换。电话：(010)63550836
打击盗版举报电话：(010)63549461

前　言

由于半导体技术的迅速发展,电子技术在现代科学技术领域中占有很重要的地位,应用也更加广泛。"电子技术"课程是机电一体化技术、电子自动化技术、电子信息技术等专业的重要基础课程,也是专业核心课程。在本课程中,学生通过学习常用电子器件的结构、功能、选择和使用,典型电路的分析方法和设计要领,可获得电子技术方面的基本知识、基本理论和基本技能,为后续专业课程及日后从事相关实际工作奠定必要的基础。

本书按照项目驱动式教学模式,以任务为导向,工作与学习结合,既能通过学习性任务系统地学习电子技术的知识,又能通过实际工作过程得到综合能力的培养和训练。教材的内容和编排体现了工学结合的职业教育的特征。每个学习任务安排了任务描述、任务分析、知识与技能、任务工单和综合评价等内容。同时,将知识点的讲授、计算机仿真和学生实际设计制作电子电路融为一体,强化电路分析和制作的专业核心能力,注重学生应用技能和职业能力的培养,使学生能正确使用常用电子测量仪器,熟练地对基本电子元器件进行识别与测试,掌握常用电子电路的分析、仿真、焊接制作、调试与测试等基本技能。

全书分为8个实际电子技术学习项目,包括电子技术基本认知及技能训练、直流稳压电源的设计与制作、音频放大电路的设计与制作、信号发生器的设计与制作、组合逻辑电路的设计与制作、中规模逻辑电路的设计与制作、数字钟的设计与制作、金属探测器的设计与制作。

本书建议学时为96学时(项目8除外),其中项目1、项目2～项目4(模拟电子技术部分)安排52学时;项目5～项目7(数字电子技术部分)安排44学时;项目8为电子技术综合实训,可安排1周左右。本书建议在实训室教学,采用4节连上形式,具体学时分配如下:

内　容		知识训练	技能训练	总学时
项目1　电子技术基本认知及技能训练		2	2	4
模拟电子技术	项目2　直流稳压电源的设计与制作	6	6	12
	项目3　音频放大电路的设计与制作	12	12	24
	项目4　信号发生器的设计与制作	6	6	12

续表

内　容		知识训练	技能训练	总学时
数字电子技术	项目 5　组合逻辑电路的设计与制作	8	8	16
	项目 6　中规模逻辑电路的设计与制作	8	8	16
	项目 7　数字钟的设计与制作	6	6	12
项目 8　金属探测器的设计与制作		1 周左右		

　　本书由长春汽车工业高等专科学校孙畅、刘英明、刘旭东任主编，李洋任副主编。具体编写分工如下：孙畅负责编写项目 1～项目 4，刘英明负责编写项目 5、项目 6，刘旭东负责编写项目 7、项目 8，李洋负责项目中仿真分析内容的编写、教学课件的制作及所有案例电路的设计。全书由孙畅统稿，由长春汽车工业高等专科学校梁法辉主审。

　　本书在编写过程中，得到了长春汽车工业高等专科学校杨敏教授、王淼教授、刘治满副教授、张瑞敏副教授、王红副教授的大力支持，在此表示诚挚的谢意。

　　由于编者水平有限，书中难免存在不足之处，敬请读者批评指正。

编　者

2021 年 8 月

目 录

项目 1 电子技术基本认知及技能训练 ·· 1

任务 1.1 常用电子仪器仪表的认识与使用 ··· 1
任务 1.2 常用电子元器件的识别与测试 ·· 13
任务 1.3 手工焊接工艺 ·· 22
综合实训 ·· 28
习题 1 ·· 29

项目 2 直流稳压电源的设计与制作 ·· 31

任务 2.1 认识二极管 ··· 32
任务 2.2 整流电路的制作 ·· 42
任务 2.3 滤波电路的制作 ·· 47
任务 2.4 稳压电路的制作 ·· 52
任务 2.5 直流稳压电源的分析与制作 ·· 59
综合实训 ·· 62
习题 2 ·· 65

项目 3 音频放大电路的设计与制作 ·· 66

任务 3.1 认识晶体管 ··· 67
任务 3.2 音频放大电路输入级的制作 ·· 77
任务 3.3 音频放大电路中间级的制作 ·· 93
任务 3.4 负反馈放大电路的设计 ··· 99
任务 3.5 音频放大电路输出级的制作 ·· 109
综合实训 1 ··· 121
综合实训 2 ··· 125
习题 3 ·· 127

项目 4 信号发生器的设计与制作 ·· 130

任务 4.1 认识集成运算放大器 ·· 131
任务 4.2 集成运放线性应用电路的制作与测试 ·································· 137

I

  任务 4.3 三角波、方波发生器的设计与制作 ·············· 147
  任务 4.4 正弦波信号发生器的设计与制作 ················ 154
 综合实训 ·· 165
 习题 4 ·· 167

项目 5 组合逻辑电路的设计与制作 ································ 169

  任务 5.1 数字信号及逻辑门电路的认知 ·················· 170
  任务 5.2 三人表决器电路的设计 ························ 180
  任务 5.3 裁判判定电路的设计 ·························· 186
 综合实训 ·· 193
 习题 5 ·· 197

项目 6 中规模逻辑电路的设计与制作 ······························ 199

  任务 6.1 电话机信号控制电路的设计 ···················· 200
  任务 6.2 数码显示电路的设计 ·························· 205
  任务 6.3 抢答器电路的设计 ···························· 215
 综合实训 ·· 220
 习题 6 ·· 223

项目 7 数字钟的设计与制作 ······································ 224

  任务 7.1 时序逻辑电路和触发器的认知 ·················· 225
  任务 7.2 可变进制计数器的制作 ························ 236
  任务 7.3 流水灯电路的制作 ···························· 241
  任务 7.4 555 定时器的认知和倒计时器的制作 ············ 247
 综合实训 ·· 254
 习题 7 ·· 258

项目 8 金属探测器的设计与制作 ·································· 260

  任务 8.1 振荡电路的设计与制作 ························ 261
  任务 8.2 线性霍尔传感器检测电路的设计与制作 ·········· 264
  任务 8.3 金属探测器检测和报警电路的设计与制作 ········ 268
  任务 8.4 金属探测器的整体仿真调试和焊接 ·············· 275

附录 A 图形符号对照表 ·· 285

参考文献 ·· 286

项目 1　电子技术基本认知及技能训练

在工业生产中用到的电气设备、生活中用到的各种电器，如洗衣机、电吹风、音响等，无论这些电器电路复杂还是简单，都是由各种各样的电子元器件组成的，可见，识别和选用这些电子元器件是非常重要的。本项目主要介绍用万用表检测常用电子元器件、示波器的原理及使用、电阻器的标称值及精度、色环标识法和焊接工艺等，这些都是重要的基础内容。

知识目标

（1）掌握常用仪器仪表（万用表、直流稳压电源、信号发生器、示波器）的使用，了解常用仪器仪表的主要技术指标、性能和正确使用方法；

（2）了解常用元器件的结构特点和检测方法；

（3）掌握常见电阻器的符号、分类、特点、选用原则、特性测试等；

（4）掌握常见电容器的结构、图形符号、分类、特点、使用及选用原则等；

（5）掌握常见电感器的工作原理、分类、使用及选用原则等；

（6）掌握焊接工艺的基本知识。

能力目标

（1）掌握利用万用表测量电压、电流、电阻、电容等特性参数的方法；

（2）掌握直流稳压电源、信号发生器、示波器的使用；

（3）掌握利用信号发生器输出相应幅值和频率的波形的方法，以及利用示波器测试信号发生器输出波形的特性参数的方法；

（4）掌握焊接工艺中常用焊接工具的使用，掌握焊接工艺（五步工序法）。

任务 1.1　常用电子仪器仪表的认识与使用

电子技术中的测量是测量的一个重要分支，就是将被测的电量、磁量或电路参数与同类标准量（真值）进行比较，从而确定出被测量大小的过程。常用的电子仪器仪表有万用表、示波器、信号发生器、直流稳压电源、交流毫伏表、频率计等。

任务描述

会用直流稳压电源调节输出电压，并用万用表测量；会用信号发生器产生方波、三角波、正弦波，并用示波器测量和显示。

任务分析

电子技术是一门实践性较强的课程，各种电量需要使用测量工具进行测量。本任务主要介绍常用的电工测量工具使用方法，常用电量的测量方法，锻炼学生的实践动手能力，激发其学习电子技术知识的兴趣。

知识与技能

一、万用表的认知和分类

万用表又称复用表、多用表、三用表、繁用表等，是电力电子等部门不可缺少的测量仪表，一般以测量电压、电流和电阻为主要目的。万用表按显示方式分为指针万用表和数字万用表。万用表外形如图1.1所示。万用表是一种多功能、多量程的测量仪表，一般万用表可测量直流电流、直流电压、交流电流、交流电压、电阻和音频电平等，有的还可以测电容量、电感量及半导体的一些参数（如 β）等。

（a）指针万用表　　　　　（b）数字万用表

图1.1　万用表外形

1. 指针万用表

指针万用表基本工作原理是利用一只灵敏的磁电式直流电流表（微安表）作为表头。当微小电流通过表头，就会有电流指示。但表头不能通过大电流，所以，必须在表头上并联与串联一些电阻进行分流或降压，从而测出电路中的电流、电压和电阻。

1）使用方法

（1）测试前，首先把万用表放置于水平状态，并查看其指针是否处于零点（指电流、电压刻度的零点），若不在零点，则应调整表头下方的"机械零位调整"旋钮，使指针指向零点。

（2）根据被测项，正确选择万用表上的测量项目及量程开关。

如已知被测量的数量级，则就选择与其相对应的数量级量程。如不知被测量的数量级，则应从选择最大量程开始测量，当指针偏转角太小而无法精确读数时，再把量程减小。一般以指针偏转角不小于最大刻度的30%为合理量程。

2）注意事项

万用表是比较精密的仪器，如果使用不当，不仅会造成测量不准确且极易损坏。但是，只要掌握万用表的使用方法和注意事项，谨慎从事，那么万用表就能经久耐用。使用万用表时的注意事项如下：

（1）测量电流与电压不能旋错挡位。如果误用电阻挡或电流挡去测电压，就极易烧坏万用表。万用表不用时，最好将挡位旋至交流电压最高挡，避免因使用不当而损坏。

(2) 测量直流电压和直流电流时，注意"正、负"极性，不要接错。如发现指针开始反转，应立即调换表笔，以免损坏指针及表头。

(3) 如果不知道被测电压或电流的大小，应先用最高挡，而后再选用合适的挡位来测试，以免指针偏转过度而损坏表头。所选用的挡位越靠近被测值，测量的数值就越准确。

(4) 测量电阻时，不要用手触及元件裸露的两端（或两支表笔的金属部分），以免人体电阻与被测电阻并联，使测量结果不准确。

(5) 测量电阻时，如将两支表笔短接，"欧姆调零"旋钮调至最大，指针仍然达不到零点，这种现象通常是由于表内电池电压不足造成的，应换上新电池方能准确测量。

(6) 万用表不用时，挡位旋钮不要旋在电阻挡，因为万用表内有电池，如不小心易使两根表笔相碰短路，不仅耗费电池电量，严重时甚至会损坏表头。

指针万用表是指针电磁偏转式的，每次使用前都需进行机械调零，使用较烦琐且示数的读取具有主观性，不够精确，现在已很少使用；而数字万用表可直接显示数字，无须观察刻度即可进行读数，结果较精确，目前使用较为广泛。

2. 数字万用表

万用表测量电压、电流和电阻的功能是通过转换电路部分实现的，而电流、电阻的测量都是基于电压的测量，也就是说数字万用表是在数字直流电压表的基础上扩展而成的。转换器将随时间连续变化的模拟电压量变换成数字量，再由电子计数器对数字量进行计数得到测量结果，最后由译码显示电路将测量结果显示出来。逻辑控制电路的协调工作，在时钟的作用下按顺序完成整个测量过程。

1) 基本功能及特点

电流、电压和电阻的测量，一般被视为万用表的基本功能。早期万用表制造厂商 AVO 的品牌，就是电流、电压和电阻单位的英文缩写：A 表示安培（Ampere）、V 表示伏特（Volt）、O 表示欧姆（Ohm），所以早期还称万用表为三用表。数字万用表面板及各部分功能如图 1.2 所示。

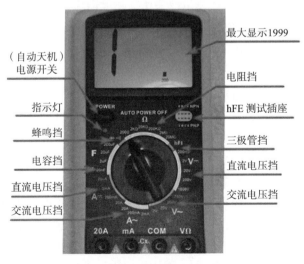

图 1.2 数字万用表面板及各部分功能

数字万用表区别于指针万用表的特点如下：

（1）数字显示，直观方便。

（2）准确度高。数字万用表的准确度与显示位数有关，其性能远优于指针万用表。

（3）分辨率高。数字万用表的分辨率用能显示的最小数字（零除外）与最大数字的百分比来确定，百分比越小，分辨率越高。

（4）测量速率快。测量速率是指仪表在每秒内对被测电路的测量次数，单位为"次/s"。数字万用表的测量速率可达每秒几十次，甚至上千次。

（5）输入阻抗高。数字万用表具有很高的输入阻抗，这样可以减少对被测电路的影响。

（6）集成度高，便于组装和维修。目前数字万用表均采用中大规模集成电路，外围电路十分简单，组装和维修都很方便，同时数字万用表的体积也在逐渐减小。

（7）保护功能齐全。数字万用表内部有过电流、过电压等保护电路，过载能力很强，在不超过极限值的情况下，即使出现误操作（如用电阻挡测量电压等），也不会损坏内部电路。

（8）功耗低、抗干扰能力强。

2）注意事项

（1）如果无法预先估计被测电压或电流的大小，则应先拨至最高量程挡测量一次，再视情况逐渐把量程减小到合适位置。测量完毕，应将量程开关拨到最高电压挡，并关闭电源。

（2）满量程时，仪表仅在最高位显示数字"1"，其他位均消失，这时应选择更高的量程。

（3）测电压时，应将数字万用表与被测电路并联；测电流时，应将数字万用表与被测电路串联。测直流量时不必考虑正、负极性。当误用交流电压挡去测量直流电压，或者误用直流电压挡去测量交流电压时，显示屏将显示"000"，或低位上的数字出现跳动。

（4）禁止在测量高电压（220 V以上）或大电流（0.5 A以上）时换量程，以防产生电弧，烧毁开关触点。

（5）当万用表的电池电量即将耗尽时，液晶显示器左上角会有电池电量低提示。（会有电池符号显示）。此时若仍进行测量，测量值会比实际值偏高。

二、直流稳压源的认知和分类

当今社会人们极大地享受着电子设备带来的便利，但是任何电子设备都有一个共同的电路——电源电路。大到超级计算机，小到袖珍计算器，所有的电子设备都必须在电源电路的支持下才能正常工作。当然这些电源电路的样式、复杂程度千差万别。超级计算机的电源电路本身就是一套复杂的电源系统。通过这套电源系统，超级计算机各部分都能够得到持续稳定、符合各种复杂规范的电源供应。袖珍计算器则是简单得多的电池电源电路。比较新型的电池电源电路完全具备电池能量提醒、掉电保护等高级功能。可以说电源电路是一切电子设备的基础，没有电源电路就不会有如此种类繁多的电子设备。

由于电子技术的特性，电子设备对电源电路的要求就是能够提供持续稳定、满足负载要求的电能，而且通常情况下都要求提供稳定的直流电能。提供这种稳定的直流电能的电源就是直流稳压电源。直流稳压电源在电源技术中占有十分重要的地位。另外，很多电子爱好者初学阶段首先遇到的就是要解决电源问题，否则电路无法工作、电子制作无法进行，学习更无从谈起。直流稳压电源实物如图1.3所示。

1. 定义和分类

直流稳压电源是能为负载提供稳定直流电源的电子装置。直流稳压电源的供电电源大都是交流电源，当交流供电电源的电压或负载电阻变化时，稳压器的直流输出电压都会保持稳定。直流稳压电源的技术指标可以分为两大类：一类是特性指标，反映直流稳压电源的固有特性，如输入电压、输出电压、输出电流、输出电压调节范围；另一类是质量指标，反映直流稳压电源的优劣，包括稳定度、等效内阻（输出电阻）、纹波电压及温度系数等。直流稳压电源可以分为两类，即线性型和开关型。

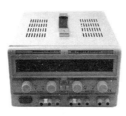

图 1.3　直流稳压电源实物

2. 基本功能

（1）输出电压值能够在额定输出电压值以下任意设定。

（2）输出电流的稳流值能在额定输出电流值以下任意设定。

（3）直流稳压电源的稳压与稳流状态能够自动转换并有相应的状态指示。

3. 基本操作

1）电源开关

将电源开关弹出，即为"关"位置，接入电源线，按电源开关，以接通电源。

2）电压调节（VOLTAGE）

在直流稳压电源中，VOLTAGE 为电压输出调节部分。其中，FINE 为微调旋钮，COARSE 为粗调旋钮。

3）恒压指示灯（C.V.）

当电路处于恒压状态时，C.V. 亮。

4）电流调节（CURRENT）

在直流稳压电源中，CURRENT 为电流输出调节部分。其中，FINE 为微调旋钮，COARSE 为粗调旋钮。

5）恒流指示灯（C.C.）

当电路处于恒流状态时，C.C. 亮。

三、信号发生器的认知与使用

信号发生器又称信号源或振荡器，在生产实践和科技领域中有着广泛的应用，如图 1.4 所示。它是一种能提供各种频率、波形和输出电平电信号的设备。在测量各种电信系统或电信设备的振幅特性、频率特性、传输特性以及测量元器件的特性与参数时，用作测试的信号源或激励源。各种波形曲线可以用三角函数方程式来表示。信号源可以根据输出波形的不同，划分为正弦波信号发生器、矩形脉冲信号发生器、函数信号发生器和随机信号发生器等四大类。正弦信号是使用最广泛的测试信号。这是因为产生正弦信号的方法比较简单,而且用正弦信号测量比较方便。正弦信号源又可以根据工作频率范围的不同划分为若干种。

图1.4 信号发生器

能够产生多种波形,如三角波、锯齿波、矩形波(含方波)、正弦波的电路称为函数信号发生器。函数信号发生器在电路实验和设备检测中具有十分广泛的用途。例如在通信、广播、电视系统中,都需要射频(高频)发射,这里的射频波就是载波,把音频(低频)、视频信号或脉冲信号运载出去,就需要能够产生高频的振荡器。在工业、农业、生物医学等领域内,如高频感应加热、熔炼、淬火、超声诊断、核磁共振成像等,都需要功率或大或小、频率或高或低的振荡器。

1. 面板介绍

为了了解函数信号发生器的使用,下面以YB1610函数信号发生器为例,介绍一下其控制面板,如图1.5所示。

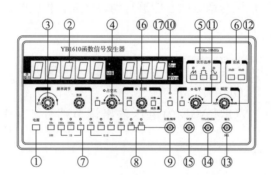

图1.5 YB1610函数信号发生器控制面板

图1.5中部件说明如下:

①电源开关:将电源开关按键弹出,即为"关"位置,接入电源线,按电源开关,以接通电源。

②LED显示窗口:此窗口显示输出信号的频率,当"外测"开关按下,则显示外测信号的频率。如超出测量范围,溢出指示灯亮。

③频率调节旋钮:旋转此旋钮可改变输出信号的频率,顺时针旋转,则频率增大;逆时针旋转,则频率减小,微调旋钮可以微调频率。

④占空比显示:包括占空比开关和占空比调节旋钮。将占空比开关按下,占空比指示灯亮,此时,旋转占空比调节旋钮可改变波形的占空比。

⑤波形选择开关:按下对应波形的按钮,可输出需要的波形。

⑥衰减开关：电压输出衰减开关，两挡开关组合为 20 dB、40 dB。

⑦频率选择开关（兼频率计闸门开关）：根据所需要的频率，按下其中一个按钮。函数信号发生器默认 10k 挡正弦波。

⑧计数、复位开关：按计数键，LED 显示开始计数；按复位键，LED 全显示 0。

⑨计数/频率端口：计数、外测信号频率输入端口。

⑩外测频率开关：按下此开关，LED 显示窗口显示外测信号频率或计数值。

⑪电平调节旋钮：按下电平调节开关，电平指示灯亮，此时旋转电平调节旋钮可改变直流电的偏置电平。

⑫幅度调节旋钮：顺时针旋转此旋钮可增大电压输出幅度，逆时针旋转此旋钮可减小电压输出幅度。

⑬电压输出端口：电压由此端口输出。

⑭TTL/CMOS 输出端口：TTL/CMOS 信号由此端口输出。

⑮VCF 端口：电压控制频率变化由此端口输入。

⑯扫频调节旋钮：按下扫频开关，电压输出端口输出的信号为扫频信号，旋转速率调节旋钮，可改变扫频速率，改变线性和对数开关可产生线性扫频和对数扫频。

⑰电压输出指示：三位 LED 显示输出电压值，接 50 Ω 负载时应将输出电压读数除 2。

2. 注意事项

（1）信号发生器设有"电源指示"，使用时指示灯不亮，应检查电源线或者更换电池后再使用。

（2）信号发生器不用时应放在干燥通风处，以免受潮。

四、示波器的认识与使用

示波器是一种用途十分广泛的电子测量仪器。它能把肉眼看不见的电信号变换成看得见的图像，便于人们研究各种电现象的变化过程。示波器利用狭窄的、由高速电子组成的电子束，打在涂有荧光物质的屏面上，就可产生细小的光点（这是传统的模拟示波器的工作原理）。在被测信号的作用下，电子束就好像一支笔的笔尖，可以在屏幕上描绘出被测信号的瞬时值的变化曲线。利用示波器能观察各种不同信号幅度随时间变化的波形曲线，还可以用它测试各种不同的电学量，如电压、电流、频率、相位差等。示波器实物图如图 1.6 所示。双踪（或多踪）示波是在示波器的基础上，增设一个专用电子开关，用它来实现两种（或多种）波形的分别显示。由于实现双踪（或多踪）示波比实现双线（或多线）示波来得简单，不需要使用结构复杂、价格昂贵的"双腔"或"多腔"示波管，所以双踪（或多踪）示波获得了普遍的应用。

图 1.6 示波器实物图

1. 面板介绍

为了了解示波器的使用，下面以 YB4328D 示波器为例，介绍一下其控制面板，如图 1.7 所示。

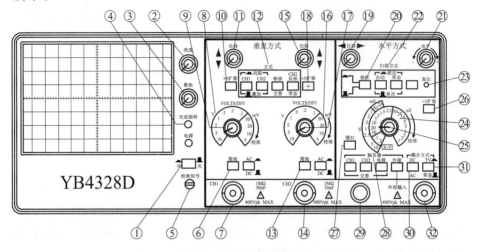

图 1.7　示波器控制面板

图 1.7 中部件说明如下：

1) 电源和光屏显示旋钮

①为电源"开关"按键。②为"亮度"旋钮。③为"聚焦"旋钮。④为"光迹旋转"旋钮。⑤为"校准信号"接口，自校信号是一个标准方波，其峰-峰值为 2.0 V，用于自校准。

2) 垂直方式选择按键

选择⑫垂直方式，中间有一条细线将屏幕分成 CH1 和 CH2 两部分，两部分是对称的且功能相同，然后通过⑫下面的按键选择信号通道和显示方式。由"反相"和"常态"按键决定其显示方式为双踪显示，"断续"和"交替"按键分别决定了低时基下的低频信号和较快时基下的高频信号。按下 CH1，弹起 CH2，信号从⑦（CH1）中输入，此时⑥~⑪起作用。其中，⑥按下信号接地，弹起信号接通。AC、DC 分别为交流、直流耦合。⑦是接探头的接口位置。⑧、⑨旋钮为"垂直方向偏转灵敏度"的粗调和微调旋钮，若要其准确指示，微调旋钮须以逆时针方向调到底。⑩为"垂直方向偏转灵敏度"扩展倍数按键。⑪为"垂直方向（Y 方向）位移"旋钮。按下 CH2，弹起 CH1，则信号从⑭（CH2）中输入，此时⑬~⑱起作用，用于通道信号的调节，功能和 CH1 中的⑥~⑪相同。

3) 位移和电平旋钮

⑲为"水平方向（X 方向）位移"旋钮，用以调节信号在水平方向的位置。⑳为"极性"按键，用以选择被测信号在上升沿或下降沿触发扫描。㉑为"电平"旋钮，用以调节被测信号在变化至某一电平时触发扫描。

4) 扫描旋钮或按键

㉒为"扫描方式"按键，用于选择产生扫描的方式。

自动：当无触发信号输入时，屏幕上显示扫描光迹，一旦有触发信号输入，电路自动转换为触发扫描状态，调节电平可使波形稳定地显示在屏幕上，此方式适合观察频率在 50 Hz

以上的信号。

常态：无触发信号输入时，屏幕上无光迹显示；有触发信号输入且电平旋钮在合适位置时，电路被触发扫描；当被测信号频率低于 50 Hz 时，必须选择该方式。

锁定：示波器工作在锁定状态后，无须调节电平即可使波形稳定地显示在屏幕上。

单次：用于产生单次扫描。进入单次状态后，按动复位键，电路工作为单次扫描方式，扫描电路处于等待状态。当有触发信号输入时，扫描只产生一次，下次扫描需再次按动复位键。

㉓为触发指示，该指示灯具有两种功能指示，当仪器工作在非单次扫描方式时，该灯亮表示扫描电路工作在被触发状态；当仪器工作在单次扫描方式时，该灯亮表示扫描电路在准备状态，此时若有信号输入将产生一次扫描，指示灯随之熄灭。

㉔为"扫描因数（又称扫描速率 SEC/DIV）"粗调旋钮，根据被测信号的频率高低，选择合适的挡位。㉕为"扫描因数（又称扫描速率 SEC/DIV）"微调按钮，用于连续调节扫描速率，调节范围≥2.5 倍扫描速率时，顺时针旋转为校准位置。㉖为"×5 扩展"按键，按下此键，水平扫描速率扩展 5 倍。

5）其他按键

㉗为慢扫描开关，用于观察低频脉冲信号。

㉘为"触发器"按键，用于选择不同的触发源。

CH1：双踪显示时，触发信号来自 CH1 通道；单踪显示时，触发信号来自被显示的通道。CH2 的功能同 CH1。

交替：双踪显示时，触发信号交替来自两个通道，此方式用于同时观察两路不相关的信号。

电源：触发信号来自市电。

外接：触发信号来自外部输入端口。㉙为"机壳接地"端口。

㉚为"AC/DC"按键，其决定外触发信号的触发方式，当选择外触发源且信号频率很低时，应将开关置于"DC"位置。

㉛为"常态/TV"按键，测量时一般应将此开关置于"常态"位置；当需观察电视信号时，将此开关置于"TV"位置。

㉜为"外部输入"端口，当触发器选择外接方式时，触发信号由此端口输入。

2. 示波器的使用

1）示波器初次使用前或久藏复用

此时有必要进行一次示波器能否工作的简单检查和进行扫描电路稳定度、垂直放大电路直流平衡的调整。示波器在进行电压和时间的定量测试时，还必须进行垂直放大电路增益和水平扫描速度的校准。示波器能否正常工作的检查方法、垂直放大电路增益和水平扫描速度的校准方法，由于各种型号示波器的校准信号的幅度、频率等参数不一样，因而检查、校准方法略有差异。

2）选择 Y 轴输入耦合方式

根据被测信号频率的高低，将 Y 轴输入耦合方式选择"AC-地-DC"开关置于 AC 或 DC。

3）选择 Y 轴灵敏度

根据被测信号的大约峰-峰值（如果采用衰减探头，应除以衰减倍数；在耦合方式取 DC

挡时，还要考虑叠加的直流电压值），将 Y 轴灵敏度选择 VOLTS/DIV 开关（或 Y 轴衰减开关）置于适当挡位。实际使用中，如不需读取电压值，则可适当调节 Y 轴灵敏度微调（或 Y 轴增益）旋钮，使屏幕上显现所需要高度的波形。

4）选择触发（或同步）信号来源与极性

通常将触发（或同步）信号极性开关置于"＋"或"－"挡。

5）选择扫描速度

根据被测信号周期（或频率）的大约值，将 X 轴扫描速度 TIME/DIV（或扫描范围）开关置于适当挡位。实际使用中，如不需读取时间值，则可适当调节扫速 TIME/DIV 微调（或扫描微调）旋钮，使屏幕上显示测试所需周期数的波形。如果需要观察的是信号的边沿部分，则扫速 TIME/DIV 开关应置于最快扫速挡。

6）输入被测信号

被测信号由探头衰减后（或由同轴电缆不衰减直接输入，但此时的输入阻抗降低、输入电容增大），通过 Y 轴输入端输入示波器。

3. 示波器的测量

1）交流电压的测量

将 Y 轴输入耦合开关置于 AC 位置，显示出输入波形的交流成分。如交流信号的频率很低时，则应将 Y 轴输入耦合开关置于 DC 位置。

将被测波形移至示波器屏幕的中心位置，用 VOLTS/DIV 开关将被测波形控制在屏幕有效工作面积的范围内，按坐标刻度片的分度读取整个波形所占 Y 轴方向的幅度 H，则被测电压的峰-峰值等于 VOLTS/DIV 开关指示值与 H 的乘积。如果使用探头测量时，应把探头的衰减量计算在内，即把上述计算数值乘 10。

例如，示波器的 Y 轴灵敏度开关 VOLTS/DIV 位于 0.2 挡，被测波形占 Y 轴方向的幅度 H 为 5 div，则此信号电压的峰-峰值为 1 V。如是经探头测量，仍指示上述数值，则被测信号电压的峰-峰值就为 10 V。

2）直流电压的测量

将 Y 轴输入耦合开关置于"地"位置，触发方式开关置于"自动"位置，使屏幕显示一水平扫描线，此扫描线便为零电平线。

将 Y 轴输入耦合开关置于 DC 位置，加入被测电压，此时，扫描线在 Y 轴方向产生跳变位移 H，被测电压即为 VOLTS/DIV 开关指示值与 H 的乘积。

直接测量法简单易行，但误差较大。产生误差的因素有读数误差、视差和示波器的系统误差（衰减器、偏转系统、示波管边缘效应）等。

3）频率的测量

对于任何周期信号，可以用时间间隔的测量方法，先测定其每个周期的时间 T，再用下式求出频率 f：$f=1/T$。

例如，示波器上显示的被测波形，一周期为 8 div，TIME/DIV 开关置于 1 μs 位置，其"微调"置于"校准"位置，则其周期和频率的计算如下：

$$T=1\ \mu s/div \times 8\ div = 8\ \mu s$$

$$f=(1/8)\mu s=125\ kHz$$

所以，被测波形的频率为 125 kHz。

4. 注意事项

（1）通用示波器通过调节亮度和聚焦旋钮使光点直径最小以使波形清晰，减小测试误差；不要使光点停留在一点不动，否则电子束轰击一点宜在显示屏上形成暗斑，损坏显示屏。

（2）示波器上供电电源等设备接地线必须与公共地（大地）相连。

（3）TDS200/TDS1000/TDS2000 系列数字示波器配合探头使用时，只能测量信号端输出幅度小于 300 V 信号的波形。绝对不能测量市电 AC 220 V 或与市电 AC 220 V 不能隔离的电子设备的浮地信号。（浮地是不能接大地的，否则会造成仪器损坏，如测试电磁炉。）

（4）通用示波器的外壳、信号输入端 BNC 插座金属外圈、探头接地线、AC 220 V 电源插座接地线端都是相通的。如仪器使用时不接大地线，直接用探头对浮地信号测量，则仪器相对大地会产生电位差；电压值等于探头接地线接触被测设备点与大地之间的电位差。这将对仪器操作人员、示波器、被测设备带来严重安全威胁。

（5）用户如需要测量开关电源（开关电源初级、控制电路）、UPS（不间断电源）、电子整流器、节能灯、变频器等类型产品或其他与市电 AC 220 V 不能隔离的电子设备浮地信号时，必须使用 DP100 高压隔离差分探头。

任务工单

（1）两个 0～18 V 可调直流稳压电源与直流数字电压表配合使用：

①用直流数字电压表调试出 12 V 直流稳压电源。

②将两个 0～18 V 可调直流稳压电源串联，公共端接地，连接成为一个 0～±15 V 可调直流稳压电源。

③将两个 0～18 V 可调直流稳压电源串联，且令第二个 0～18 V 可调直流稳压电源的负极端接地，连接成为一个 0～24 V 可调直流稳压电源。

（2）函数信号发生器的使用。将波形旋转开关选择正弦波挡，调整函数信号发生器的幅度调节旋钮、频率调节旋钮，得到一个有效值 $U=500$ mV，频率 $f=1$ kHz 的正弦波信号。

（3）双踪示波器、函数信号发生器的配合使用：

①示波器接通电源，预热一段时间后，调出扫描光迹线，将机内校准方波信号输出端通过示波器专用电缆线与任一信号输入通道相连接，通过调节 TIME/DIV 旋钮及其微调旋钮、VOLTS/DIV 旋钮及其微调旋钮、垂直位移旋钮、水平位移旋钮等，使显示屏上呈现出清晰的、便于观察的两个或几个周期的方波信号。

②读取、计算校准方波的周期，并换算为频率，记入表 1.1 中。

③读取、计算校准方波的峰-峰值，记入表 1.1 中。

表 1.1 校准方波数据记录表

项 目	标定值	测试值
频率	1	
峰-峰值	0.5	

④调节函数信号发生器波形选择开关,分别得到正弦波、三角波和方波,通过示波器进行波形显示。用函数信号发生器输出频率 f 分别为 100 Hz、1 kHz、10 kHz,对应的有效值分别为 100 mV、300 mV、1 V 的正弦交流信号,通过双踪示波器进行周期、频率、峰-峰值、有效值的读取或计算,完成表1.2。

表 1.2　正弦波、三角波和方波数据记录表

规定信号频率	示波器测量值		信号电压有效值	示波器测量值	
	周期/ms	频率/Hz		峰-峰值/V	有效值/V
100 Hz			100 mV		
1 kHz			300 mV		
10 kHz			1 V		

综合评价

综合评价表见表 1.3。

表 1.3　常用电子仪器仪表的认识与使用综合评价表

班级：_____
小组：_____
姓名：_____

指导教师：_____
日　　期：_____

评价项目	评价标准	评价依据	评价方式			权重	得分小计
			学生自评 20%	小组互评 30%	教师评价 50%		
职业素养	(1) 遵守企业规章制度、劳动纪律。 (2) 按时按质完成工作任务。 (3) 积极主动承担工作任务,勤学好问。 (4) 人身安全与设备安全。 (5) 工作岗位 6S① 完成情况	(1) 出勤。 (2) 工作态度。 (3) 劳动纪律。 (4) 团队协作精神				0.3	
专业能力	(1) 会熟练使用常用电子仪器仪表,如万用表、直流稳压电源、信号发生器和示波器。 (2) 能正确读出测量结果,并与理论值比较,分析误差产生原因	(1) 主要技术指标分析。 (2) 万用表、直流稳压源、信号发生器和示波器使用熟练程度				0.5	
创新能力	仪器测量使用时出现故障提出自己的解决方案	会调试和校正各种仪器				0.2	
合计							

思考与练习

(1) 总结常用电子仪器仪表,如万用表、直流稳压源、信号发生器和示波器的使用注意事项。

(2) 列表整理测量结果,并把实测数据与理论计算值比较,分析误差产生的原因。

---

① 6S 指整理、整顿、清洁、规范、素养和安全,下同。

任务1.2　常用电子元器件的识别与测试

> 电子元器件是组成电子产品的基础，了解常用电子元器件的种类、结构、性能，掌握元器件识别和检测方法是学习电子技术必备技能之一。通过本任务的学习，要求掌握常用电子元器件的识别与测试方法。

任务描述
用万用表测试电路中电子元器件的各种不同电参数，如电阻、电压、电流等。

任务分析
电阻器、电容器、电感器等是构成电子电路的基本元件。常用电子元器件的识别与测试是学习电子技术的基础。

知识与技能

一、电阻器

1. 定义

导体对电流的阻碍作用称为该导体的电阻。电阻是一个物理量，在物理学中表示导体对电流阻碍作用的大小。导体的电阻越大，表示导体对电流的阻碍作用越大。不同的导体，电阻一般不同，电阻是导体本身的一种性质。导体的电阻通常用字母 R 表示，电阻的单位是欧姆，简称欧，符号为 Ω。

电阻器（简称"电阻"）的电阻值大小一般与温度、材料、长度和横截面积有关，衡量电阻受温度影响大小的物理量是温度系数，其定义为温度每升高 1℃时电阻值发生变化的百分数。电阻的主要物理特征是变电能为热能，也可以说它是一个耗能元件，电流经过它就产生热能。电阻在电路中通常起分压、分流的作用。对信号来说，交流与直流信号都可以通过电阻。

2. 分类

1) 按伏安特性分类

对大多数导体来说，在一定的温度下，其电阻几乎维持不变而为一定值，这类电阻称为线性电阻。有些材料的电阻明显地随着电流（或电压）而变化，其伏安特性是一条曲线，这类电阻称为非线性电阻。非线性电阻在某一给定的电压（或电流）作用下，电压与电流的比值为在该工作点下的静态电阻，伏安特性曲线上的斜率为动态电阻。表达非线性电阻特性的方式比较复杂，但这些非线性关系在电子电路中得到了广泛的应用。

2) 按材料分类

（1）线绕电阻器是用高阻合金线绕在绝缘骨架上制成，外面涂有耐热的釉绝缘层或绝缘漆。绕线电阻器具有较低的温度系数、阻值精度高、稳定性好、耐热耐腐蚀，主要作为精密大功率电阻使用；缺点是高频性能差，时间常数大。

（2）碳合成电阻器由碳及合成塑胶压制而成。

(3) 碳膜电阻器是在瓷管上镀上一层碳而成，将结晶碳沉积在陶瓷棒骨架上。碳膜电阻器成本低、性能稳定、阻值范围宽、温度系数和电压系数低，是目前应用最广泛的电阻器。

(4) 金属膜电阻器是在瓷管上镀上一层金属而成，用真空蒸发的方法将合金材料蒸镀于陶瓷棒骨架表面。金属膜电阻器比碳膜电阻器的精度高、稳定性好、噪声小、温度系数小，在仪器仪表及通信设备中大量采用。

(5) 金属氧化膜电阻器是在瓷管上镀上一层氧化锡而成，在绝缘棒上沉积一层金属氧化物。由于其本身即是氧化物，所以高温下具有很高的热稳定性、耐热冲击、负载能力强。按用途分，有通用、精密、高频、高压、高阻、大功率和电阻网络等。

3) 特殊电阻器

(1) 保险电阻器。又称熔断电阻器，在正常情况下起着电阻器和熔丝的双重作用。当电路出现故障而使其功率超过额定功率时，它会像熔丝一样熔断使连接电路断开。保险电阻器一般电阻值都小（0.33 Ω～10 kΩ），功率也较小。保险电阻器常用型号有 RF10 型、RF111-5 型、RRD0910 型、RRD0911 型等。

(2) 敏感电阻器。是指其电阻值对于某种物理量（如温度、湿度、光照、电压、机械力以及气体浓度等）具有敏感特性。当这些物理量发生变化时，敏感电阻器的阻值就会发生改变，呈现不同的阻值。根据对不同物理量敏感，敏感电阻器可分为热敏、湿敏、光敏、压敏、力敏、磁敏和气敏等类型的敏感电阻器。敏感电阻器所用的材料几乎都是半导体材料，这类电阻器又称半导体电阻器。

热敏电阻器的阻值随温度变化而变化，温度升高阻值减小为负温度系数（NTC）热敏电阻器，又可分为普通型负温度系数热敏电阻器、稳压型负温度系数热敏电阻器、测温型负温度系数热敏电阻器等。

光敏电阻器是电阻器的阻值随入射光的强弱变化而改变。当入射光增强时，电阻值减小；当入射光减弱时，电阻值增大。

电阻器实物图如图 1.8 所示。

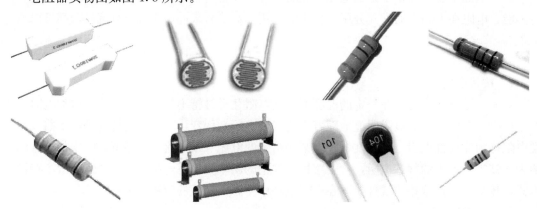

图 1.8 电阻器实物图

3. 电阻器的识别与测试

1) 直接标识法

直接标识法是将电阻器的阻值和误差等级（5%或10%）直接用数字印在电阻体上。对小于 1 000 Ω 的电阻只标出数值,不标单位;对 kΩ、MΩ 只标注 k、M;精度等级标注Ⅰ级或Ⅱ级,Ⅲ级不标明,如图 1.9(a)所示。

2)文字符号法

文字符号法是将需要标识的主要参数与技术指标用文字和数字符号有规律地标识在电阻表面。如图 1.9(b)所示的电阻分别表示电阻值为 3.3 Ω、允许误差为±5%,电阻值为 8.2 kΩ、允许误差为±10%。还有许多习惯标识,例如 0.89 Ω 电阻的文字符号标识为 R89,6.8 MΩ 电阻的文字符号标识为 6M8,$3.3×10^6$ MΩ 电阻的文字符号标识为 3T3 等。具体见表 1.4。

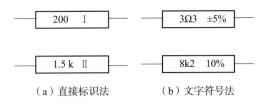

(a)直接标识法　　　　(b)文字符号法

图 1.9　电阻的识别

表 1.4　文字符号法标识电阻

电阻值	字母数字混标法	电阻值	字母数字混标法
0.1 Ω	R10	6.8 MΩ	6M8
0.59 Ω	R59	68 MΩ	68 M
1 Ω	1R0	270 MΩ	270 M
5.9 Ω	5R9	1 000 MΩ	1 G
330 Ω	330 R	3 300 MΩ	3G3
1 kΩ	1 k	59 000 MΩ	59 G
5.9 kΩ	5k9	10^5 MΩ	100 G
68 kΩ	68 k	10^6 MΩ	1 T
590 kΩ	590 k	$3.3×10^6$ MΩ	3T3
1 MΩ	1 M	$6.8×10^6$ MΩ	6T8
3.3 MΩ	3M3	$6.9×10^6$ MΩ	6T9

3)色环标识法

对于体积很小的电阻器和一些合成电阻器,其阻值和误差常用色环来标识,如图 1.10 所示。

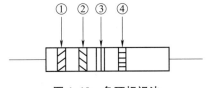

图 1.10　色环标识法

色环标识法中颜色与所代表数字的对应关系见表 1.5,即棕 1、红 2、橙 3、黄 4、绿 5、蓝 6、紫 7、灰 8、白 9、黑 0。色环标识法有四色环和五色环两种。四色环电阻有四道色环，第①色环和第②色环分别表示电阻的第一位和第二位有效数字，第③色环表示 10 的乘方数（10^n，n 为颜色所表示的数字），第④色环表示允许误差（若无第④色环，则误差为 $\pm 20\%$）。精密电阻器一般用五色环标注，表示标称阻值和标称误差，用前三道色环表示三位有效数字，第④色环表示 10^n（n 为颜色所表示的数字），第⑤色环表示允许误差。

表 1.5 色环代表意义

色环颜色	第①色环（第一位数）	第②色环（第二位数）	第③色环（10 的乘方数）	第④色环（允许误差）
黑	0	0	$\times 10^0$	—
棕	1	1	$\times 10^1$	$\pm 1\%$
红	2	2	$\times 10^2$	$\pm 2\%$
橙	3	3	$\times 10^3$	—
黄	4	4	$\times 10^4$	—
绿	5	5	$\times 10^5$	$\pm 0.5\%$
蓝	6	6	$\times 10^6$	$\pm 0.25\%$
紫	7	7	$\times 10^7$	$\pm 0.1\%$
灰	8	8	$\times 10^8$	$\pm 0.05\%$
白	9	9	$\times 10^9$	—
金	—	—	$\times 10^{-1}$	$\pm 5\%$
银	—	—	$\times 10^{-2}$	$\pm 10\%$
无色	—	—	—	$\pm 20\%$

例如，某电阻有四道色环，分别为橙、蓝、黄、银，则其阻值为 360 000 Ω。再如某电阻的五道色环为红、橙、黄、红、棕，则其阻值为 234×10^2 Ω。

4. 数字万用表测电阻

（1）将黑表笔插入 COM 孔，将红表笔插入 VΩ 孔；

（2）选择适当的电阻量程，将黑表笔和红表笔分别接在电阻两端，注意尽量不要用手同时接触电阻两端。由于人体是一个很大的电阻体，如用手同时接触电阻两端会影响电阻的测量精确性。

（3）将显示屏上显示数据与电阻量程相结合，得到最后的测量结果。

二、电容器

1. 定义

两个相互靠近的导体，中间夹一层不导电的绝缘介质，就构成了电容器（简称"电容"）。当电容器的两个极板之间加上电压时，电容器就会储存电荷。电容器的电容量在数值上等于一个导电极板上的电荷量与两个极板之间的电压之比。电容器的电容量的基本单位是法拉，简称法，符号为 F。在电路图中通常用字母 C 表示电容器。电容器在调谐、旁路、耦合、滤波等电路中起着重要的作用。随着电子信息技术的日新月异,数码电子产品的更新换代速度越来越快,以平板电视、笔记本计算机、数码照相机等产品为主的消费类电子产品产销量持续增长,带动了电容器产业的增长。

在实际应用中,电容器的电容量往往比 1 F 小得多,常用较小的单位,如毫法(mF)、微法(μF)、纳法(nF)、皮法(pF)等,它们的关系是:1 F=1 000 mF,1 mF=1 000 μF,1 μF=1 000 nF,1 nF=1 000 pF,即 1 F=1 000 000 μF,1 μF=1 000 000 pF。

2. 分类

1)陶瓷电容器

陶瓷电容器用陶瓷做介质,在陶瓷基体两面喷涂银层,然后烧成银质薄膜作极板制成。其特点是:体积小、耐热性好、损耗小、绝缘电阻高,但容量小,适用于高频电路。铁电陶瓷电容器容量较大,但损耗和温度系数较大,适用于低频电路。

2)铝电解电容器

它是由铝圆筒做负极,里面装有液体电解质,插入一片弯曲的铝带做正极制成。还需经直流电压处理,做正极的片上形成一层氧化膜做介质。其特点是:容量大,但是漏电大、稳定性差、有正负极性,适用于电源滤波或低频电路中,使用时,正、负极不要接反。

3)云母电容器

用金属箔或在云母片上喷涂银层做电极板,极板和云母一层一层叠合后,再压铸在有良好绝缘性能的化工原料胶木粉或封固在环氧树脂中制成。其特点是:介质损耗小、绝缘电阻大、温度系数小,适用于高频电路。

4)纸介电容器

用两片金属箔做电极,夹在极薄的电容纸中,卷成圆柱形或者扁柱形芯子,然后密封在金属壳或者绝缘材料壳中制成。其特点是:体积较小、容量可以做得较大。但是固有电感和损耗比较大,适用于低频电路。

5)钽铌电解电容器

它用金属钽或者铌做正极,用稀硫酸等配液做负极,用钽或铌表面生成的氧化膜做介质制成。其特点是:体积小、容量大、性能稳定、寿命长、绝缘电阻大、温度性能好,用在要求较高的设备中。

6)薄膜电容器

它的结构与纸介电容器相同,介质是涤纶或聚苯乙烯。涤纶薄膜电容器的介电常数较高、体积小、容量大,适宜做旁路电容;聚苯乙烯薄膜电容器的介质损耗小、绝缘电阻高,但温度系数大,可用于高频电路。

7)超级电容器

超级电容器又称双电层电容器、电化学电容器,是电化学性能介于传统电容器和电池的一种新型电化学储能装置。它主要是通过双电层电容器和氧化还原反应产生的法拉第准电容存储能量。一般说来,超级电容器的储能方式是可逆的,因此可用来解决电池记忆等问题。当前,超级电容器的应用范围非常广泛,尤其是在混合动力汽车方面。其作为混合动力汽车的电源,可以很好地满足汽车在启动、爬坡和加速时对高功率的需求,从而有效地节约能源并提高电池的使用寿命。

3. 电容器的识别与测试

1）电容器的识别

（1）电容器的标称容量、误差标识方法：

直接标识法。在电容器的表面上直接标识出其主要参数和技术指标的方法称为直接标识法。例如，在电容器上标识 33 μF，±5%，32 V。

文字符号法。将需要标识的主要参数与技术性能用文字、数字符号有规律地组合标识在电容器的表面上。采用文字符号法时，将容量的整数部分写在容量单位符号前面，小数部分写在单位符号后面。例如，3.3 pF 标识为 3p3，1 000 pF 标识为 1 n，6 800 pF 标识为 6n8。

数字标识法。体积较小的电容器常用数字标识法。一般用三位整数，第一位、第二位为有效数字，第三位表示有效数字后面零的个数，单位为 pF，但是当第三位数是 9 时，表示 10^{-1}。例如，243 表示电容量为 24 000 pF，而 339 表示电容量为 33×10^{-1} pF（3.3 pF）。

（2）额定耐压。额定耐压指在规定温度范围下，电容器正常工作时能承受的最大直流电压。固定式电容器的耐压系列值有 1.6 V、4 V、6.3 V、10 V、16 V、25 V、32 V*、40 V、50 V、63 V、100 V、125 V*、160 V、250 V、300 V*、400 V、450 V*、500 V、1 000 V 等（带 * 号者只限于电解电容器使用）。

耐压值一般直接标在电容器上，但有些电解电容器在正极根部用色点来表示耐压等级，如 6.3 V 用棕色，10 V 用红色，16 V 用灰色。电容器在使用时不允许超过这个耐压值，若超过此值，电容器就可能损坏或被击穿，甚至爆裂。

（3）绝缘电阻。绝缘电阻指加到电容器上的直流电压和漏电流的比值，又称漏阻。漏阻越低，漏电流越大，介质耗能越大，电容器的性能就越差，寿命也越短。

2）电容器的测试

（1）电解电容器的测试。对电解电容器的性能测量，主要是容量和漏电流的测量。对正、负极标识脱落的电解电容器，还应进行极性判别。

用万用表电阻挡测电阻的方法来估测电容挡位。万用表的黑表笔应接电容器的"+"极，红表笔接电容器的"−"极，此时指针迅速向右摆动，然后慢慢退回，待指针不动时其指示的电阻值越大表示电容器的漏电流越小；若指针根本不向右摆，说明电容器内部已断路或电解质已干涸而失去容量。

鉴别电容器的正、负极。对失掉正、负极标识的电解电容器，假定某极为"+"，并与万用表的黑表笔相接，另一个电极与万用表的红表笔相接，观察并记住指针向右摆动的幅度；将电容器放电后，把两只表笔对调重新测量。测量中，指针最后停留在摆动幅度较小的位置，说明该次对其正、负极的假设是对的。

（2）中、小容量电容器的测试。这类电容器的特点是无正、负极之分，绝缘电阻很大，因而其漏电流很小。若用万用表的电阻挡直接测量其绝缘电阻，则指针摆动范围极小不易观察，用此法主要是检查电容器的断路情况。

对于 0.01 μF 以上的电容器，必须根据容量的大小，分别选择万用表的合适量程，才能正确加以判断。如测 300 μF 以上的电容器可选择 R×10 k 或 R×1 k 挡；测 0.47～10 μF 的电容器可选择 R×1 k 挡；测 0.01～0.47 μF 的电容器可选择 R×10 k 挡等。

具体方法是：用两表笔分别接触电容器的两根引线，若指针不动，将指针对调再测，仍不动说明电容器断路。

（3）可调电容器的测试。对可调电容器主要是测其是否发生碰片（短接）现象。选择万用表的 $R×1$ 挡，将表笔分别接在可调电容器的动片和定片的连接片上。旋转电容器动片至某一位置时，若发现有直通（即指针指零）现象，说明可调电容器的动片和定片之间有碰片现象，应予以排除后再使用。

三、电感器

1. 定义

电感器是利用电磁感应原理进行工作的，其作用是阻交流通直流、阻高频通低频（滤波）。也就是说，高频信号通过电感器时会遇到很大的阻力，很难通过；而低频信号通过它时呈现的阻力小，可较容易地通过。电感器对直流电的电阻几乎为零。电感器是能够把电能转化为磁能而存储起来的元件。电感器的结构类似于变压器，但只有一个绕组。电感器具有一定的电感，它只阻碍电流的变化。如果电感器在没有电流通过的状态下，电路接通时它将试图阻碍电流流过它；如果电感器在有电流通过的状态下，电路断开时它将试图维持电流不变。电感器又称扼流器、电抗器、动态电抗器。

2. 分类

1）小型电感器

小型电感器通常是用漆包线在磁芯上直接绕制而成，主要用在滤波、振荡、陷波、延迟等电路中。它有密封式和非密封式两种封装形式，两种形式又都有立式和卧式两种外形结构。

2）可调电感器

常用的可调电感器有半导体收音机用振荡线圈、电视机用行振荡线圈、行线性线圈、中频陷波线圈、音响用频率补偿线圈、阻波线圈等。

3）阻流电感器

阻流电感器是指在电路中用以阻塞交流电流通路的电感线圈，它分为高频阻流线圈和低频阻流线圈。高频阻流线圈用来阻止高频交流电流通过；低频阻流线圈用于电流电路、音频电路或场输出等电路，其作用是阻止低频交流电流通过。

任务工单

1. 回答以下问题

（1）交流电压测量时将红表笔插入"＿＿＿＿"插孔，黑表笔插入"＿＿＿＿"插孔；正确选择量程，将功能开关置于＿＿＿＿量程挡，如果事先不清楚被测电压的大小时，应先选择最＿＿＿＿量程挡，根据读数需要逐步＿＿＿＿测量量程挡；将测试笔＿＿＿＿联到待测电源或负载上，从显示器上读出测量结果。

（2）直流电压测量时将功能开关置于＿＿＿＿量程挡。

（3）电阻测量时将黑表笔插入"＿＿＿＿"插孔，红表笔插入"＿＿＿＿"插孔；将所测开关转至相应的量程上，将两表笔跨接在被测电阻上。注意：测量在线电阻时，要确认被测电路的所有电源已＿＿＿＿，所有电容都已完全＿＿＿＿时，才可进行操作。

2. 电阻器、电容器、电感器的识别与检测

1) 电阻器的识别与检测

(1) 从若干不同规格的色环标注的固定电阻器中,每次任意取出一个,将识别与检测的结果填入表1.6中。

表1.6 色环电阻器识别与检测

序 号	识 别			测 量	
	色环颜色	阻值	允许误差	量程	阻值
1					
2					
3					
4					

(2) 各选一个旋转式和直滑式电位器,将识别与检测结果填入表1.7中。

表1.7 电位器的识别与检测

序 号	识 别			测 量			
	材料	阻值	允许误差	R12	R13	R14	滑动端状态
1							
2							

2) 电容器的识别与检测

(1) 从若干非电解电容器中,每次任意取出一个,将识别与检测的结果填入表1.8中。

表1.8 非电解电容器的识别与检测

序 号	识 别				测 量	
	标记	容量	耐压	误差	量程	漏电电阻
1						
2						
3						

(2) 从若干电解电容器中,每次任意取出一个,将识别与检测的结果填入表1.9中。

表1.9 电解电容器的识别与检测

序 号	识 别				测 量		
	标记	容量	耐压	误差	量程	正向电阻	反向电阻
1							
2							
3							

3）电感器的识别与检测

从若干电感器中，每次任意取出一个，将识别与检测的结果填入表1.10中。

表1.10 电感器的识别与检测

序号	识别			测量			
	类型	标称	作用	误差	量程	电阻值	质量好坏
1							
2							
3							

综合评价

综合评价表见表1.11。

表1.11 常用电子元器件的识别与测试综合评价表

班级：_____ 指导教师：_____
小组：_____ 日　期：_____
姓名：_____

评价项目	评价标准	评价依据	评价方式			权重	得分小计
			学生自评 20%	小组互评 30%	教师评价 50%		
职业素养	（1）遵守企业规章制度、劳动纪律。 （2）按时按质完成工作任务。 （3）积极主动承担工作任务，勤学好问。 （4）人身安全与设备安全。 （5）工作岗位6S完成情况	（1）出勤。 （2）工作态度。 （3）劳动纪律。 （4）团队协作精神				0.3	
专业能力	（1）能掌握万用表的选用和使用。 （2）掌握用万用表测量物理量的方法。 （3）掌握用电基本知识（电的危险、安全用电）	（1）操作的准确性和规范性。 （2）能根据电阻的色环正确读出电阻值。 （3）能正确使用万用表测量电阻、电容、电感的值				0.5	
创新能力	（1）在任务完成过程中能提出有一定自己见解的方案。 （2）在教学或生产管理上提出建议，具有创造性	（1）方案的可行性及意义。 （2）建议的可行性				0.2	
合计							

思考与练习

（1）电子电路的基本元器件有哪些？

（2）电阻器的阻值为1.5 kΩ左右，在测量阻值时选用万用表的哪一个量程挡，为什么？

任务1.3 手工焊接工艺

> 手工焊接是焊接技术的基础。尽管目前已经普遍使用自动插装、自动焊接的生产工艺，但产品试制、生产小批量产品、生产具有特殊要求的高可靠性产品等目前还采用手工焊接。目前还没有任何一种焊接方法可以完全取代手工焊接。因此，在培养高素质电子技术人员、电子操作工人的过程中，手工焊接工艺是必不可少的训练内容。

任务描述

练习焊接指定电路，按照手工焊接步骤和焊接注意事项，将相应的电子元器件焊接在面包板上，并进行测试。

任务分析

在电子产品制作中，元器件的连接处通常需要焊接。组装及焊接质量的优劣，不仅影响电子产品外观质量，还直接影响电路的性能，焊接的质量对电子产品的质量影响非常大。所以，学习电子产品制作技术，必须掌握焊接技术，练好焊接基本功。

知识与技能

手工焊接是电子产品装配中的一项基本操作技能，适合于产品试制、电子产品的小批量生产、电子产品的调试与维修等场合。它是利用电烙铁加热被焊金属件和锡铅焊料，熔融的焊料润湿已加热的金属表面使其形成合金，待焊料凝固后将被焊金属件连接起来的一种焊接工艺，故又称锡焊。即使印制电路板结构这样的小型化大批量采用自动焊接的产品，也还有一定数量的焊接点需要手工焊接，所以目前还没有任何一种焊接方法可以完全取代手工焊接。

一、焊接工具、焊料和助焊剂

1. 焊接工具

1）外热式电烙铁

一般由烙铁头、烙铁芯、外壳、手柄、插头等部分所组成。烙铁头安装在烙铁芯内，用热传导性好的铜为基体的铜合金材料制成。烙铁头的长短可以调整（烙铁头越短，烙铁头的温度就越高），且有凿式、尖锥形、圆面形和半圆沟形等不同的形状，以适应不同焊接面的需要。常见的电烙铁如图1.11所示。

2）内热式电烙铁

一般由连接杆、手柄、弹簧夹、烙铁芯、烙铁头（又称铜头）五部分组成。烙铁芯安装在烙铁头的里面（发热快，热效率高达85%以上）。烙铁芯采用镍铬电阻丝绕在瓷管上制成，一般20 W电烙铁其电阻为2 400 Ω左右，35 W电烙铁其电阻为1 600 Ω左右。一般来说，电烙铁的功率越大，热量越大，烙铁头的温度越高。焊接集成电路、印制电路板、CMOS电路一般选用20 W内热式电烙铁。使用的电烙铁功率过大，容易烫坏元器件（一般二极管、三极管节点温度超过200 ℃时就会烧坏）或使印制导线从基板上脱落；使用的电烙铁功率太小，焊锡不能充分熔化，焊剂不能挥发出来，焊点不光滑、不牢固，易产生虚焊。焊接时间过长，也会烧坏器件，一般每个焊点在 1.5～4 s 内完成。

图 1.11　常见的电烙铁

3）其他电烙铁

（1）恒温电烙铁。恒温电烙铁的烙铁头内，装有磁铁式的温度控制器，来控制通电时间，实现恒温的目的。在焊接温度不宜过高、焊接时间不宜过长的元器件时，应选用恒温电烙铁，但它的价格较高。

（2）吸锡电烙铁。吸锡电烙铁是将活塞式吸锡器与电烙铁合为一体的拆焊工具，它具有使用方便、灵活、适用范围宽等特点。不足之处是每次只能对一个焊点进行拆焊。

（3）气焊电烙铁。这是一种用液化气、甲烷等可燃气体燃烧加热烙铁头的电烙铁。适用于供电不便或无法供给交流电的场合。

焊接集成电路、晶体管及其他受热易损件的元器件时，考虑选用 20 W 内热式电烙铁；焊接较粗导线及同轴电缆时，考虑选用 50 W 内热式电烙铁；焊接较大元器件时，如金属底盘接地焊片，应选用 100 W 以上的电烙铁。

4）其他工具

（1）尖嘴钳。它的主要作用是在连接点上放导线、元件引线及对元件引脚成型。

（2）偏口钳，又称斜口钳、剪线钳，主要用于剪切导线，剪掉元器件多余的引线。不要用偏口钳剪切螺钉、较粗的钢丝，以免损坏钳口。

（3）镊子。它的主要用途是夹取微小器件；在焊接时夹持被焊件以防止其移动和帮助散热。

（4）旋具，又称改锥或螺丝刀。分为十字旋具、一字旋具。主要用于拧动螺钉及调整可调元器件的可调部分。

（5）小刀。它主要用来刮去导线和元器件引线上的绝缘物和氧化物，使之易于上锡。

2. 焊料和助焊剂

焊料和助焊剂的好坏，是焊接质量的重要环节。焊料是连接两个被焊物的媒介，它的好坏关系焊点的可靠性和牢固性，助焊剂则是清洁焊接点的专用材料，是保证焊点可靠生成的催化剂。焊料是一种熔点比被焊工件低，在被焊工件不熔化的条件下能润湿被焊工件表面，并在接触界面处形成合层的物质。在手工焊接中，常用的焊料俗称焊锡丝。一般选用熔点低（183 ℃）和机械强度大的锡铅合金材料。因为金属焊料暴露在大气中时，焊料易氧化，这样将产生虚焊，影响焊接质量。为此，应在锡铅焊料中加入少量的活性金属，形成覆盖层保护焊料，不再继续氧化，从而提高焊接质量。常用的焊锡丝通常采用直径的大小命名，一般有 0.5 mm、0.6 mm、1.0 mm、1.2 mm、1.6 mm、2.0 mm、2.3 mm 等。直径为 0.8 mm 或 1.0 mm 的焊锡丝，用于电子或电类焊接；直径为 0.6 mm 或 0.7 mm 的焊锡丝，用于超小型电子元件焊接。

3. 电烙铁的握法与焊锡丝的拿法

根据电烙铁的大小、形状和被焊工件的要求等不同情况，电烙铁的握法通常有反握法、正握法、握笔法三种。焊锡丝的拿法分为两种，如图 1.12 所示。

图 1.12　电烙铁的握法与焊锡丝的拿法

二、焊接操作手法及焊点的形成

1）焊前准备

（1）保证焊接人员戴防静电手腕带、绝缘手套、防静电工作服。

（2）确认电烙铁接地。用万用表交流挡测试烙铁头和地线之间的电压，要求小于 5 V，否则不能使用。检查电烙铁发热是否正常，烙铁头是否氧化或有脏污，如有可在湿海绵上擦去脏污；烙铁头在焊接前应挂上一层光亮的焊锡。

（3）检查烙铁头温度是否符合所要焊接的元器件要求，每次开启电烙铁和调整电烙铁温度都必须进行温度测试，并做好记录。

（4）要熟悉所焊印制电路板的装配图，并按图纸配料检查元器件型号、规格及数量是否符合图纸上的要求。

2）手工焊接常用五步工序法（见图 1.13）

具体如下：

（1）准备施焊。准备好焊锡丝和电烙铁。此时特别强调的是烙铁头部要保持干净，即可以沾上焊锡（俗称"吃锡"）。

（2）加热焊件。将电烙铁接触焊接点，注意首先要保持电烙铁加热焊件各部分，例如印制电路板上的引线和焊盘都要受热，其次要注意让烙铁头的扁平部分（较大部分）接触热容量较大的焊件，烙铁头的侧面或边缘部分接触热容量较小的焊件，以保持焊件均匀受热。

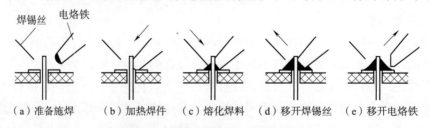

图 1.13　手工焊接常用五步工序法

(3) 熔化焊料。当焊件加热到能熔化焊料的温度后将焊锡丝置于焊点，焊料开始熔化并润湿焊点。

(4) 移开焊锡丝。当熔化一定量的焊锡后将焊锡丝移开。

(5) 移开电烙铁。当焊锡完全润湿焊点后移开电烙铁，注意移开电烙铁的方向应该是大致 45°的方向。

三、焊接注意事项

(1) 选用合适的焊锡。应选用焊接电子元器件用的低熔点焊锡丝。

(2) 助焊剂用 25%的松香溶解在 75%的酒精中（质量比）作为助焊剂。

(3) 电烙铁使用前要上锡。具体方法是：将电烙铁烧热，待刚刚能熔化焊锡时，涂上助焊剂，再用焊锡均匀地涂在烙铁头上，使烙铁头均匀地吃上一层锡。

(4) 焊接时间不宜过长，否则容易烫坏元器件，必要时可用镊子夹住元器件引脚帮助散热。

(5) 焊点应呈正弦波峰形状，表面应光亮圆滑、无锡刺，锡量适中。

(6) 焊接完成后，要用酒精把电路板上残余的助焊剂清洗干净，以防炭化后的助焊剂影响电路正常工作。

(7) 集成电路应最后焊接，电烙铁要可靠接地，或断电后利用余热焊接。或者使用集成电路专用插座，焊好插座后再把集成电路插上去。

(8) 电烙铁不使用时应放在烙铁架上。

四、拆焊

在拆焊过程中，主要用的工具有：电烙铁、吸锡枪、镊子等。

1. 拆焊原则

拆焊的步骤一般与焊接的步骤相反。拆焊前，一定要弄清楚原焊接点的特点，不要轻易动手。

(1) 不损坏拆除的元器件、导线、原焊接部位的结构件。

(2) 拆焊时不可损坏印制电路板上的焊盘与印制导线。

(3) 对已判断为损坏的元器件，可先行将引线剪断，再行拆除，这样可减小其他损伤的可能性。

(4) 在拆焊过程中，应该尽量避免拆除其他元器件或变动其他元器件的位置。若确实需要，则要做好复原工作。

2. 拆焊要点

(1) 严格控制加热的温度和时间。拆焊的加热时间和温度较焊接时间要长、要高，所以要严格控制温度和加热时间，以免将元器件烫坏或使焊盘翘起、断裂。宜采用间隔加热法来进行拆焊。

(2) 拆焊时不要用力过猛。在高温状态下，元器件封装的强度都会下降，尤其是对塑封器件、陶瓷器件、玻璃端子等，过分地用力拉、摇、扭都会损坏元器件和焊盘。

(3) 吸去拆焊点上的焊料。拆焊前，用吸锡器吸去焊料，有时可以直接将元器件拔下。即使还有少量锡连接，也可以减少拆焊的时间，减小元器件及印制电路板损坏的可能性。如果在没有吸锡器的情况下，则可以将印制电路板或能够移动的部件倒过来，用电烙铁加热拆焊点，利用重力原理，让焊锡自动流向烙铁头，也能达到部分去锡的目的。

任务工单

1. 焊前准备

要熟悉所焊印制电路板的装配图，并按图样配料检查元器件型号、规格及数量是否符合图样上的要求。

2. 装焊顺序

元器件的装焊顺序依次是电阻器、电容器、二极管、晶体管、集成电路、大功率管，其他元器件是先小后大。

1) 元器件的插装

电子元器件插装要求做到整齐美观、稳固。同时应方便焊接和有利于元器件焊接时的散热。所有元器件引脚均不得从根部弯曲，一般应留 15 mm 以上，如图 1.14 所示。因为制造工艺上的原因，根部容易折断。手工组装的元器件可以弯成直角，要尽量将有字符的元器件面置于容易观察的位置。

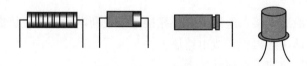

图 1.14 元器件整形

2) 元器件插装的方式

直立式：电阻器、电容器、二极管等都是竖直安装在印刷电路板上的，如图 1.15（a）所示。

俯卧式：二极管、电容器、电阻器等元器件均是俯卧式安装在印刷电路板上的，如图 1.15（b）所示。

混合式：为了适应各种不同条件的要求或某些位置受面积所限，在一块印制电路板上，有的元器件采用直立式安装，也有的元器件则采用俯卧式安装，如图 1.15（c）所示。

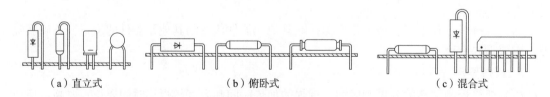

（a）直立式　　　　　　（b）俯卧式　　　　　　（c）混合式

图 1.15 元器件插装方式

3. 对元器件焊接的要求

（1）电阻器的焊接。将电阻器准确地装入规定位置，并要求标记向上，字向一致。装完一种规格再装另一种规格，尽量使电阻器的高低一致。焊接后将露在印制电路板表面上多余的引脚齐根剪去。

（2）电容器的焊接。将电容器按图样要求装入规定位置，并注意有极性的电容器其"+"与"-"极不能接错。电容器上的标记方向要易看得见。先装玻璃釉电容器、金属膜电容器、瓷介电容器,最后装电解电容器。

（3）二极管的焊接。正确辨认正负极后按要求装入规定位置,型号及标记要易看得见。焊接立式二极管时,对最短的引脚焊接时,时间不要超过 2 s。

（4）晶体管的焊接。按要求将 e、b、c 三根引脚装入规定位置。焊接时间应尽可能短一些,焊接时用镊子夹住引脚,以帮助散热。焊接大功率晶体管时,若需要加装散热片,应将接触面平整,打磨光滑后再紧固；若要求加垫绝缘薄膜片时,千万不能忘记引脚与印制电路板上焊点需要连接时,要用塑料导线。

（5）集成电路的焊接。将集成电路插装在印制电路板上,按照图样要求,检查集成电路的型号、引脚位置是否符合要求。焊接时先焊集成电路边沿的 2 只引脚,以使其定位,然后再从左到右或从上至下进行逐个焊接。焊接时,电烙铁一次蘸取锡量为焊接 2～3 只引脚的量,烙铁头先接触印制电路板的铜箔,待焊锡进入集成电路引脚底部时,烙铁头再接触引脚,接触时间以不超过 3 s 为宜,而且要使焊锡均匀包住引脚。焊接完毕后要查一下,是否有漏焊、碰焊、虚焊之处,并清理焊点处的焊料。

综合评价

综合评价表见表 1.12。

表 1.12 手工焊接工艺综合评价表

班级：_____ 小组：_____ 姓名：_____		指导教师：_____ 日　　期：_____					
评价项目	评价标准	评价依据	评价方式			权重	得分小计
			学生自评 20%	小组互评 30%	教师评价 50%		
职业素养	（1）遵守企业规章制度、劳动纪律。 （2）按时按质完成工作任务。 （3）积极主动承担工作任务,勤学好问。 （4）人身安全与设备安全。 （5）工作岗位 6S 完成情况	（1）出勤。 （2）工作态度。 （3）劳动纪律。 （4）团队协作精神				0.3	
专业能力	（1）能熟练掌握手工焊接五步法进行焊接操作。 （2）是否有虚焊,焊点是否符合工艺要求。 （3）能读懂电路图进行实际电路的焊接组装	（1）操作的准确性和规范性。 （2）选择合适元器件焊接				0.5	
创新能力	（1）电路焊接能否一次成功,电路出现故障能否通过自己努力排除。 （2）自主制作、焊接一些简单电路	（1）是否按照要求进行元器件插装。 （2）是否按照焊接五步操作法进行焊接。 （3）电路板是否焊接完整				0.2	
合计							

思考与练习

（1）产生虚焊的原因有哪些？

（2）手工焊接的五步法是什么？

综合实训

一、实训内容

（1）手工焊接一个测试电路如图 1.16 所示。

（2）分别用直流稳压源、信号发生器给电路提供电源，并用万用表、双踪示波器记录测试数据。

二、仪器仪表及元器件准备

实训所需元器件和工具：电工电子实训台、万用表、恒温电烙铁、双踪示波器、直流稳压源、电阻器若干、焊锡丝、焊接洞洞板。

三、实训流程

（1）根据所给电路图（见图 1.16）准备实验所需器件，根据所给的电路原理图和焊接洞洞板，找出两者的对应关系，并按电子产品生产工艺要求，在电路板上进行插装，然后用电烙铁焊接电路。注意运用手工焊接相关知识，保证电路制作的质量。

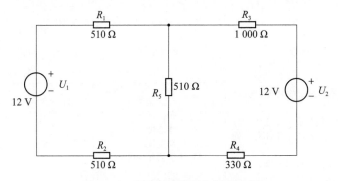

图 1.16 可调直流稳压电源原理图

（2）通电检查和调试。调节直流稳压源，给定电源电压 U_1、U_2 为 12 V，测试流过 R_1、R_3 上的电流 I_1、I_3，并填写表 1.13。

（3）记录数据后，再调节信号发生器，给定电源电压 U_2 为正弦交流电压，幅值为 5 V，频率为 50 Hz，用万用表测流过 R_1、R_3 的电流 I_1'、I_3'，并用示波器观察波形变化，填写表 1.13。

表 1.13 实验数据记录表

序 号	U_1=12 V, U_2=12 V		U_1=12 V, U_2=5sin 100πt	
	I_1	I_3	I_1'	I_3'
理论值				
测量值				

四、能力评价

能力评价表见表1.14。

表1.14 综合实训能力评价表

评价项目	评价标准	评价依据	评价方式			权重	得分小计
			学生自评 20%	小组互评 30%	教师评价 50%		
职业素养	(1) 遵守企业规章制度、劳动纪律。 (2) 按时按质完成工作任务。 (3) 积极主动承担工作任务，勤学好问。 (4) 人身安全与设备安全。 (5) 工作岗位 6S 完成情况	(1) 出勤。 (2) 工作态度。 (3) 劳动纪律。 (4) 团队协作精神				0.3	
专业能力	(1) 熟悉焊接操作手法，正确焊接电路。 (2) 正确识别与检测元器件，正确读取色环电阻阻值	(1) 工作原理分析。 (2) 是否能正确找出所要焊接的元器件，并在电路板中正确摆放位置和插装				0.5	
创新能力	(1) 根据电路原理图选择合适元器件进行焊接和组装。 (2) 电路焊接能否一次成功，电路如果出现故障，能否通过自己努力排除。 (3) 能否判断测量结果的准确性，进而评价所制作的电路质量的好坏	(1) 抗挫折能力。 (2) 焊前是否准备好，按照焊接顺序和五步法将电路板焊接完整。 (3) 焊点焊接错误时是否按照要求正确拆焊				0.2	
		合计					

班级：_____
小组：_____
姓名：_____

指导教师：_____
日　　期：_____

习 题 1

1. 下列不是电感器的组成部分的是（　　）。
   A. 骨架　　　　　　B. 线圈　　　　　　C. 磁芯　　　　　　D. 电感量
2. 下列不属于电解电容作用的是（　　）。
   A. 整流滤波　　　　B. 音频旁路　　　　C. 信号再生　　　　D. 电源退耦
3. 用万用表测量电流或电压时，如果对被测量的范围大小不清楚，应将量程放在（　　）挡。
   A. 最高　　　　　　B. 最低　　　　　　C. 零　　　　　　　D. 中间
4. 设计一种空调控制器电路板，需要多个 0.25 W，误差±5% 的电阻，应该选用（　　）。
   A. 碳膜电阻　　　　B. 金属氧化膜电阻　C. 金属膜电阻　　　D. 线绕电阻

5. 某电容的实际容量是 0.1 μF，换成数字标识是（　　）。
   A. 102　　　　　B. 103　　　　　C. 104　　　　　D. 105
6. 某电阻的色环排列是"绿蓝黑棕棕"，此电阻的实际阻值和误差分别是（　　）。
   A. 5 600 Ω，±5%　　　　　　　　B. 5 600 kΩ，±1%
   C. 5.6 kΩ，±1%　　　　　　　　　D. 5.6 kΩ，±5%
7. 标识为 100 的贴片电阻，其阻值应该是（　　）。
   A. 100 Ω　　　　B. 10 Ω　　　　C. 1 Ω　　　　D. 1 kΩ
8. 现设计一种家电产品电路板，需要多个 1 W，误差 ±5% 的电阻，应该选用（　　）。
   A. 碳膜电阻　　　B. 金属氧化膜电阻　　　C. 金属膜电阻　　　D. 线绕电阻
9. 某电阻的阻值是 20 Ω，误差范围是 ±5%，使用色环标识时应该是（　　）。
   A. 红黑黑棕　　　B. 红黑黑金　　　C. 棕红黑金　　　D. 棕红红棕
10. 某电阻的色环排列是"灰红黑红棕"，此电阻的实际阻值和误差分别是（　　）。
    A. 82 kΩ，±1%　　　　　　　　　B. 92 kΩ，±1%
    C. 8.2 kΩ，±10%　　　　　　　　D. 822 kΩ，±5%
11. 电阻的单位为_____；电容的单位为_____；电感的单位为_____。
12. 单位换算：1 Ω=_____ kΩ=_____ MΩ；1 H=_____ mH=_____ μH；1F=_____ mF=_____ μF=_____ nF=_____ pF。
13. 电阻在电路中用字母_____表示，主要作用是_____。
14. 色环电阻"棕黑红金"表示_____ Ω，"蓝灰蓝金"表示_____ Ω。
15. 一批电容器上标注下列数字和符号：22n、3n3、R22、0.47、3p3、103，请指出各电容器的标称容量。

项目 2 直流稳压电源的设计与制作

平时我们生活中用到的手机、计算机等几乎所有电子设备,都需要稳定的直流电源供电,我国的民用和工业用电基本上都是 220 V 或者 380 V 交流电,因此电子设备所需的直流电源,除用电池等直流供电装置外,一般都是由交流电网经整流、滤波、稳压后获得,即需要直流稳压电源把交流电转换成直流电。本项目主要任务是设计一个能输出 1.25~12 V 的可调直流稳压电源,完成产品的制作与测试。

将交流电转换成直流电一般要经过整流、滤波和稳压三个过程。图 2.1 为直流稳压电源的结构框图。电源变压器的作用是为用电设备提供合适的交流电压,整流电路的作用是把交流电转换为单相脉动的直流电,滤波电路的作用是把单相脉动的直流电变为平滑的直流电,稳压电路的作用是克服电网电压、负载及温度变化引起的输出电压的变化,提高输出电压的稳定性。

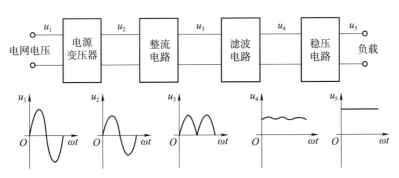

图 2.1 直流稳压电源的结构框图

知识目标

(1) 掌握 PN 结、二极管的特性,了解二极管的结构、种类及应用场合;
(2) 理解二极管整流电路、滤波电路、稳压电路的组成及其工作原理;
(3) 能分析二极管常用应用电路的工作原理;
(4) 能分析串、并联型直流稳压电源电路,测试直流电源的参数;
(5) 会正确识别常用三端集成稳压器,正确区分固定和可变的两种类型;
(6) 能正确分析由常用三端集成稳压器组成的直流稳压电源,会组装一种实用线性直流电源;
(7) 正确地测出直流稳压电源各项性能指标,对电路组装过程中出现的故障现象能进行理论分析,判断其故障点。

能力目标

（1）会使用万用表检测二极管的质量和判断电极；

（2）会查阅半导体器件手册，按要求选用二极管；

（3）能根据电路图识别开关直流电源，了解开关集成稳压器的各项性能指标，说出其特点；

（4）会组装一种实用直流稳压电源，准确地测出直流输出电压变化范围及各种性能参数，写出制作与测试报告；

（5）掌握 Multisim 仿真软件的使用。

任务 2.1　认识二极管

> 二极管是最早诞生的半导体器件之一，应用非常广泛。特别是在各种电子电路中，利用二极管和电阻、电容、电感等元件进行合理的连接，可构成不同功能的电路，可以实现对交流电整流，对调制信号检波、限幅和钳位以及对电源电压的稳压等多种功能。无论是在常见的收音机电路还是在其他家用电器产品或工业控制电路中，都能找到二极管的身影。

任务描述

完成二极管的特性分析、装配和测试。用万用表检测二极管的质量并判断电极。

任务分析

要认识二极管，首先学习各种二极管的特性、识别二极管、测试二极管的性能，其次分析二极管在电路中的应用，更重要的是掌握模拟电子电路的分析方法。

知识与技能

一、半导体的基本知识

在各种电子设备中，除了电阻、电容和电感外，还有大量的半导体器件，如二极管、三极管、各种集成芯片等。半导体器件是构成各种电子电路的核心部分。

1. 导体、绝缘体和半导体

自然界中存在很多不同的物质，按其导电能力的强弱，可分为导体、绝缘体和半导体。

导电能力很强的物质，如低价金属元素铜、铁、铝等称为导体。导电能力很弱，基本上不导电的物质，如高价惰性气体和橡胶、陶瓷、塑料等高分子材料等称为绝缘体。导电能力介于导体和绝缘体之间的物质，如硅、锗等四价元素称为半导体。半导体具有光敏性、热敏性和掺杂性等独特性能，因此在电子技术中得到了广泛应用。

光敏性：半导体受光照后，其导电能力大大增强。

热敏性：受温度的影响，半导体导电能力变化很大。

掺杂性：在半导体中掺入少量特殊杂质，其导电能力极大地增强。

2. P 型半导体和 N 型半导体

纯净且呈现晶体结构的半导体，称为本征半导体。最常用到的本征半导体材料是单晶硅

（Si）和单晶锗（Ge），都属于四价元素。在本征半导体中有两种能运动的导电粒子称为载流子，分别为自由电子和空穴，两者数量相同。在常温下，本征半导体其导电能力很差，不能用来制造半导体器件。但在本征半导体中，掺入某些微量元素后，其导电能力能大大提高。

在硅或锗本征半导体中，掺入适量的五价元素（如磷），则形成以电子为多数载流子的电子型半导体，即 N 型半导体。图 2.2 所示为 N 型半导体的共价键结构。N 型半导体中，自由电子为多数载流子，空穴为少数载流子，主要靠自由电子导电。

在硅或锗本征半导体中，掺入适量的三价元素（如硼），则形成以空穴为多数载流子的空穴型半导体，即 P 型半导体。图 2.3 所示为 P 型半导体的共价键结构。P 型半导体中，空穴为多数载流子，自由电子为少数载流子，主要靠空穴导电。

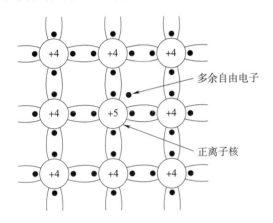

图 2.2　N 型半导体的共价键结构

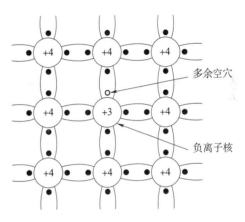

图 2.3　P 型半导体的共价键结构

3. PN 结与单向导电性

通过一定的工艺将 P 型半导体和 N 型半导体结合在一起，在它们的结合处会形成一个空间电荷区，即 PN 结，如图 2.4 所示。如果在 PN 结两端加上不同极性的电压，PN 结会呈现出不同的导电性能。

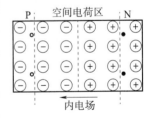

图 2.4　PN 结的形成

PN 结外加正向电压，即 PN 结 P 端接高电位，N 端接低电位，称 PN 结外加正向电压，又称 PN 结正向偏置，简称正偏。正偏时，PN 结变窄，正向电阻小，电流大，PN 结处于导通状态，如图 2.5 所示。

PN 结外加反向电压，即 PN 结 P 端接低电位，N 端接高电位，称 PN 结外加反向电压，又称 PN 结反向偏置，简称反偏。反偏时，PN 结变宽，反向电阻大，电流小，PN 结处于截止状态，如图 2.6 所示。

PN 结是构成二极管、三极管、集成电路等半导体器件的结构基础。

PN 结的单向导电性是指 PN 结外加正向电压时处于导通状态，外加反向电压时处于截止状态。由于 PN 结具有单向导电性，故以 PN 结为核心组成的二极管同样也具有单向导电性。

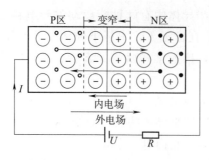
图 2.5　PN 结外加正向电压

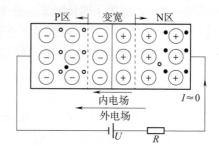
图 2.6　PN 结外加反向电压

二、二极管的内部结构、符号、分类及检测

1. 二极管的内部结构与图形符号

二极管的内部结构如图 2.7（a）所示，其核心部分是由 P 型半导体和 N 型半导体结合而成的 PN 结，从 P 区和 N 区各引出一个电极，并在外面加管壳封装。二极管的图形符号如图 2.7（b）所示，由 P 端引出的电极是正极，由 N 端引出的电极是负极，箭头的方向表示正向电流的方向，VD 是二极管的文字符号。使用二极管时，必须注意极性不能接反，否则电路非但不能正常工作，还有毁坏二极管和其他元件的可能。

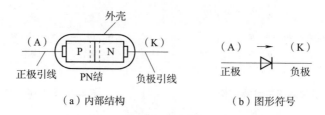

图 2.7　二极管的内部结构与图形符号

2. 二极管的分类

（1）按制造二极管的材料来分，二极管可分为硅二极管和锗二极管。

（2）按用途来分，二极管可分为整流二极管、开关二极管、稳压二极管等，如图 2.8 所示。

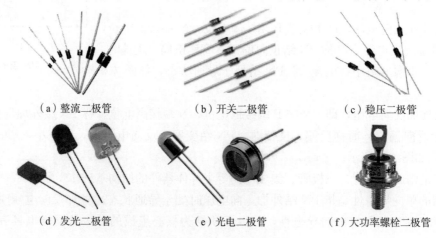

图 2.8　各种二极管实物

(3) 按 PN 结内部的结构来分，二极管可分为点接触型、面接触型和平面型。点接触型二极管结面积小，适用于高频检波、脉冲电路及计算机中的开关元件；面接触型二极管结面积大，适用于低频整流器件；平面型二极管 PN 结面积可大可小，用在高频整流和开关电路中，如图 2.9 所示。

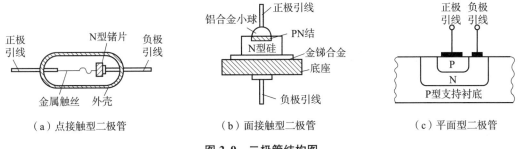

图 2.9 二极管结构图

3. 二极管极性的检测

1) 二极管极性的判断

二极管的正、负极性一般都标注在其外壳上，有时会将二极管的图形直接画在其外壳上。两引脚若是轴向引出，则在二极管外壳上印有标记，有时在负端以色环（点）标识，用以区分正、负极，如图 2.10 所示。

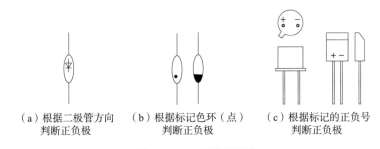

图 2.10 二极管的极性

2) 用万用表检测二极管

在数字万用表上，除了电阻、电压、电流等常见测量挡位之外，会有专门的二极管测量挡位。可以利用数字万用表的二极管挡位进行正极和负极的区分，此时万用表的红黑笔之间等效构成一个实际电压源（直流电），红表笔连接万用表内部电压源正极，黑表笔连接万用表内部电压源负极。

(1) 若红表笔接二极管正极，黑表笔接二极管负极，万用表显示二极管的导通电压。

(2) 若红表笔接二极管负极，黑表笔接二极管正极，万用表最高位显示"1"，表示超出量程。

指针万用表可以用电阻挡进行二极管极性的判断。指针万用表电阻挡相当于一个实际电压源，红表笔对应电压源负极，黑表笔对应电压源正极，原理图如图 2.11 所示。正负极的判断如下：

(1) 将红黑表笔分别接二极管的两个电极，测量正反向电阻。若测得的阻值很小，表明黑表笔连接二极管正极，红表笔连接二极管负极。

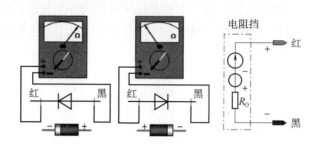

图 2.11　指针万用表检测二极管原理图

（2）若测得的阻值很大，表明红表笔连接二极管正极，黑表笔连接二极管负极。

注意事项：

（1）万用表的欧姆倍率挡不宜选得过低，也不能选择 $R\times10\mathrm{k}$ 挡，一般选择 $R\times1\mathrm{k}$ 挡或者 $R\times100$ 挡。

（2）测量时，手不要同时接触两个引脚，以免人体电阻的介入影响到测量的准确性。

3) 使用万用表判断二极管性能好坏

（1）若测得的正反向电阻相差很大，表明二极管性能良好。

（2）若测得的反向电阻和正向电阻都很小，表明二极管短路，已损坏。

（3）若测得的反向电阻和正向电阻都很大，表明二极管断路，已损坏。

三、二极管的特性及主要参数

1. 二极管的伏安特性

二极管两端的电压 U 及流过二极管的电流 I 之间的关系曲线，称为二极管的伏安特性，即 $I=f(U)$。图 2.12 所示为二极管的伏安特性曲线。

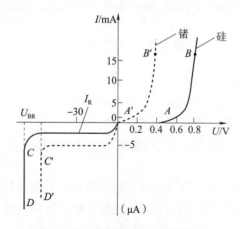

图 2.12　二极管的伏安特性曲线

1) 正向特性

当外加正向电压很小时，外电场还不能克服 PN 结内电场对多数载流子扩散运动的阻力，故正向电流很小，几乎为零。当正向电压超过一定数值 U_{th} 后，才有电流流过二极管，

U_{th} 称为死区电压，硅管为 0.5 V，锗管为 0.1 V。

当正向电压大于死区电压时，内电场大大削弱，正向电流迅速增长，正向电流增大，此时，二极管处于正向导通，呈现出低电阻，正向电压稍有增大，电流会迅速增加。二极管正向导通后其管压降很小（硅管为 0.6～0.7 V，锗管为 0.2～0.3 V），相当于开关闭合。

2) 反向特性

当二极管外加反向电压时，只有很小的反向电流流过二极管，称为反向饱和电流，反向饱和电流很小，可近似视为零值。温度升高时，反向饱和电流将随之急剧增大。在同样的温度下，硅管的反向饱和电流比锗管小，硅管是纳安（nA）级，锗管是微安（μA）级。

如果反向电压继续升高，当超过 U_{BR} 以后，反向电流将急剧增大，这种现象称为二极管反向击穿，U_{BR} 称为反向击穿电压。

普通二极管被击穿以后，一般就不再具有单向导电性。

2. 二极管的温度特性

由于半导体的导电特性与温度有关，所以二极管的特性对温度很敏感，温度升高时，二极管的正向特性曲线左移，反向特性曲线下移。变化规律为：在室温附近，温度每升高 1 ℃，正向电压减小 2～2.5 mV；温度每升高 10 ℃，反向电流约增大一倍；反向击穿电压也下降较多，如图 2.13 所示。

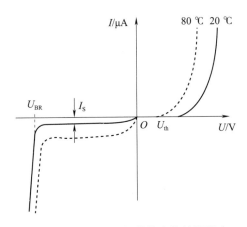

图 2.13 温度对二极管伏安特性的影响

3. 二极管的主要参数

(1) 最大整流电流 I_{FM}：指二极管长期运行时，允许通过的最大正向平均电流。其大小由 PN 结的结面积和外界散热条件决定。选用二极管时，应注意其通过的实际工作电流不要超过此值，并要满足其散热条件，否则会烧坏二极管。

(2) 最高反向工作电压 U_{RM}：指二极管长期安全运行时所能承受的最大反向电压值，超过此值时，二极管有可能因反向击穿而损坏。一般取击穿电压的一半作为最高反向工作电压。

(3) 反向电流 I_R：指二极管未击穿时的反向电流。I_R 越小，二极管的单向导电性越好，受温度影响越小。

(4) 最高工作频率 f_M：此值由 PN 结的结电容大小决定。若二极管的工作频率超过该值，则二极管的单向导电性能将变得较差。f_M就是二极管仍能保持单向导电性的外加电压最高频率。

【例2.1】电路如图2.14所示，试分别计算如下两种情况下，输出端O的电位。

(1) 输入端A的电位为$U_A=3.2$ V，B的电位为$U_B=3.2$ V；

(2) 输入端A的电位为$U_A=0$ V，B的电位为$U_B=3.2$ V。

解 (1) 当$U_A=3.2$ V，$U_B=3.2$ V时，VD_1、VD_2均导通，则$U_O≈3.2$ V。

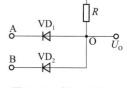

图2.14 例2.1图

(2) 当$U_A=0$ V，$U_B=3.2$ V时，因为A端的电位比B端电位低，所以VD_1优先导通，则$U_O≈0$ V。

当VD_1导通后，VD_2承受反向电压而截止。

【例2.2】电路如图2.15所示，假设二极管正向导通电压为0.7 V。试判断二极管的工作状态，并求出A、B两点间的输出电压U_{AB}。

解 设想将二极管移去，取B点为参考点。

则$U_C=-6$ V，$U_D=2$ V。

因为$U_D-U_C>0.7$ V，所以，二极管接入时正向偏置电压大于其导通电压，VD将导通。

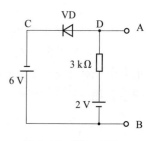

图2.15 例2.2图

因为二极管正向导通电压为0.7 V，所以二极管导通后的管压降为0.7 V。

所以，$U_{AB}=U_{DC}+U_{CB}=(0.7-6)$ V$=-5.3$ V。

四、特殊二极管

1. 发光二极管

1) 发光二极管的特点

发光二极管是一种光发射器件，简称LED，图形符号如图2.16所示，它通常由磷化镓、砷化镓等化合物半导体制成。当导通的电流足够大时，PN结内电光效应将电能转换为光能。发光颜色有红、黄、橙、绿、白和蓝等，取决于制作发光二极管的材料。发光二极管外形有圆形、长方形、三角形、正方形等。发光二极管工作时的导通电压比普通二极管要大，材料不同（发光颜色不同），其工作电压有所不同，一般在1.5～2.3 V之间；工作电流一般从几毫安至几十毫安，典型值为10 mA。正向电流越大，发光越强。发光二极管广泛应用于电子设备中的指示灯、数码显示器和需要将电信号转化为光信号的场合。

图2.16 发光二极管的图形符号

2) 发光二极管的用途

发光二极管用于显示器件，除单个使用外，还可用多个PN结按分段式制成数码管或做成矩阵式显示器，如数字电路中用来显示0～9数字的七段数码管。还可以将电信号变为光信号，通过光缆传输，然后用光敏二极管接收，再现电信号。这种光电传输系统常应用于光纤通信和自动控制系统中。

使用发光二极管时，注意必须正向偏置。发光二极管是一种电流型器件，使用中一定要串联限流电阻。

2. 光电二极管

1) 光电二极管的特点

光电二极管是一种将光信号转换为电信号的特殊二极管，图形符号如图 2.17 所示，其基本结构也是一个 PN 结，PN 结顶部由玻璃窗口的金属材料封装或用透明树脂封装，以便于接受光线的照射。在 PN 结受到光线照射时，可以激

图 2.17 光电二极管的图形符号

发产生电子-空穴对，从而提高了少数载流子的浓度。无光照时，反向电流很小；有光照时，反向电流急剧增加，且光照越强，反向电流越大。它的管壳上有一个能射入光线的窗口，窗口上镶着玻璃透镜，光线可通过透镜照射到管芯。为增加受光面积，PN 结的面积做得比较大。

2) 光电二极管的用途

光电二极管一般用于光电检测器件，将光信号转变成电信号，例如，应用于光的测量、光电自动控制、光纤通信的光接收机中等。大面积的光电二极管可用来做能源，即光电池。

3. 稳压二极管

1) 稳压二极管的特点

稳压二极管又称齐纳二极管，简称稳压管，图形符号如图 2.18 所示，是一种用特殊工艺制作的面接触型硅半导体二极管。稳压二极管的特点是杂质浓度比较大，容易发生击穿，其击穿时的电压基本上不随电流的变化而变化，从而达到稳压的目的。伏安特性曲线如图 2.19 所示。稳压二极管的反向特性曲线比较陡。从反向特性曲线上可以看出，即使反向电流的变化量 ΔI_Z 较大，稳压二极管两端相应的电压变化量 ΔU_Z 却很小，当稳压二极管工作在反向击穿状态下，工作电流 I_Z 在 I_{Zmax} 和 I_{Zmin} 之间变化时，其两端电压近似为常数。这就说明稳压二极管具有稳压特性。

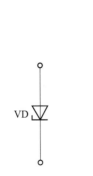

图 2.18 稳压二极管的图形符号

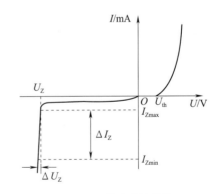

图 2.19 伏安特性曲线

2) 稳压二极管的主要参数

(1) 稳定电压 U_Z。U_Z 就是稳压二极管正常工作时的反向击穿电压。由于制造工艺和其他原因，稳压值也有一定的分散性。同一型号的稳压二极管稳压值可能略有不同。

(2) 稳定电流 I_Z。I_Z 是指稳压二极管工作在稳定电压时的流过二极管的电流。

(3)最大耗散功率 P_{ZM}。P_{ZM} 是指稳压二极管的 PN 结不至于由于结温过高而损坏的最大功率。

3)稳压二极管正常工作的条件

(1)稳压二极管两端必须加上一个大于其击穿电压的反向电压。

(2)必须限制其反向电流,使稳压二极管工作在额定电流内,如加限流电阻。

任务工单

(1)在元件盒中取出两只不同型号(分别为硅管和锗管)的二极管,用万用表鉴别二极管的极性。

(2)将万用表拨到 R×100 或 R×1k 电阻挡,测量所取出的二极管的正、反向电阻,并判断其性能好坏,把以上测量结果填入表 2.1 中。

表 2.1　二极管的测量结果

型号、阻值	正向电阻	反向电阻	电阻挡位	质量鉴别
			R×100	
			R×100	
			R×1k	
			R×1k	

(3)用数字万用表的二极管挡,测出二极管的正向导通电压值。

通过上述测试,可以得到下列结论:二极管正向电阻_____(大/小),反向电阻_____(大/小),_____(具有/不具有)单向导电性。二极管正向导通时,导通电压降硅二极管约为_____V,锗二极管约为_____V。

(4)根据图 2.20(a)所示电路接线,其中 R 为限流电阻,阻值可定为 200 Ω;二极管为 IN4007。

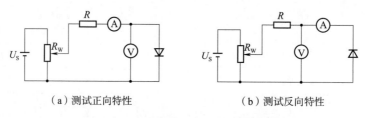

(a)测试正向特性　　　　　　　　(b)测试反向特性

图 2.20　正向特性和反向特性测试电路

(5)调节可调电阻 R_W,使二极管两端电压从 0 V 开始缓慢增加。用电压表和电流表,分别测量二极管两端的电压值和电流值。根据表 2.2 所列的电压值或电流值,记录所对应的电压值或电流值,获得二极管正向特性测量值。

表 2.2　二极管正向特性测量值

二极管两端电压 U_D/V	0	0.30	0.50					
流过二极管电流 I_D/mA				0.5	1	2	3	5	10
U_D 和 I_D 的比值	—	—	—					

（6）将二极管两接线端对调，如图 2.20（b）所示接线。调节可调电阻 R_W，用电压表和电流表，分别测量二极管两端的电压值和电流值。根据表 2.3 所列的电压值，记录所对应的电流值，获得二极管反向特性测量值。

表 2.3　二极管反向特性测量值

二极管两端电压 U_D/V	0	5	10	15	20	25
流过二极管电流 I_D/mA						

（7）根据表 2.2 和表 2.3 的电压与电流数值，在图 2.21 上画出二极管的伏安特性曲线。

结论：

（1）二极管负载在正向电压作用下，电源电压从 0 缓慢增加，回路中的电流是：_____（描述数值变化的现象）。

（2）二极管负载在反向电压作用下，电源电压从 0 逐渐增加，回路中的电流是：_____（描述数值变化的现象）。

（3）二极管负载两端的电压与流过这个负载的电流的比值是_____（常量/变量）。

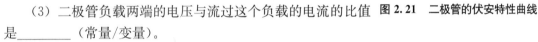

图 2.21　二极管的伏安特性曲线

（4）绘制的二极管负载伏安特性曲线是_____（直线/曲线）。

注意事项：

（1）二极管的伏安特性模块在测试正向特性和反向特性时，所选用可调直流稳压电源应注意电源正负极方向。

（2）为了减少测量误差，直流毫安表和万用表应选择合理的量程。

（3）在二极管反向击穿时，需要提高电压值，使用的 IN4007 二极管的反向击穿电压为 700 V，因此在反向击穿特性中无法看见二极管的击穿变化的情况。

综合评价

综合评价表见表 2.4。

表 2.4　认识二极管综合评价表

班级：_____　　　　　　　指导教师：_____
小组：_____　　　　　　　日　　期：_____
姓名：_____

评价项目	评价标准	评价依据	评价方式			权重	得分小计
			学生自评 20%	小组互评 30%	教师评价 50%		
职业素养	（1）遵守企业规章制度、劳动纪律。 （2）按时按质完成工作任务。 （3）积极主动承担工作任务，勤学好问。 （4）人身安全与设备安全。 （5）工作岗位 6S 完成情况	（1）出勤。 （2）工作态度。 （3）劳动纪律。 （4）团队协作精神				0.3	

专业能力	(1) 会熟练使用万用表。 (2) 能理解二极管的单向导电性。 (3) 能灵活使用仪器调试电路	(1) 工作原理分析。 (2) 仪器使用的熟练程度			0.5
创新能力	电路调试时，能提出自己独到见解或解决方案	(1) 理解二极管的伏安特性。 (2) 二极管的判别技巧			0.2
合计					

思考与练习

（1）不同挡位测量二极管和电阻时，为什么电阻的正向测量电阻与反向测量电阻相同，而二极管的正向测量电阻与反向测量电阻却不相同。

（2）同一个二极管，用不同的电阻挡测量其正向电阻或反向电阻，所测量的值为什么不相同？

任务 2.2 整流电路的制作

> 在电子电路及其设备当中，一般都需要稳定的直流电源供电。小功率直流电源因功率比较小，通常采用单相交流供电，因此，本任务只讨论单相整流电路。整流、滤波、稳压是实现单相交流电转换到稳定的直流电的三个重要组成部分。

任务描述

制作整流电路，研究单相桥式整流电路的特性，并熟悉常用电子仪器及实训设备的使用。

任务分析

要学习制作整流电路，首先学习单相半波、单相桥式整流电路的组成及其工作原理，其次通过 Multisim 仿真软件仿真整流电路，最后根据仿真计算结果，画出整流电路波形图。

知识与技能

整流电路就是利用二极管具有单向导电性能，将正负交替变化的正弦交流电压转换成单方向的脉动直流电压。常用的二极管整流电路分为单相半波整流电路和单相桥式整流电路等。

一、单相半波整流电路

1. 工作原理

图 2.22 所示为单相半波整流电路及波形图。图中有电源变压器，VD 为整流二极管，R_L 为负载。变压器把市电 220 V 变换为所需要的交变电压 u_i，VD 再把交流电变换为脉冲直流电。在 u_i 为正的半个周期内，二极管导通，此时忽略二极管的正向压降，则输出电压 u_o

等于 u_i；在 u_i 为负的半个周期内，二极管截止，此时忽略二极管的反向饱和电流，则输出电压 u_o 等于零。

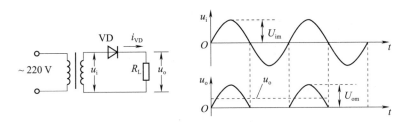

图 2.22　单相半波整流电路及波形图

2. 电压、电流计算

整流后得到单方向的脉动电压。其输出电压的平均值为

$$U_o = \frac{1}{2\pi}\int_0^{2\pi} u_o d(\omega t) = \frac{1}{2\pi}\int_0^{\pi}\sqrt{2}U_2\sin(\omega t)d(\omega t) = \frac{\sqrt{2}}{\pi}U_2 = 0.45U_2$$

U_2 为变压器二次电压的有效值。

负载电流的平均值 I_o 就是流过整流二极管的电流平均值 I_{VD}，即

$$I_{VD} = I_o = \frac{U_o}{R_L} = 0.45\frac{U_2}{R_L}$$

【例 2.3】 图 2.23 所示是一个电热毯电路，试分析其工作原理。

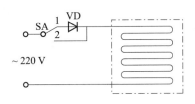

图 2.23　例 2.3 电路图

解　当电路中开关在"1"的位置时是低温挡，220 V 市电经二极管半波整流后接到电热毯，电热毯两端所加电压为

$$U_L \approx 0.45U_2 = 0.45 \times 220\ \text{V} = 99\ \text{V}$$

此时，电热毯发热不高，所以是保温或低温状态。

当电路中开关在"2"的位置时，220 V 市电直接加在电热毯上，所以是高温状态。

二、单相桥式整流电路

1. 工作原理

单相半波整流只利用了交流电的半个周期，显然是不经济的，同时整流电压的脉动较大。克服这些不足可采用全波整流电路。最常用的是单相桥式整流电路，如图 2.24 所示。电路中采用四只二极管，接成电桥形式，电路工作过程为在电压正半周（设 a 端为正，b 端为负时为正半周）电流通路如图 2.24 中实线箭头所示，二极管 VD_1、VD_3 导通，在负载电阻上得到正弦波的正半周；在电压的负半周，电流通路如图 2.24 中虚线箭头所示，二极管 VD_2、VD_4 导通，在负载电阻上得到正弦波的负半周，通过 R_L 的电流 i_L 以及 R_L 上的电压 u_L

的波形如图 2.25 所示。i_L、u_L 都是单方向的全波脉动波形。在负载电阻上正、负半周经过合成，得到的是同一个方向的单向脉动电压，如图 2.25 所示。

2. 电压、电流计算

单相桥式整流电压的平均值为

$$U_o = \frac{1}{\pi}\int_0^\pi \sqrt{2}U_2 \sin(\omega t)\,d(\omega t) = 2\frac{\sqrt{2}}{\pi}U_2 = 0.9\,U_2$$

流过负载电阻 R_L 的电流平均值为

$$I_o = \frac{U_o}{R_L} = 0.9\frac{U_2}{R_L}$$

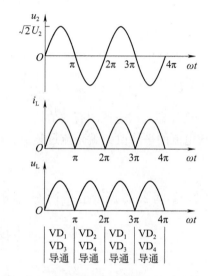

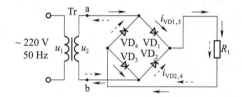

图 2.24 单相桥式整流电路　　　图 2.25 全波整流信号的输入、输出波形

单相桥式整流电路与单相半波整流电路相比较，具有输出直流电压高，脉动较小，二极管承受的最大反向电压较低等特点，在电源变压器中得到了广泛应用。将单相桥式整流电路的四个二极管制作在一起，封装成为一个器件就称为整流桥，其实物如图 2.26 所示。一般用绝缘塑料封装而成，可分为圆形、方形等多种，按结构分为 GPP 和 O/J 两种。其最大整流电流范围为 0.5～100 A，最大反向工作电压范围为 25～1 600 V。

图 2.26 整流桥实物

任务工单

（1）接好电路如图 2.27 所示，用示波器观察输入、输出信号波形。

（2）测量输入、输出信号有效值。半波整流：$u_i = \underline{\quad\quad}$ V，$u_o = \underline{\quad\quad}$ V。

在表 2.5 中画出输入、输出信号波形（标注出波幅、周期）。

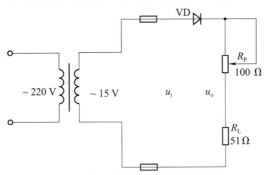

图 2.27　二极管半波整流电路

表 2.5　输入、输出信号波形

u_i 波形	u_o 波形
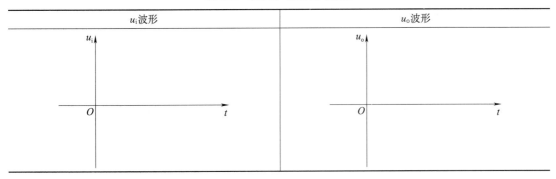	

（3）按图 2.28 画好仿真电路，其中 3N246 为四只二极管组成的整流桥。
（4）仿真观察桥式整流电路的输入和输出电压波形，并在表 2.6 中画出波形图。
（5）观察电路并记录：整流电路的输入电压是_____（全波/半波），输出电压是_____（全波/半波）；输出电压与输入电压的正向幅值_____（基本相等/相差很大）。

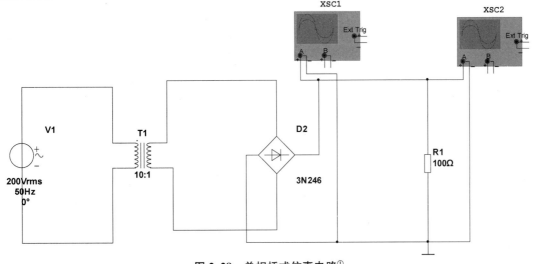

图 2.28　单相桥式仿真电路[①]

[①] 仿真电路中的个别电路图形符号与国家标准符号不符，二者对照关系参见附录 A。

表 2.6　桥式整流电路输入和输出电压波形

u_i 波形	u_o 波形

综合评价

综合评价表见表 2.7。

表 2.7　整流电路的制作综合评价表

班级：_____　　　　　　　　　　指导教师：_____
小组：_____　　　　　　　　　　日　　期：_____
姓名：_____

评价项目	评价标准	评价依据	评价方式			权重	得分小计
			学生自评 20%	小组互评 30%	教师评价 50%		
职业素养	(1) 遵守企业规章制度、劳动纪律。 (2) 按时按质完成工作任务。 (3) 积极主动承担工作任务，勤学好问。 (4) 人身安全与设备安全。 (5) 工作岗位 6S 完成情况	(1) 出勤。 (2) 工作态度。 (3) 劳动纪律。 (4) 团队协作精神				0.3	
专业能力	(1) 熟悉单相半波整流、桥式整流电路的工作原理。 (2) 仿真电路的绘制。 (3) 添加仿真测试仪器进行电路的仿真分析。 (4) 观察整流电路的输入、输出波形	(1) 工作原理的理解。 (2) 是否能根据原理图搭建出半波、桥式整流电路。 (3) 是否能根据仿真画出半波、桥式整流电路的波形图				0.5	
创新能力	电路调试时，能提出自己独到见解或解决方案	单相半波整流、桥式整流电路功能升级或改造方案				0.2	
合计							

思考与练习

(1) 常用的整流电路有几种？总结两种整流电路的差异。

(2) 如何使用万用表判断整流电路中二极管 IN4007 的好坏？

任务 2.3 滤波电路的制作

> 整流电路输出的直流电压脉动成分较大,含有较大的交流分量。这样的直流电压作为电镀、蓄电池充电的电源还是允许的,但作为大多数电子设备的电源,将会产生不良影响,甚至不能正常工作。为此,在整流电路之后,一般需要加接滤波电路,来减小输出电压中的交流分量,以输出较为平滑的直流电压。

任务描述

制作滤波电路,研究电容、电感和 LC 滤波电路的特性,分析比较滤波后的波形,并熟悉常用电子仪器及实训设备的使用。

任务分析

要学习制作滤波电路,首先学习电容、电感和 LC 滤波电路的组成及其工作原理,其次通过 Multisim 仿真软件仿真滤波电路,最后利用示波器测得滤波后的波形。

知识与技能

只允许一定频率范围内的信号成分正常通过,而阻止另一部分频率范围内的信号成分通过的电路,称为滤波电路。稳压电源中的滤波器一般由储能元件电容和电感组成。

一、电容滤波电路

1. 单相半波整流电容滤波电路

图 2.29(a)所示为单相半波整流电容滤波电路。其工作原理如下:

当 u_2 的正半周开始时,若 $u_2 > u_C$(电容两端电压),整流二极管 VD 因正向偏置而导通,电容 C 被充电,由于充电回路电阻很小,因而充电很快,u_C 和 u_2 变化同步。当 $\omega t = \pi/2$ 时,u_2 达到峰值,电容 C 两端的电压也近似充至 $\sqrt{2}U_2$ 值。

当 u_2 由峰值开始下降,使得 $u_2 < u_C$ 时,二极管截止,电容 C 向 R_L 放电,因放电时间常数很大,放电速度很慢。当 u_2 进入负半周后,二极管处于截止状态,电容 C 继续放电,输出电压也逐渐下降。

当 u_2 的第二个周期的正半周到来时,C 仍在放电,直到 $u_2 > u_C$ 时,二极管又因正偏而导通,电容又再次充电,这样不断重复第一周期的过程,如图 2.29(b)所示。

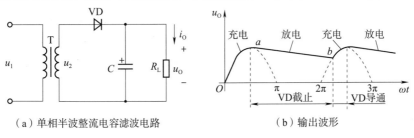

(a)单相半波整流电容滤波电路　　　　　(b)输出波形

图 2.29　单相半波整流电容滤波电路及输出波形

2. 单相桥式整流电容滤波电路

单相桥式整流电容滤波电路与单相半波整流电容滤波电路工作原理是一样的，不同点是在 u_2 全周期内，电路中总有二极管导通，所以 u_2 对电容 C 充电两次，电容向负载放电的时间缩短，输出电压更加平滑，平均电压值也自然升高。单相桥式整流电容滤波电路及输出波形如图 2.30 所示。采用电容滤波后，负载电压脉动成分降低了许多。负载电压平均值有所提高。在 R_L 一定时，滤波电容越大，U_L 越大。

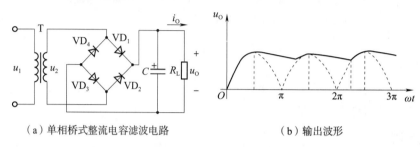

(a) 单相桥式整流电容滤波电路　　(b) 输出波形

图 2.30　单相桥式整流电容滤波电路及输出波形

整流电路接入滤波电容后，不仅使输出电压变得平滑、纹波显著减小，同时输出电压的平均值也增大了。电容 C 和负载电阻 R_L 的变化，影响着输出电压。$R_L C$ 越大，电容放电速度越慢，负载电压中的纹波成分越小，负载平均电压越高。为了获得较平滑的输出电压，一般要求：

$$\tau = R_L C \geq (3 \sim 5) \frac{T}{2}$$

输出电压的平均值近似为 $U_O = 1.2 U_2$。

当 $R_L \to \infty$，即空载时，有 $U_O = \sqrt{2} U_2 \approx 1.4 U_2$。

当 $C = 0$，即无电容时，有 $U_O = 0.9 U_2$。

由于电容 C 充电的瞬时电流很大，形成了浪涌电流，容易损坏二极管，故在选择二极管时，必须留有足够电流裕量，一般取输出电流 I_O 的 2～3 倍。电容滤波电路简单，输出电压平均值 U_O 较高，脉动较小，但是二极管中有较大的冲击电流。因此，电容滤波电路一般适用于输出电压较高、负载电流较小并且变化也较小的场合。

二、电感滤波电路

利用储能元件电感 L 的电流不能突变的性质，把电感 L 与整流电路的负载 R_L 相串联，可以起到滤波的作用，如图 2.31 (a) 所示。因电感线圈的直流电阻很小，交流电抗很大，故直流分量顺利通过，交流分量将全部降到电感线圈上，在负载 R_L 上可以得到比较平滑的直流电压，如图 2.31 (b) 所示。电感滤波适用于负载电流较大的场合。它的缺点是制作复杂、体积大、笨重且存在电磁干扰，电感滤波电路输出电压平均值 U_O 的大小一般按经验公式计算，即

$$U_O = 0.9 U_2$$

三、LC 复合滤波电路

为了进一步减少脉动，提高滤波效果，要求输出电流较大，输出电压脉动很小时，可在

电感滤波电路之后再加电容 C，组成 LC 滤波电路。为了进一步减小负载电压中的纹波，可采用 Ⅱ 型 LC 滤波电路。常将电容滤波和电感滤波组合成复式滤波电路，这样经双重滤波后输出电压更加平直。图 2.32 所示为常见的几种复式滤波电路。

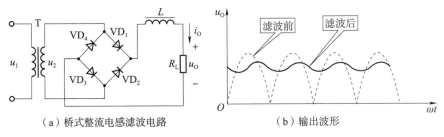

（a）桥式整流电感滤波电路　　　　　　（b）输出波形

图 2.31　桥式整流电感滤波电路及输出波形

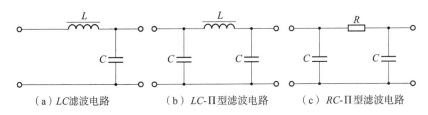

（a）LC 滤波电路　　　（b）LC-Ⅱ 型滤波电路　　　（c）RC-Ⅱ 型滤波电路

图 2.32　常见的几种复式滤波电路

LC、LC-Ⅱ 型滤波电路适用于负载电流较大，要求输出电压脉动较小的场合。在负载较轻时，经常采用电阻替代笨重的电感，构 RC-Ⅱ 型滤波电路，同样可以获得脉动很小的输出电压。

任务工单

（1）按图 2.33 画好仿真电路，其中电容的阻值为 100 μF，负载电阻为 100 Ω。

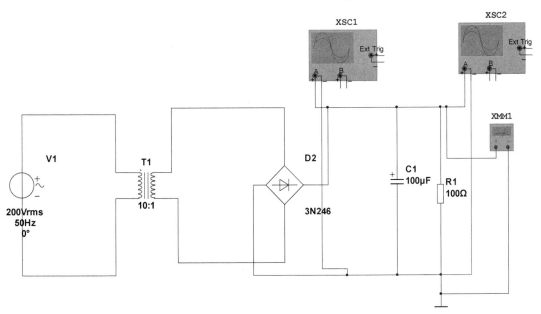

图 2.33　电容滤波仿真电路

(2)仿真观察电容滤波电路的输出电压波形,并记录:输出电压直流分量为_____ V,纹波分量峰-峰值为_____ V。

(3)按表2.8所列C的容量改变电容,并记录仿真结果。

表2.8 电容C变化的影响

项 目	$C=500\ \mu F$	$C=1\ 000\ \mu F$	$C=2\ 000\ \mu F$
直流分量/V			
纹波(峰-峰值)/V			

(4)按表2.9所列R_L的阻值改变电阻,并记录仿真结果。

表2.9 电阻R_L变化的影响($C=1\ 000\ \mu F$)

项 目	$R=50\ \Omega$	$R=100\ \Omega$	$R=200\ \Omega$
直流分量/V			
纹波(峰-峰值)/V			

通过上述仿真测试,可以得到下列结论:

(1)经过电容滤波电路后输出电压纹波_____(已消失/仍存在),但滤波后的纹波要比滤波前_____(大得多/小得多)。

(2)滤波后输出电压的直流分量_____(大于/等于/小于)滤波前输出电压的直流分量。

(3)滤波电容的容量越大,输出电压纹波_____(越大/越小),输出电压的直流分量_____(越大/越小);负载电阻R_L越大,输出电压纹波_____(越大/越小)。

(4)按图2.34画好仿真电路。

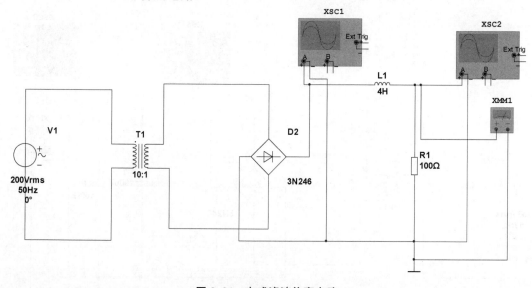

图2.34 电感滤波仿真电路

(5)仿真观察电感滤波电路的输出电压波形,并记录:输出电压直流分量为_____ V,

纹波分量峰-峰值为_____V。

(6) 按表2.10所列 L 的容量改变电感，并记录仿真结果。

表2.10　电感 L 变化的影响

项　　目	$L=2$ H	$L=4$ H	$L=8$ H
直流分量/V			
纹波（峰-峰值）/V			

(7) 按表2.11所列 R_L 的阻值改变电阻，并记录仿真结果。

表2.11　电阻 R_L 变化的影响（$C=1\,000\,\mu\text{F}$）

项　　目	$R=50\,\Omega$	$R=100\,\Omega$	$R=200\,\Omega$
直流分量/V			
纹波（峰-峰值）/V			

通过上述仿真测试，可以得到下列结论：

(1) 经过电感滤波电路后输出电压纹波_____（已消失/仍存在），但滤波后的纹波要比滤波前_____（大得多/小得多）；

(2) 滤波后输出电压的直流分量_____（大于/等于/小于）滤波前输出电压的直流分量。

(3) 电感量越大，输出电压纹波_____（越大/越小）；负载电阻 R_L 越大，输出电压纹波_____（越大/越小）。

综合评价

综合评价表见表2.12。

表2.12　滤波电路的制作综合评价表

班级：_____
小组：_____
姓名：_____

指导教师：_____
日　期：_____

| 评价项目 | 评价标准 | 评价依据 | 评价方式 | | | 权重 | 得分小计 |
			学生自评 20%	小组互评 30%	教师评价 50%		
职业素养	(1) 遵守企业规章制度、劳动纪律。 (2) 按时按质完成工作任务。 (3) 积极主动承担工作任务，勤学好问。 (4) 人身安全与设备安全。 (5) 工作岗位6S完成情况	(1) 出勤。 (2) 工作态度。 (3) 劳动纪律。 (4) 团队协作精神				0.3	
专业能力	(1) 熟悉滤波电路的工作原理。 (2) 滤波电路的绘制。 (3) 添加仿真测试仪器进行电路的仿真分析。 (4) 观察滤波电路的输入、输出波形	(1) 工作原理的理解。 (2) 是否能根据原理图搭建出滤波电路。 (3) 是否能根据仿真画出滤波电路的波形图				0.5	

创新能力	根据滤波电路的波形分析电路工作是否正常	是否正确分析滤波电路输入和输出电压的关系			0.2
		合计			

思考与练习

滤波方式有几种？各有什么优缺点？

任务 2.4　稳压电路的制作

> 交流电经过整流滤波可以变成直流电，但是它的电压是不稳定的，这是因为供电电压的变化或者用电电流的变化，都能引起电源电压的波动。要获得稳定不变的直流电源，还必须再增加稳压电路。

任务描述

通过电源变压器将交流电网 220 V 的电压变为所需要的电压值，然后经过整流电路、滤波电路得到平滑的直流电压，得到的直流电压跟随电网电压波动，因而需要制作稳压电路。稳压后，当电网电压、负载和温度变化时，维持输出直流电压稳定。

任务分析

要制作稳压电路，首先学习二极管常用应用电路的工作原理，串并联稳压电路的形式、稳压原理及电路特点，其次熟悉常见的集成稳压器的引脚排列及应用电路，最后具有初步查阅集成稳压器手册并选用元件的能力，掌握测量稳压器基本性能的方法。

知识与技能

一、并联型稳压电路

稳压二极管并联稳压电路是稳压二极管稳压电路的调整管与负载并联，R 起限流作用，负载电阻 R_L 与硅稳压二极管 VD_Z 并联，又称并联型稳压电路，如图 2.35 所示。输入电压 U_I 保持不变，负载电阻 R_L 改变时电路的稳压过程：由于负载减少使 R_L 增大时，输出电压 U_O 将升高，稳压二极管两端的电压 U_Z 上升，电流 I_Z 将迅速增大，流过 R 的电流 I_R 也增大，导致 R 上的压降 U_R 上升，从而使输出电压 U_O 下降。

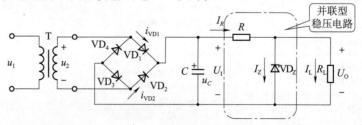

图 2.35　并联型稳压电路

当负载电阻 R_L 保持不变，电网电压导致 U_I 波动时的稳压过程。当电源电压减小，U_I 下降时，输出电压 U_O 也将随之下降，此时稳压二极管的电流 I_Z 急剧减小，在电阻 R 上的压降减小，以此来补偿 U_I 的下降，使输出电压基本保持不变。

由以上分析可知，硅稳压二极管稳压原理是利用稳压二极管两端电压 U_Z 的微小变化，引起电流 I_Z 的较大变化，通过电阻起电压调整作用，保证输出电压基本恒定，从而达到稳压作用。稳压二极管稳压电路结构简单，使用方便，但该电路稳压值由稳压二极管的型号决定，调节困难，稳压精度不高，输出电流也比较小；而且，当输入电压和负载电流变化较大时，电路将失去稳压作用，适用范围小，很难满足输出电压精度要求高的负载的需要。为解决这一问题，可以采用串联型稳压电路。

二、串联型稳压电路

串联型稳压电路框图如图 2.36（a）所示。由采样电路和四部分组成。负载与调整器件串联，输出电压等于输入电压与调整器件两端电压之差。采样电压与基准电压比较放大后控制调整器件的输出电压，当输入电压升高时，调整器件电压也随之升高，从而使输出电压基本不变。

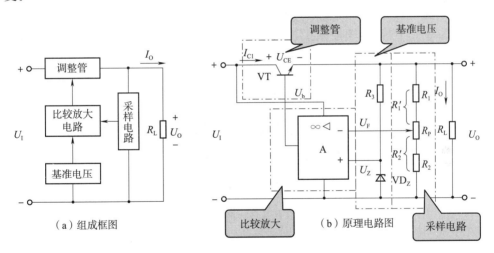

图 2.36 串联型稳压电路

（1）采样电路：由 R_1、R_2、R_P 组成的分压电路构成，它将输出电压 U_O 分出一部分作为采样电压 U_F，送到比较放大环节。

（2）基准电压：由稳压二极管 VD_Z 和电阻 R_3 构成的稳压电路组成，它为电路提供一个稳定的基准电压 U_Z，作为调整、比较的标准。

（3）比较放大电路：由集成运放 A 构成的直流放大器组成，其作用是将基准电压与采样电压 U_F 的差值放大后去控制调整管 VT。

（4）调整管：由工作在线性放大区的调整管 VT 组成，VT 的基极电压 U_b 受比较放大电路输出的控制，它的改变又可使集电极电流 I_{C1} 和集电极-发射极电压 U_{CE} 改变，从而达到自动调整、稳定输出电压的目的。

值得注意的是，调整管 VT 的调整作用是依靠 U_Z 和 U_F 之间的偏差来实现的，必须有偏差才能调整。如果 U_O 绝对不变,调整管的 U_{CE} 也绝对不变,那么电路也就不起调整作用了。所以,稳压电路不可能达到绝对稳定,只能是基本稳定。

三、三端集成稳压器

集成稳压器是将调整、基准电压、比较放大、启动和保护等环节都做在一块芯片上,常见的有三端固定式、三端可调式、多端可调式及单片开关式。三端式稳压器只有三个引出端子,具有应用时外接元件少、使用方便、性能稳定、价格低廉等优点,因而得到广泛应用。

1. 三端固定式稳压器

三端式稳压器有两种:一种输出电压是固定的,称为固定输出三端稳压器;另一种输出电压是可调的,称为可调输出三端稳压器。基本组成及工作原理都相同,均采用串联型稳压电路。

三端式稳压器的通用产品有 78 系列(正电源)和 79 系列(负电源),输出电压由具体型号中的后面两个数字代表,有 5 V、6 V、8 V、9 V、12 V、15 V、18 V、24 V 等。输出电流以 78(或 79)后面加字母来区分,L 表示 0.1 A,AM 表示 0.5 A,无字母表示 1.5 A,如 78L05 表示输出电压为 5 V,输出电流为 0.1 A。图 2.37 所示为 CW7800 和 CW7900 系列塑料封装和金属封装三端集成稳压器的外形及电路图。图 2.38 所示为三端固定式稳压器的型号组成及其意义。

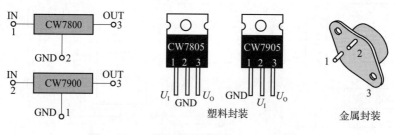

图 2.37 三端集成稳压器的外形及电路图

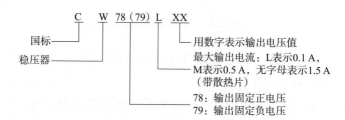

图 2.38 三端固定式稳压器的型号组成及其意义

集成稳压器基本应用电路如图 2.39 所示,输入端并联的 C_1,作用是防止自激振荡;输出端并联 C_2,作用是滤除噪声信号;VD 是续流保护二极管,用来防止输入短路时输出电容 C_3 存储的电荷通过稳压器放电而损坏器件。

2. 三端可调式稳压器

三端可调式稳压器除了具备三端固定式稳压器的优点外,可用少量的外接元件,实现大范围的输出电压连续调节（调节范围为 1.2～37 V），应用更为灵活。三端可调式稳压器是一种悬浮式串联调整稳压器，其典型产品有输出正电压的 CW117/CW127/CW317 系列，输出负电压的 CW137/CW237/CW337 系列，外形及引脚排列如图 2.40 所示。每个系列又分为 L 型、M 型。型号由五部分组成，如图 2.41 所示。

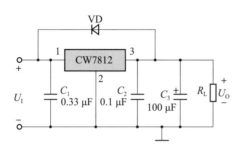

图 2.39　集成稳压器基本应用电路

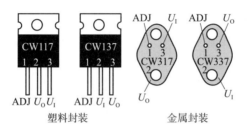

图 2.40　三端可调式稳压器外形及引脚排列

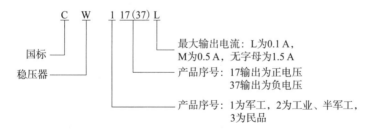

图 2.41　三端可调式稳压器型号组成及其意义

三端可调式稳压器的典型应用电路如图 2.42 所示。图 2.42（a）输出正电压，图 2.42（b）输出负电压。其中，R_1 和 R_P 组成输出电压的调整电路，调节 R_P，即可调整输出电压的大小。电路正常工作，三端可调式稳压器输出端与调整端之间的电压为基准电压 U_{REF}，其典型值为 $U_{REF}=1.25$ V。输出电压可用下式表示：

$$U_O=\left(1+\frac{R_P}{R_1}\right)\times 1.25 \text{ V}$$

式中，R_P 为电位器 R_P 串联在电路中的电阻；R_1 一般取值为 120～240 Ω（此值保证稳压器在空载时也能正常工作）。

调节 R_P（R_P 的取值视 R_L 和输出电压的大小而定）可改变输出电压的大小。

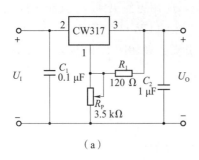 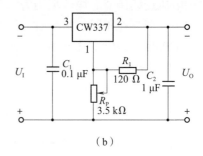

图 2.42　CW317 和 CW337 典型应用电路

3. 集成稳压器的选择和使用注意事项

在选择集成稳压器时,应兼顾其性能、使用和价格等几方面的因素。目前市场上的集成稳压器有三端固定输出电压式、三端可调输出电压式、多端可调输出电压式和单片开关式四种类型。在要求输出电压是固定的标准系列值,且技术性能要求不高的情况下,可选择三端固定输出电压式集成稳压器,正输出电压应选择 CW7800 系列,负输出电压可选择 CW7900 系列。由于三端固定输出电压式集成稳压器使用简单,不需要做任何调整且价格较低,所以应用范围比较广泛。

在要求稳压精度较高且输出电压能在一定范围内调节时,可选择三端可调输出电压式集成稳压器,这种稳压器也有正和负输出电压及输出电流大小之分,选用时应注意各系列集成稳压器的电参数特性。

对于多端可调输出电压式集成稳压器,例如五端型可调集成稳压器,因为它有特殊的限流功能,因而可利用它来组成具有控制功能的稳压源和稳流源,这是一种性能较高而价格又比较便宜的集成稳压器。

单片开关式集成稳压器的主要优点是具有较高的电源利用率,目前国内生产的 CW1524、CW2524、CW524 系列是集成脉宽调制型稳压器,利用它可以组成开关型稳压电源。

集成稳压器已在电源中得到了广泛使用。为了更好地发挥它的优势,使用时应注意以下几个问题。

(1) 不要接错引脚线。对于多端稳压器,接错引脚线会造成稳压器永久性损坏;对于三端稳压器,若输入和输出接反,当两端电压超过 7 V 时,也有可能使稳压器损坏。

(2) 输入电压 U_I 不能过低或过高。以 7805 为例,该三端稳压器的固定输出电压是 5 V,而输入电压至少大于 7 V,这样输入与输出之间有 3 V 及以上的压差,使调整管保证工作在放大区。但压差取得大时,又会增加集成块的功耗,所以,两者应兼顾,既保证在最大负载电流时调整管不进入饱和,又不至于功耗偏大。输入电压过低,稳压器性能会降低,纹波增大;而输入电压过高,又容易造成稳压器的损坏。

(3) 功耗不要超过额定值。对于多端可调稳压器来说,当输出电压调到较低时,可以防止调整管上的压降过大而超过额定功耗,因此在输出低电压时最好同时降低其输入电压。

(4) 为确保安全使用,应加接防止瞬时过电压、输入端短路、负载短路的保护电路,大电流稳压器要注意缩短连接线和安装足够的散热设备。

任务工单

(1) 按图 2.43 画好三端式稳压器电路的仿真图。

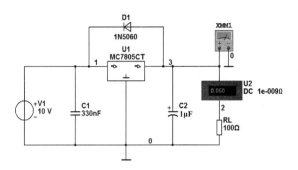

图 2.43　三端式稳压器电路的仿真测试

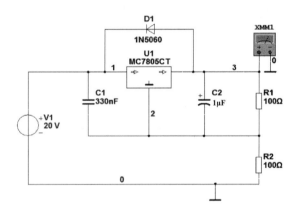

图 2.44　可调式三端式稳压器电路的仿真测试

(2) 输入端接直流电源,不接负载(断开负载)时,按表 2.13 中要求测出输出电压,并填写。

表 2.13　空载时电源电压变化的结果

U_I/V	3	6	7	10	15
U_O/V					

(3) 输入电压不变,负载变化时,测量电压值和电流值。按表 2.14 要求填写。

表 2.14　负载电阻 R_L 变化时电压值和电流值变化的结果($U_i=10$ V)

R_L/Ω	50	100	1 000	∞
U_L/V				
I_L/A				

结论:

①当输入电源电压在一定范围内变化时,三端式稳压器_____(能够/不能够)实现稳压作用。

②当负载电阻变化时,三端式稳压器_____(能够/不能够)实现稳压作用。

(4) 按图 2.44 画好可调式三端式稳压器电路的仿真测试图。

(5) 改变电阻 R_2,测量输出电压 U_O,按表 2.15 中要求填写。

表 2.15　改变电阻 R_2,测量输出电压 U_O

R_2/Ω	0	100	200	300	400	∞
U_O/V						

结论:当采样电阻 R_2 变化时,可调式三端稳压器_____(可以/不可以)调节输出电压;当采样电阻 R_2 与 R_1 的比值越大,输出电压_____(越大/基本不变/越小);输出电压的最小值为_____,此时 R_2 =_____;当 R_2 为_____时,输出电压达到最大,其最大值为_____。

综合评价

综合评价表见表 2.16。

表 2.16　稳压电路的制作综合评价表

班级:_____　　　　指导教师:_____
小组:_____　　　　日　　期:_____
姓名:_____

评价项目	评价标准	评价依据	评价方式			权重	得分小计
			学生自评 20%	小组互评 30%	教师评价 50%		
职业素养	(1) 遵守企业规章制度、劳动纪律。 (2) 按时按质完成工作任务。 (3) 积极主动承担工作任务,勤学好问。 (4) 人身安全与设备安全。 (5) 工作岗位 6S 完成情况	(1) 出勤。 (2) 工作态度。 (3) 劳动纪律。 (4) 团队协作精神				0.3	
专业能力	(1) 熟悉串、并联稳压电路的工作原理。 (2) 熟悉三端稳压器的检测。 (3) 能灵活使用仪器仪表调试电路和提高数据精度	(1) 工作原理的理解。 (2) 是否能正确测量三端集成稳压器输入、输出,并判断是否正常				0.5	

创新能力	（1）分析电路经过稳压后的仿真数据。 （2）分析稳压电路的稳压过程及输出电压的调节过程	是否正确分析滤波电路输入和输出电压的关系，经过稳压之后，输出电压的稳定性是否提高			0.2
	合计				

思考与练习

（1）制作直流稳压源的过程中为什么要添加稳压电路？

（2）稳压二极管和整流二极管有何区别？

任务 2.5　直流稳压电源的分析与制作

> 各种电子系统都需要稳定的直流电源供电。直流电源可以由直流电机和各种电池提供，但比较经济实用的办法是利用具有单向导电性的电子元件将使用广泛的工频正弦交流电转换为直流电。同时，直流稳压电源还是一种当电网的电压波动或者负载改变的时候，能保持输出电压基本不变的电源电路。

任务描述

在掌握线性集成稳压器的类型及典型应用电路的基础上，根据电路原理图制作成实际的正负输出可调直流稳压电源，并且通过调试、测试，提出改进措施，完善电路功能使之成为电子产品。

任务分析

要分析与制作输出可调直流稳压电源，首先根据所给的电路，着重读懂电路图中各元器件的符号，理解其功能、特性及其应用；其次进一步分析直流稳压电源各电路的组成及功能，将理论分析与虚拟仿真相结合；最后在分析电路的基础上，制作正负输出可调直流稳压电源，调试电路的输出电压，测试电路的各项性能指标。

知识与技能

在具体分析与制作直流稳压电源之前，首先认识一下直流稳压电源有哪些性能指标，以便在制作完成直流电源后，可对电路进行性能指标的测量评价。

直流稳压电源的稳压性能可用输出电压 U_o、稳压系数 S_r、输出电阻 R_o 三个主要性能参数来描述，除此之外，还有其他一些性能参数。

1. 输出电压 U_o

选择直流稳压电源，首先关心的是输出直流电压是多少，即在额定输入电压的条件下，稳压电源输出的直流电压值。为了获得较好的稳压效果，一般输入到整流电路的电压值要大于输出的直流电压值。测量直流稳压电源的输出电压,可以使用万用表的直流电压挡。

2. 稳压系数 S_r

稳压系数 S_r 定义为负载电阻 R_L 一定时,稳压电路输出电压相对变化量与其输入电压相对变化量的比值,即

$$S_r = \frac{\Delta U_O / U_O}{\Delta U_I / U_I} \bigg|_{R_L = 常数}$$

稳压系数反映了电网电压波动对稳压电路输出电压稳定程度的影响。在输入电压变化量为 ΔU_I 的情况下,输出电压变化量越小,电压就越稳定。显然 S_r 越小,稳压电路的输出电压越稳定。

3. 输出电阻 R_O

输出电阻 R_O 的定义为:当输入电压和温度不变时,因 R_L 变化,导致负载电流变化了 ΔI_O,相应的输出电压变化了 ΔU_O,两者比值称为输出电阻 R_O,即

$$R_O = \left| \frac{\Delta U_O}{\Delta I_O} \right|_{U_I = 常数}$$

显然,输出电流变化时,输出电压的变化越小越好。可见,输出电阻越小,稳压电路的输出电压越稳定。

4. 最大输出电流 I_{Omax}

最大输出电流 I_{Omax} 定义为输出电压下降为额定输出电压 10% 时的电流。在一定输出电压的情况下,额定最大输出电流越大,表示该稳压电路的输出功率越大。

✓任务工单

1. 仪器仪表及元器件准备

元器件的品种和数量见表 2.17。

表 2.17 元器件的品种和数量

编 号	名 称	参 数	编 号	名 称	参 数
L7815	三端集成稳压器	输出+15 V	$VD_1 \sim VD_4$	二极管	1N4148
C_{in}	电容	1 μF	C_{out}	电容	0.1 μF

2. 安装

(1) 用万用表检查元器件,确保元器件完好。

(2) 按照图 2.45 所示三端集成稳压电路连线,记录实验数据。

(3) 安装前认真理解电路原理,弄清电路板与原理图之间的对应关系。

(4) 参考原理图,将电阻器、电容器、整流二极管、三端集成稳压器等元器件,在电路板上焊好。

3. 调试

(1) 检查印制电路板上元器件安装、焊接,确保准确无误。

(2) 检查无误后通电,在电路输入端接入信号发生器,依次在整流电路、滤波电路及三端集成稳压器后级做如下测试:

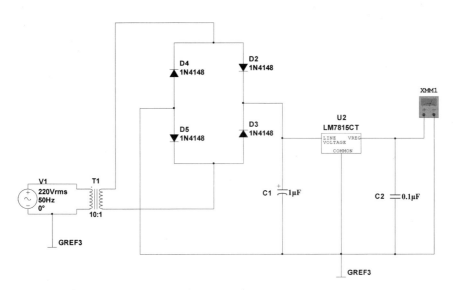

图 2.45 三端集成稳压电路仿真图

①整流滤波后直流电压值是否正常。
②在空载下输出,分别测量滤波电容两端电压是否有超压现象。
③分别测量三端集成稳压器输入、输出电压是否正常。
将上述各级下的输出参数值和波形做记录,并与理论值进行比较。
(3) 为提高测量精度,对输出电压可用直流数字电压表或数字万用表测量。测量 LM7815 实际参考电压 $U_{out}=$ _____。

综合评价

综合评价表见表 2.18。

表 2.18　直流稳压电源的分析与制作综合评价表

班级:_____
小组:_____
姓名:_____

指导教师:_____
日　　期:_____

评价项目	评价标准	评价依据	评价方式			权重	得分小计
			学生自评 20%	小组互评 30%	教师评价 50%		
职业素养	(1) 遵守企业规章制度、劳动纪律。 (2) 按时按质完成工作任务。 (3) 积极主动承担工作任务,勤学好问。 (4) 人身安全与设备安全。 (5) 工作岗位 6S 完成情况	(1) 出勤。 (2) 工作态度。 (3) 劳动纪律。 (4) 团队协作精神				0.3	

专业能力	(1) 熟悉稳压电源工作原理。 (2) 熟悉元器件检测方法。 (3) 能灵活使用仪器仪表调试电路和提高数据精度	(1) 工作原理的理解。 (2) 仪器使用的熟练程度			0.5
创新能力	(1) 电路调试时，能提出自己独到见解或解决方案。 (2) 熟悉高精度稳压电源工作原理及稳压流程。 (3) 熟悉电路所有元器件的作用	(1) 使用仪器的熟练程度。 (2) 稳压电路功能升级或改造方案			0.2
		合计			

思考与练习

总结制作直流稳压电源的步骤。

综 合 实 训

一、实训内容

手工焊接 1.25～12 V 连续可调直流稳压电源。最大输出电流为 $I_{Omax}=1$ A。

二、仪器仪表及元器件准备

实训所需器件清单见表 2.19。

表 2.19 实训所需器件清单

序号	名称	规格	数量	序号	名称	规格	数量
1	电阻器 R_1	200 Ω	1	8	三端稳压器	LM317	1
2	电位器 R_P	2 kΩ	1	9	散热器	配螺钉	1
3	电解电容器 C_1	1 000 μF	1	10	熔断器	1 A	1
4	瓷片电容器 C_2	0.1 μF	1	11	插座	2 芯	1
5	电解电容器 C_3	470 μF	1	12	单排插针	2p	2
6	整流二极管	IN4007	6	13	焊锡丝	0.4 m	1
7	变压器	12 V	1	14	焊接洞洞板	—	1

实训所需工具：电工电子实训台、数字万用表、恒温电烙铁、双踪示波器。

三、实训流程

1. 原理图的设计

LM317 是一种正电压输出的集成稳压器，输出电压范围是直流 1.25～37 V，负载电流为 5 mA～1.5 A，最小输入/输出电压差为直流 3 V，最大输入/输出电压差为直流 40 V。它的使用非常简单，仅需两个外接电阻来设置输出电压。此外它的线性调整率和负载调整率也比标准的固定稳压器好。LM317 内置有过载保护、安全区保护等多种保护电路。可调直流稳压电源仿真原理图如图 2.46 所示。

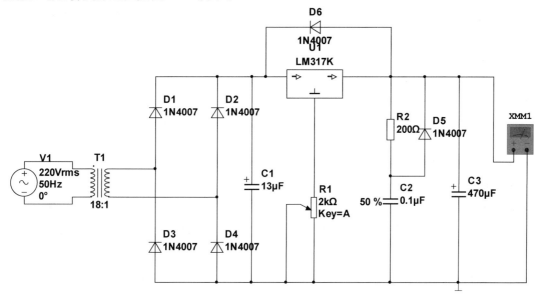

图 2.46　可调直流稳压电源仿真原理图

2. 元器件的选择

三端稳压器选 LM317，其输出电压和输出电流均能满足指标要求。220 V 市电经变压器 T_1 降压后，$D_1 \sim D_4$ 整流，C_1 滤波后为 LM317 提供工作电压。输出电压 U_O 由外接电阻 R_2 和电位器 R_1 组成的输出调节电位器决定，其输出电压 U_O 的表达式为

$$U_O = 1.25\left(1 + \frac{R_1}{R_2}\right)$$

R_2 一般取值为 $120 \sim 2\,400\ \Omega$，输出端与调整端（LM317 的 2 脚为输出端，1 脚为调整端，3 脚为输入端）电压差为稳压器的基准电压（典型值为 1.25 V），所以流经 R_2 的泄放电流为 $5 \sim 10$ mA。C_2 用于减小旁路基准电压的纹波电压，提高稳压的纹波抑制性能，C_3 用于改善稳压电源的暂态响应；D_6 为保护二极管，用来防止输入端偶然短路而损坏稳压器。D_5 为保护二极管，用来防止输出端偶然短路而损坏稳压器。LM317 在不加散热片时的允许功耗为 2 W，在加散热片时的允许功耗可达 15 W。

3. 直流稳压电源的焊接与制作

1）检查直流稳压电源的元器件

根据表 2.19 所示的元器件清单，选择并检查电路制作所需要的元器件数量和规格。用万用表等电测量仪器简单检测所得到的元器件是否损坏，参数是否符合要求。

2）焊接直流稳压电源

根据所给的电路原理图和焊接洞洞板，合理布局，并按电子产品生产工艺要求，在电路板上进行插装，然后用电烙铁焊接电路，注意手工焊接相关知识，保证电路制作的质量。需要注意的是，R_2 靠近 LM317 的输出端和调整端，以避免大电流输出状态下，输出端至 R_2 间的引线电压降造成基准电压变化。LM317 的调整端切勿悬空，接调整电位器 R_P 时尤其要注意，以免滑动臂接触不良造成 LM317 调整端悬空。LM317 应加散热片，以确保其长时间稳

定工作。

在电路板上焊接安装全部元器件。在元器件安装完毕后,要对电路逐一做详细检查,检查是否有元器件引脚错误安装之处,有无虚焊点,有无焊接短路点等。

4. 通电检查和调试

确定电路焊接安装正确无误后,接通电源,观察是否有冒烟或发出焦煳味等情况。如出现这些情况应立即关闭电源,重新检查电路,直至找出错误并加以纠正。

完成整流电路和滤波电路的装配和测量,包括整流二极管 $D_1 \sim D_4$、电解电容 C_1 等元器件测量。整流、滤波电路后的输出电压 $U_O=$_____。

测量 LM317 输出的实际参考电压 $U_{21}=$_____。

调节电位器 R_P,测量稳压电路实际输出电压范围为_____。

根据对实际直流电源的各级电压波形、输出调节范围等各项参数的测量,比较理论分析、仿真验证等结果,分析电路的工作是否正常,分析电路故障或者产生误差的原因。

四、能力评价

能力评价表见表 2.20。

表 2.20 可调直流稳压电源能力评价表

班级:_____ 小组:_____ 姓名:_____		指导教师:_____ 日 期:_____					
评价项目	评价标准	评价依据	评价方式			权重	得分小计
			学生自评 20%	小组互评 30%	教师评价 50%		
职业素养	(1) 遵守企业规章制度、劳动纪律。 (2) 按时按质完成工作任务。 (3) 积极主动承担工作任务,勤学好问。 (4) 人身安全与设备安全。 (5) 工作岗位 6S 完成情况	(1) 出勤。 (2) 工作态度。 (3) 劳动纪律。 (4) 团队协作精神				0.3	
专业能力	(1) 熟悉焊接操作手法,正确焊接电路。 (2) 能理解可调直流稳压电源电路的原理及应用,分析电路的功能和参数。 (3) 能否正确识别与检测元件,色环电阻的读法,二极管、电解电容器正负极的识别	(1) 是否能根据所给电路原理图,选择合适的元器件进行焊接和组装。 (2) 焊接过程中,焊点是否符合工艺要求				0.5	
创新能力	(1) 根据电路原理图选择合适元器件进行焊接和组装。 (2) 电路焊接能否一次成功,电路如果出现故障,能通过自己努力排除。 (3) 能否判断测量结果的准确性,进而评价所制作的电路质量的好坏	(1) 是否能通过电路中各器件的功能分析,自行排除故障。 (2) 能否判断测量结果的准确性,进而评价所制作的电路质量的好坏				0.2	
合计							

习 题 2

1. 本征半导体掺入五价元素后成为（   ）。
   A. P 型半导体   B. N 型半导体   C. 导体   D. 绝缘体
2. 工作在反向击穿状态的二极管是（   ）。
   A. 一般二极管   B. 稳压二极管   C. 开关二极管   D. 发光二极管
3. 二极管两端加上正向电压时（   ）。
   A. 一定导通   B. 超过死区电压才导通
   C. 超过 0.3 V 导通   D. 超过 0.7 V 导通
4. 在单相桥式整流电路中，若变压器二次电压有效值 $U_2=10$ V，则二极管承受的最大反向工作电压为（   ）。
   A. 10 V   B. 12 V   C. 14 V   D. 16 V
5. 物质按照导电能力强弱可分为_____、_____和_____三大类。
6. 二极管导通后，硅管的管压降约为_____，锗管的管压降约为_____。
7. 发光二极管把_____能转变为_____能，正常工作于_____状态；光敏二极管把_____能转化为_____能，正常工作于_____状态。
8. P 型半导体与 N 型半导体有什么区别？
9. PN 结有什么特性？在什么情况下体现出来？
10. 已知电路如图 2.47 所示，二极管均为理想二极管。试分析：(1) 二极管导通还是截止？(2) u_{AO}，u_O 分别为多少

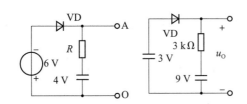

图 2.47　习题 10 图

项目 3　音频放大电路的设计与制作

音响技术的发展经历了电子管、晶体管、场效应管的历史时期，在不同的历史时期都各有其特点。细心观察我们身边，音响可以说是无处不在。它的出现与使用，丰富了我们的生活。娱乐、工作、学习、生活的方方面面都有它的身影。音响将我们的生活带入了一个全新的世界。音响放大器是将电信号还原成声音信号的一种装置，还原真实性将作为评价音箱性能的重要标准。通过音响放大电路的设计，使我们认识到一个简单的模拟电路系统，应当包括信号源、输入级、中间级、输出级和执行机构。信号源的作用是提供待放大的电信号，如图 3.1 所示。如果信号是非电量，还须把非电量转换为电信号，然后进入输入级，中间级进行电流或电压放大，再进入输出级进行功率放大，音源的输出功率一般为 10 mW 级的，而欣赏音乐的时候音箱的输出功率一般要达到几瓦或者几十瓦，甚至更大，所以需要对音源的输出电压和电流进行一定倍数的放大。同时又希望播放出声音不仅响亮，而且杂音尽可能少，即音频放大电路的输入级不仅具有一定放大倍数，还要尽可能减少失真，动态特性参数也要理想。

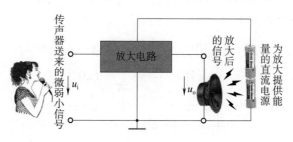

图 3.1　音箱放大电路示意图

知识目标

(1) 掌握晶体管的结构、晶体管的电流分配关系及放大原理；
(2) 掌握三种组态放大电路的基本构成及特点；
(3) 了解共射放大电路的结构、工作原理、特性；
(4) 掌握共射放大电路静态和动态分析方法；
(5) 掌握射极输出器在放大电路中的作用；
(6) 掌握多级放大电路的耦合方式及特点；
(7) 掌握反馈的概念以及反馈类型的判断方法；
(8) 熟悉负反馈的引入对放大电路性能产生的影响，能正确根据要求引入负反馈；

(9) 正确理解典型功放电路的组成原则、工作原理以及各种状态的特点；

(10) 熟悉功放电路最大输出功率和效率的估算方法，会选择功放管；

(11) 正确理解音频放大电路的特点；

(12) 熟悉集成功率放大器的功能及应用；

(13) 掌握集成功率放大器应用电路的调整与测试。

能力目标

(1) 熟练应用万用表检测晶体管引脚并判断引脚极性和晶体管类型；并会用万用表检测晶体管电流放大倍数；

(2) 熟练应用万用表测量晶体管的静态工作点，并由此判断工作状态；

(3) 应用毫伏表测量共射放大电路输入、输出信号的有效值，并计算电压放大倍数、输入电阻、输出电阻；

(4) 进一步练习示波器、函数信号发生器的使用方法；

(5) 掌握共射放大电路静态工作点的调试方法，会用示波器观察信号波形，熟悉截止失真、饱和失真的波形，掌握消除失真的方法；

(6) 掌握射极跟随器的特性及测试方法；进一步学习放大器各项参数测试方法；

(7) 制作音频放大电路的输入级，学会对电路所出现的故障进行原因分析及排除；

(8) 会用万用表测量多级放大电路的静态工作点，并由此判断工作状态，会用毫伏表测量输入、输出信号的有效值，并计算电压放大倍数、输入电阻、输出电阻；

(9) 掌握多级放大电路静态工作点的调试方法，会用示波器观察信号波形，熟悉截止失真、饱和失真的波形，掌握消除失真的方法；

(10) 具有阅读和应用常见反馈电路的能力；

(11) 掌握负反馈放大电路静态工作点的测量与调整方法；

(12) 会用集成功率放大器设计实用功放电路，掌握消除交越失真的方法；

(13) 掌握电子电路的焊接、装配和调试过程；

(14) 掌握简单元器件质量检测和极性判别的方法。

任务3.1 认识晶体管

在日常生活、工农业生产及科学研究中往往需要对各种电信号进行放大以便带动负载进行控制。这种带有放大作用的电路或者设备又称放大器，是使用最广泛的电子电路之一，也是构成其他电子电路的基本单元电路。放大电路的核心器件是晶体管，下面一起来认识一下吧！

任务描述

完成基于NPN型晶体管S9013的特性分析、装配和测试。用万用表检测该晶体管引脚、管型、电流放大系数、电流分配原理及放大原理，并进行电流放大检测。

任务分析

要认识晶体管,首先学习晶体管的分类、结构和符号,晶体管引脚的判断及电流放大检测方法;其次分析、理解晶体管输入/输出特性、主要参数的定义;最后使用万用表检测晶体管的质量并判断引脚,会查阅半导体手册,按要求选用晶体管。

知识与技能

一、晶体管的基本认知

常见晶体管如图3.2所示。

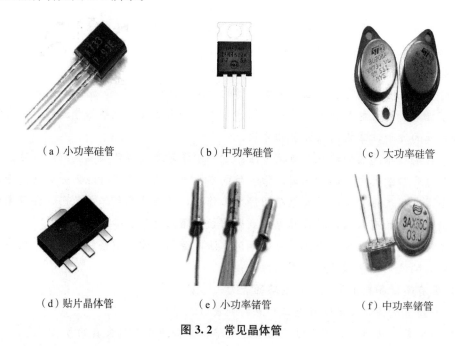

(a)小功率硅管　　　　(b)中功率硅管　　　　(c)大功率硅管

(d)贴片晶体管　　　　(e)小功率锗管　　　　(f)中功率锗管

图3.2 常见晶体管

1. 晶体管的结构及符号

晶体三极管又称半导体三极管,简称晶体管。它是通过一定的制作工艺,将两个PN结结合在一起,具有控制电流作用的半导体器件。由于晶体管工作时有两种载流子参与导电,故又称双极型晶体管。晶体管可以用来放大微弱的信号和作为无触点开关。

晶体管从结构上来讲分为两类:NPN型和PNP型。图3.3所示为晶体管的结构示意图和图形符号。

晶体管的结构特点:

(1)基区做得很薄,且掺杂浓度低;

(2)发射区杂质浓度很高;

(3)集电区面积较大。

晶体管按所用的材料来分,有硅管和锗管两种;按工作频率分,有高频管、低频管;按用途来分,有放大管和开关管等;按工作功率分,有大功率管、中功率管和小功率管;按晶体管封装材料来分,有金属封装和玻璃封装,近来多用硅铜塑料封装。

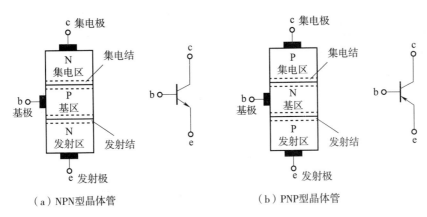

（a）NPN型晶体管　　　　　　　　（b）PNP型晶体管

图 3.3　晶体管的结构示意图和图形符号

2. 晶体管的识别与检测

1）实物辨别法

常见晶体管的引脚分布规律如图 3.4 所示

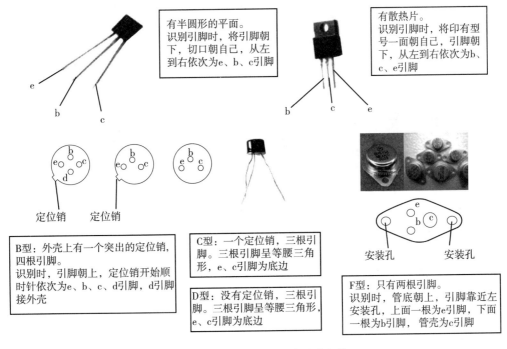

图 3.4　常见晶体管的引脚分布规律

2）仪表测试法

用万用表判别引脚的根据：把晶体管的结构看成是两个背靠背的 PN 结。对 NPN 型管来说，基极是两个结的公共阳极；对 PNP 型管来说，基极是两个结的公共阴极。

（1）万用表量程的选择。功率在 1 W 以下的中小功率管，可用万用表的 $R \times 100$ 或 $R \times 1k$ 挡测量；功率在 1 W 以上的大功率管，可用万用表的 $R \times 1$ 或 $R \times 10$ 挡测量。

（2）晶体管的基极判断。用黑表笔接触某一引脚，用红表笔分别接触另两个引脚，如表头读数都很小,则与黑表笔接触的那一引脚是基极,同时可知此晶体管为 NPN 型。

用红表笔接触某一引脚,而用黑表笔分别接触另两个引脚,表头读数同样都很小时,则与红表笔接触的那一引脚是基极,同时可知此晶体管为 PNP 型。

既判定了晶体管的基极,又判定了晶体管的类型,如图 3.5 所示。

图 3.5　检测晶体管的基极与管型

（3）判断晶体管发射极和集电极。

以 NPN 型管为例。假定其余的两根引脚中的一根是集电极,将黑表笔接到此引脚上,红表笔则接到假定的发射极上。用手指把假设的集电极和已测出的基极捏起来（但不要相碰）,看指针指示,并记下此阻值的读数。然后再做相反假设,即把原来假设为集电极的引脚假设为发射极。做同样的测试并记下此阻值的读数。比较两次读数的大小,若前者阻值较小,说明前者的假设是对的,那么黑表笔接的引脚就是集电极,剩下的引脚便是发射极如图 3.6 所示。

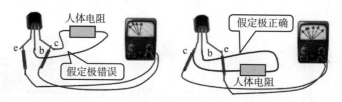

图 3.6　判别晶体管 c、e 极示意图

二、晶体管的主要特性

1. 晶体管的电流分配及放大作用

晶体管实现电流放大作用的内部条件:

（1）发射区掺杂浓度很高,以便有足够的载流子供"发射"。

（2）为减少载流子在基区的复合机会,基区做得很薄,一般为几微米,且掺杂浓度极低。

（3）集电区体积较大,且为了顺利收集边缘载流子,掺杂浓度介于发射极和基极之间。

双极型晶体管并非两个 PN 结的简单组合,而是利用一定的掺杂工艺制作而成。因此,绝不能用两个二极管来代替晶体管,使用时也决不允许把发射极和集电极接反。

晶体管实现电流放大作用的外部条件:

整个过程中,发射区向基区发射的电子数等于基区复合掉的电子与集电区收集的电子数之和,如图 3.7 所示,即

$$I_E = I_B + I_C$$

（1）发射结必须"正向偏置"，以利于发射区电子的扩散，扩散电流即发射极电流 I_E，扩散电子的少数与基区空穴复合，形成基极电流 I_B，多数继续向集电结边缘扩散。

（2）集电结必须"反向偏置"，以利于收集扩散到集电结边缘的多数扩散电子，收集到集电区的电子形成集电极电流 I_C。

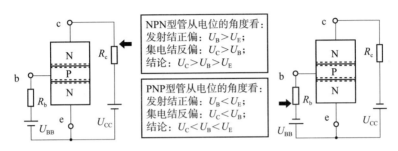

图 3.7　实现晶体管放大外部条件

2. 晶体管实现电流分配的原理

（1）发射区向基区发射自由电子，形成发射极电流 I_E。

（2）自由电子在基区与空穴复合，形成基极电流 I_B。

（3）集电区收集从发射区扩散过来的自由电子，形成集电极电流 I_C。另外，集电区的少子形成漂移电流 I_{CBO}。

这样，很小的基极电流 I_B 就可以控制较大的集电极电流 I_C，从而实现了电流放大作用。

图 3.8 为晶体管内部载流子传输与电流分配示意图。

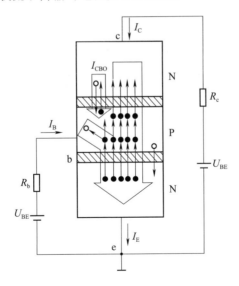

图 3.8　晶体管内部载流子传输与电流分配示意图

晶体管的直流电流放大系数：$\bar{\beta} = I_C / I_B$。

晶体管的交流电流放大系数：$\beta = I_C / I_B$。

一般 $\beta \geqslant 1$，通常 $\beta \approx \bar{\beta}$。

电流分配关系：$I_E = I_C + I_B$，$I_C = \beta I_B$ 符合基尔霍夫电流定律。

【例 3.1】 一个处于放大状态的晶体管，用万用表测出三个电极的对地电位分别为 $U_1 = -7$ V，$U_2 = -1.8$ V，$U_3 = -2.5$ V。试判断该晶体管的引脚、管型和材料。

解 （1）晶体管处于放大状态时，发射结正向偏置，集电极反向偏置，则三个引脚中，电位中间的引脚一定是基极。将三个引脚的电位从大到小排列：$U_2 = -1.8$ V，$U_3 = -2.5$ V，$U_1 = -7$ V。可知③引脚为基极。

（2）在放大状态时，发射结 U_{BE} 为 0.6～0.7 V 或 0.2～0.3 V。如果找到电位相差上述电压的两引脚，则一个是基极，另一个一定是发射极，而且也可确定晶体管的材料。电位差为 0.6～0.7 V 的是硅管，电位差为 0.2～0.3 V 的是锗管。因为 $U_2 - U_3 = [(-1.8) - (-2.5)]$ V $= 0.7$ V，所以该管为硅材料晶体管，而且②引脚为发射极。

（3）①引脚为集电极。

（4）若该晶体管是 NPN 型的，则处于放大状态时，电位满足 $U_C > U_B > U_E$；若该晶体管是 PNP 型的，则处于放大状态时，电位满足 $U_C < U_B < U_E$。因为晶体管处于放大状态时，电位满足 $U_C < U_B < U_E$，所以该管为 PNP 型。

三、晶体管的伏安特性曲线

晶体管的伏安特性曲线是指各极电压与电流之间的关系曲线，是三极管内部载流子运动的外部表现。晶体管的伏安特性曲线分为输入特性曲线和输出特性曲线两种。

1. 晶体管的输入特性曲线

当晶体管的 U_{CE} 不变时，晶体管的基极电流 I_B 与发射结电压 U_{BE} 之间的关系曲线称为晶体管的输入特性曲线，即

$$I_B = f(U_{BE}) \big|_{U_{CE}=常数}$$

图 3.9 所示为晶体管的输入特性曲线。输入特性曲线形状与二极管伏安特性相似，正常工作时发射结电压为 U_{BE}，NPN 型硅管为 0.7 V，锗管为 0.3 V，当发射结电压 $U_{BE} >$ 死区电压时，进入放大状态，U_{BE} 略有变化，I_B 变化很大。当 $U_{CE} \geqslant 1$ V 时，输入特性基本重合。

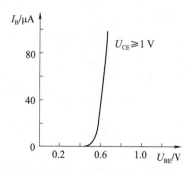

图 3.9 晶体管的输入特性曲线

2. 晶体管的输出特性曲线

晶体管的输出特性曲线是指基极电流 I_B 为常数时，集电极电流 I_C 与集电结电压 U_{CE} 之间

的关系曲线,即

$$I_C = f(U_{CE})|_{I_B=常数}$$

图3.10所示为晶体管的输出特性曲线,在不同基极电流 I_B 下,可以得出不同的曲线,改变 I_B 的值,可得到一组晶体管输出特性曲线,以 $I_B=60~\mu A$ 为例,$U_{CE}=0~V$ 时,集电极无收集作用,$I_C=0$;随着 U_{CE} 的增大,I_C 上升,当 $U_{CE}>1~V$ 后,收集电子能力足够强。发射到基区的电子都被集电极收集,形成 I_C。U_{CE} 再增加,I_C 也基本保持不变。

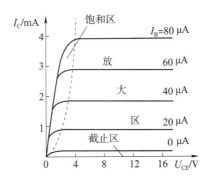

图 3.10 晶体管的输出特性曲线

(1) 截止区。当基极电流 I_B 等于 0 时,晶体管处于截止状态,$U_{CE} \approx U_{CC}$。晶体管的集电极和发射极之间电阻很大,发射结和集电结均反向偏置,晶体管相当于一个开关断开。

(2) 放大区。晶体管工作在放大状态时,发射结正偏,集电结反偏。在放大区,集电极电流与基极电流之间成 β 倍的数量关系,即晶体管在放大区时具有电流放大作用。

(3) 饱和区。当发射结和集电结均为正向偏置时,晶体管处于饱和状态。此时集电极电流 I_C 与基极电流 I_B 之间不再成比例关系。晶体管的集电极和发射极近似短接,晶体管相当于一个开关导通。

晶体管作为开关使用时,通常工作在截止和饱和导通状态;作为放大元件使用时,一般工作在放大状态。

【例 3.2】 已知某 NPN 型锗晶体管,各极对地电位分别为 $U_C=-2~V$,$U_B=-7.7~V$,$U_E=-8~V$。试判断晶体管处于何种工作状态?

解 已知该管为 NPN 型锗晶体管。发射结正偏时,凡满足 NPN 型硅晶体管 $U_{BE}=0.6\sim0.7~V$,PNP 型硅晶体管 $U_{BE}=-0.6\sim-0.7~V$;NPN 型锗晶体管 $U_{BE}=0.2\sim0.3~V$,PNP 型锗晶体管 $U_{BE}=-0.2\sim-0.3~V$ 条件者,晶体管一般处于放大或饱和状态。不满足上述条件的,晶体管处于截止状态,或已经损坏。

(1) $U_B-U_E=[-7.7-(-8)]~V=0.3~V$,发射结正偏。

(2) $U_B-U_C=[-7.7-(-2)]~V=-5.7~V<0$,集电结反偏。

区分放大或饱和状态,则检查集电结偏置情况。若集电结反偏,则晶体管处于放大状态;若集电结正偏,则晶体管处于饱和状态。所以,该晶体管处于放大状态。

【例 3.3】 测得三只晶体管的直流电位分别如图 3.11(a)、(b)、(c) 所示,试判断它们的工作状态。

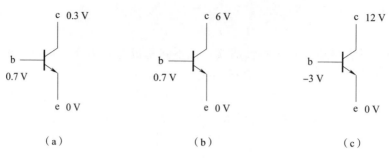

图 3.11　例 3.3 题图

解　图 3.11（a）中，$U_B-U_E=(0.7-0)$ V$=0.7$ V>0，发射结正偏。

$U_B-U_C=(0.7-0.3)$ V$=0.4$ V>0，集电结正偏。

所以，该晶体管处于饱和状态。

图 3.11（b）中，$U_B-U_E=(0.7-0)$ V$=0.7$ V>0，发射结正偏。

$U_B-U_C=(0.7-6)$ V$=-5.3$ V<0，集电结反偏。

所以，该晶体管处于放大状态。

图 3.11（c）中，$U_B-U_E=(-3-0)$ V$=-3$ V<0，发射结反偏。

$U_B-U_C=(-3-12)$ V$=-15$ V<0，集电结反偏。

所以，该晶体管处于截止状态。

3. 晶体管的主要参数

晶体管的参数用来表示晶体管的各种性能指标，是评价晶体管优劣的标准。从半导体手册中查询到晶体管主要有共射电流放大系数、极间反向电流集电极最大允许电流、集电极最大允许功率损耗、反向击穿电压等主要参数。

1）共射电流放大系数

（1）共射直流电流放大系数：直流电流放大系数又称静态电流放大系数或直流放大倍数，是指在静态无变化信号输入时，I_C 与 I_B 的比值，一般用 h_{FE} 或 $\bar{\beta}$ 表示。

（2）共射交流电流放大系数：交流电流放大系数又称动态电流放大系数或交流放大倍数，是指在交流状态下，晶体管集电极电流变化量 ΔI_C 与基极电流变化量 ΔI_B 的比值，一般用 h_{fe} 或 β 表示。

2）极间反向电流

（1）集电极与基极间的反向饱和电流 I_{CBO}：发射极 e 开路时，集电结在反向电压作用下，集电极与基极之间由少子漂移运动形成的反向饱和电流。

（2）集电极与发射极间的穿透电流 I_{CEO}：基极 b 开路时，集电极与发射极之间的穿透电流。

3）极限参数

极限参数是指晶体管正常工作时不能超过的值，否则有可能损坏晶体管。

（1）集电极最大允许电流 I_{CM}：指晶体管集电极所允许通过的最大电流。当晶体管的集电极电流 I_C 超过 I_{CM} 时，晶体管的 β 值等参数将发生明显变化，影响其正常工作，甚至还会损坏。β 下降到 70%β 值时所对应的集电极电流为集电极最大允许电流。

（2）集电极最大允许功率损耗 P_{CM}：指晶体管参数变化不超过规定允许值时的最大值为

集电极耗散功率。耗散功率与晶体管的最高允许结温和集电极最大电流有密切关系。晶体管在使用时，其实际功耗不允许超过 P_{CM}，否则会造成晶体管因过载而损坏。通常将耗散功率 P_{CM} 小于 1 W 的晶体管称为小功率晶体管；P_{CM} 大于或等于 1 W、小于 5 W 的晶体管称为中功率晶体管；P_{CM} 大于或等于 5 W 的晶体管称为大功率晶体管。

（3）反向击穿电压：

$U_{(BR)EBO}$：集电极开路，发射极与基极之间允许的最大反向电压。

$U_{(BR)CBO}$：发射极开路，集电极与基极之间允许的最大反向电压。

$U_{(BR)CEO}$：基极开路，集电极与发射极之间允许的最大反向电压。

选择晶体管时，要保证反向击穿电压大于工作电压的两倍以上。

4. 温度对晶体管参数的影响

温度对晶体管参数的影响很大。相同基极电流 I_B 下，U_{BE} 随温度升高而减小，每升高 1 ℃，U_{BE} 降下降 2~2.5 mV。相同 I_B 下，晶体管的输出特性曲线间隔随温度升高而拉宽，β 值增大。在室温附近，反向饱和电流随温度升高而增大，每升高 10 ℃，反向饱和电流将增加 1 倍。温度对晶体管特性的影响如图 3.12 所示。

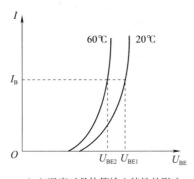
（a）温度对晶体管输入特性的影响

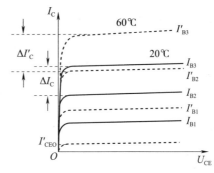
（b）温度对晶体管输出特性的影响

图 3.12 温度对晶体管特性的影响

任务工单

（1）在元件盒中取出两只晶体管，根据前面介绍的方法进行如下测量：

①类型判别（判别晶体管是 PNP 型还是 NPN 型），并确定基极 b。

②判断晶体管集电极 c 和发射极 e。

③把晶体管按引脚顺序对应地插入插孔中，用 h_{EF} 挡位测出晶体管的 β 值。

把以上测量结果填入表 3.1 中，并画出晶体管简图，标出引脚名称。

表 3.1 晶体管型号、类型、引脚图和 β 值

晶体管型号	类型	引脚图	β 值

(2) 晶体管电流放大特性的检测。实验电路如图 3.13 所示，为了保证晶体管起到放大作用，必须满足内部和外部条件。内部条件：发射区掺杂浓度高，基区掺杂浓度低且很薄，集电结面积大。外部条件：发射结加正向电压（正偏），集电结加反向电压（反偏）。

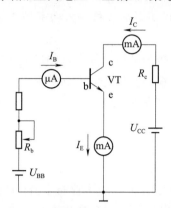

图 3.13　晶体管电流放大实验电路

改变可调电阻 R_b 值，基极电流 I_B、集电极电流 I_C 和发射极电流 I_E 发生变化。电流方向如图 3.13 所示，将测量结果填入表 3.2 中。

表 3.2　晶体管各电极电流的实验测量数据

基极电流 I_B/mA	0	0.01	0.02	0.04	0.06	0.08	0.1
集电极电流 I_C/mA							
发射极电流 I_E/mA							

📢 综合评价

综合评价表见表 3.3。

表 3.3　认识晶体管综合评价表

班级：_____ 小组：_____ 姓名：_____		指导教师：_____ 日　期：_____					
评价项目	评价标准	评价依据	评价方式			权重	得分小计
			学生自评 20%	小组互评 30%	教师评价 50%		
职业素养	(1) 遵守企业规章制度、劳动纪律。 (2) 按时按质完成工作任务。 (3) 积极主动承担工作任务，勤学好问。 (4) 人身安全与设备安全。 (5) 工作岗位 6S 完成情况	(1) 出勤。 (2) 工作态度。 (3) 劳动纪律。 (4) 团队协作精神				0.3	

专业能力	(1) 会熟练使用万用表。 (2) 能识别和检测晶体管的管型、引脚、放大系数和电流分配。 (3) 能灵活使用仪器调试电路	(1) 是否能判别晶体管的型号。 (2) 是否能应用万用表判断晶体管的引脚		0.5
创新能力	(1) 电路调试时,能提出自己独到见解或解决方案。 (2) 熟悉电路各元器件的作用	(1) 使用仪器的熟练程度。 (2) 理解晶体管的引脚电压分配。 (3) 晶体管放大系数的检测		0.2
	合计			

思考与练习

(1) 归纳一下在 U_{BB} 和 U_{CC} 满足什么条件时,晶体管电流放大效果明显。

(2) 基极电流 I_B、集电极电流 I_C 和发射极电流 I_E 三者有什么关系?

任务 3.2　音频放大电路输入级的制作

> 制作音频放大电路的输入级部分,要求该放大电路输入电阻在 10 kΩ 以上、输出电阻低于 100 Ω。在该电路中,除了电阻器、电容器外,还有一种器件,即晶体管,它是放大电路能够放大的重要部件。下面先介绍一下晶体管的应用电路。

任务描述

放大电路是放大系统中最重要的部分,是利用晶体管的电流控制作用实现信号放大。本任务设计并制作放大电路并判断放大电路的工作状态,计算静态工作点,会用毫伏表测量输入、输出信号的有效值,并计算电压放大倍数、输入电阻、输出电阻。

任务分析

要制作音频放大电路的输入级,首先要学习三种基本放大电路的基本特性,学会放大电路的静态分析和动态分析方法;其次学会分析放大电路的特性曲线和主要参数,在此基础上,把放大电路的原理图制作成实际的电子电路;最后通过调试、测试,完善电路功能,使之成为电子产品。

知识与技能

晶体管有三个电极,其对小信号实现放大作用的电路有三种不同的连接方式,又称三种组态。以 NPN 型管为例,图 3.14 (a) 所示的电路以发射极作为输入回路和输出回路的公共端,称为共发射极接法;图 3.14 (b) 所示的电路以集电极作为输入回路和输出回路的公共端，称为共集电极接法；图 3.14（c）所示的电路以基极作为输入回路和输出回路的公共端，称为共基极接法。

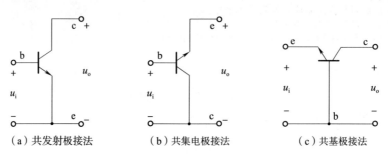

（a）共发射极接法　　　　（b）共集电极接法　　　　（c）共基极接法

图 3.14　晶体管三种组态

一、共射放大电路的组成和工作原理

放大电路是电子技术中应用十分广泛的一种单元电路。所谓"放大"，是指将一个微弱的电信号，通过某种装置，得到一个波形与该微弱信号相同但幅值却放大很多的信号输出。这个装置就是晶体管放大电路。"放大"作用的实质是电路对电流、电压或能量的控制作用，即把直流电源的能量转移给输出信号，输入信号的作用是控制这种转移，使放大电路输出信号的变化重复或反映输入信号的变化。

放大电路的核心器件是晶体管。因此，放大电路若要实现对输入小信号的放大作用，必须首先保证晶体管工作在放大区，即其发射结正向偏置、集电结反向偏置。此条件是通过外接直流电源，并配以合适的偏置电路来实现的。

1. 电路组成

基本放大电路一般是指由一个晶体管与相应分立元件组成的三种基本组态（共发射极、共集电极、共基极）放大电路。下面将以 NPN 型管组成的共射放大电路为例，阐明放大电路的组成、各元器件的作用和工作原理。

经典的共射放大电路如图 3.15 所示，其基本组成元器件如下：

（1）晶体管 VT，工作在放大区，起放大作用，是整个电路的核心器件。

（2）偏置电路 U_{CC}、R_b、R_c 为放大电路提供电源，并使晶体管工作在线性放大区（发射结正偏、集电结反偏）。偏置电阻 R_b 用来调节基极偏置电流 I_B，使晶体管有一个合适的工作点，一般为几十千欧或几百千欧。

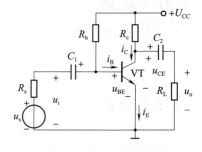

图 3.15　共射放大电路

（3）耦合电容 C_1、C_2，输入耦合电容 C_1 保证信号加到发射结，不影响发射结偏置。C_1 为有极性电解电容，其作用是隔离直流和让输入交流信号顺利通过。输出耦合电容 C_2 保证信号输送到负载，不影响集电结偏置。C_2 为有极性电解电容，其作用是隔离直流和让放大的交流信号顺利输出，一般为几微法或几十微法。

（4）负载电阻 R_c、R_L，将变化的集电极电流 I_C 转换为电压输出，以获得电压的放大，一般为几千欧。

2. 晶体管电流、电压符号使用规定

(1) 直流分量：大写字母，大写下标，如 I_B。

(2) 交流分量：小写字母，小写下标，如 i_b。

(3) 瞬时值：小写字母，大写下标，如 i_B，$i_B = I_B + i_b$。

(4) 交流有效值：大写字母，小写下标，如 I_b（基极交流电流有效值）。

(5) 交流峰值：交流有效值符号加小写 m 下标，如 I_{bm}。

3. 工作原理

需放大的信号电压 u_i 通过 C_1 转换为放大电路的输入电流，与基极偏流叠加后加到晶体管的基极，基极电流 i_B 的变化通过晶体管的以小控大作用引起集电极电流 i_C 变化；i_C 通过 R_c 使电流的变化转换为电压的变化，即 $u_{CE} = U_{CC} - i_C R_c$。由此可以看出：当 i_C 增大时，u_{CE} 就减小，所以 u_{CE} 的变化正好与 i_C 相反，这就是它们反相的原因。u_{CE} 经过 C_2 滤掉了直流成分，耦合到输出端的交流成分即为输出电压 u_o。若电路参数选取适当，u_o 的幅度将比 u_i 幅度大很多，亦即输入的微弱小信号 u_i 被放大了，这就是放大电路的工作原理，如图 3.16 所示。

实现放大作用，晶体管须工作在放大状态。对一个放大电路进行定量分析时，由放大电路的组成，可以看到，放大电路同时有两个电源作用，一个是直流工作电源 U_{CC}，另一个是输入交流信号 u_i，为了便于分析放大电路，有必要将电源分别作用在放大电路上的两种情况进行分析，也就是形成放大器的直流通路和交流通路。

(1) 直流通路保障直流偏置正确。直流通路是将原放大电路中所有电容开路，电感短路，而直流电源保留得到的电路。外加电源必须保证晶体管的发射结正偏、集电结反偏，并提供合适的静态工作点 Q（I_{BQ}，I_{CQ} 和 U_{CEQ}）。

(2) 交流通路畅通。交流通路是将原来放大电路中电抗极小的大电容、小电感短路，电抗极小的小电容、大电感开路，而电抗不容忽略的电容、电感保留，直流电源短路得到的电路。在基本放大电路里，直流电源和耦合电容对交流相当于短路。输入电压 u_i 要能引起晶体管的基极电流 i_B 作相应的变化。晶体管集电极电流 i_C 的变化要尽可能地转换为电压的变化输出。

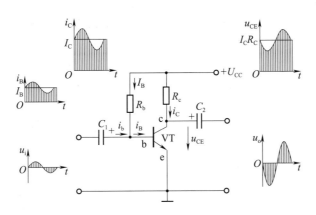

图 3.16 放大电路信号放大的变化过程

4. 放大电路的性能指标

1) 放大倍数 A_u、A_i

放大倍数是衡量放大电路对信号放大能力的主要技术参数。

(1) 电压放大倍数 A_u：指放大电路输出电压与输入电压的比值。常用分贝（dB）表示电压放大倍数。

$$电压增益 = 20\lg|A_u| \text{（dB）}$$

(2) 电流放大倍数 A_i：放大电路输出电流与输入电流的比值。

2) 输入电阻 r_i

输入电阻 r_i 是指从放大电路的输入端看进去的等效电阻。定义为输入电压 u_i 与输入电流 i_i 的比值。对于一定的信号源电路，输入电阻 r_i 越大，放大电路从信号源得到的输入电压 u_i 就越大，放大电路向信号源索取电流的能力也就越小。

3) 输出电阻 r_o

输出电阻 r_o 是指从放大电路的输出端（不包括负载）看进去的等效电阻。定义为负载开路，信号源短路时，输出端加的测试电压 u_T 与产生相应测试电流 i_T 的比值。

当放大电路作为一个电压放大器来使用时，其输出电阻 r_o 的大小决定了放大电路的带负载能力。r_o 越小，放大电路的带负载能力越强，即放大电路的输出电压 u_o 受负载的影响越小。

二、共射放大电路静态工作点的测试

1. 静态工作点的概念

当没有信号源作用，放大电路中的输入电压 $u_i = 0$，此时电路中只有直流电压源 U_{CC} 起作用，放大电路中各处电压、电流都是直流分量，这种状态称为放大电路的直流工作状态或静止状态，简称静态。静态分析又称直流分析，用来确定晶体管是否工作在其输出特性曲线的放大区。在理论上，静态分析是动态分析的基础和先决条件。在实际调试电路时，也往往首先要确保电路的静态工作正常。

当放大电路处于静态时，电容视为开路，电感视为短路，电路中只有直流流过的路径称为放大电路的直流通路。图 3.17 所示为共射放大电路的直流通路，图中的电压、电流用直流分量的符号可表示为 I_{BQ}、I_{CQ}、U_{BEQ}、U_{CEQ}。由于（I_{BQ}, U_{BEQ}）和（I_{CQ}, U_{CEQ}）分别对应输入、输出特性曲线上的一个点，用 Q 表示，所以称为放大电路中的静态工作点，如图 3.18 所示。

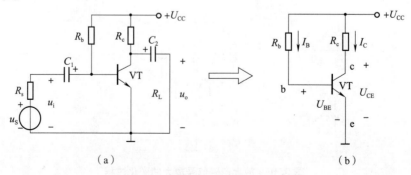

图 3.17 共射放大电路的直流通路

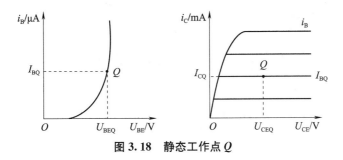

图 3.18 静态工作点 Q

2. 放大器设置静态工作点的目的

1）放大器设置静态工作点的情况（见图 3.19）

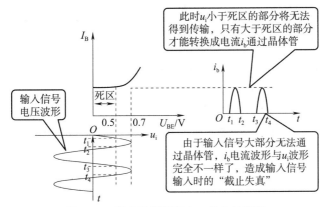

图 3.19 放大器设置静态工作点的情况

放大器没有设置静态工作点便会产生波形失真。

2）设置静态工作点的必要性

（1）不设置偏置电路：

① 小信号无法放大；

② 只有当信号输入电压足够大时，顶部超过导通电压，才会产生基极电流，但将产生严重失真。

（2）设置合适的静态工作点的目的是保证信号不失真。为保证传输信号不失真地输入到放大器中得到放大，必须在放大电路中设置静态工作点，如图 3.20 所示。

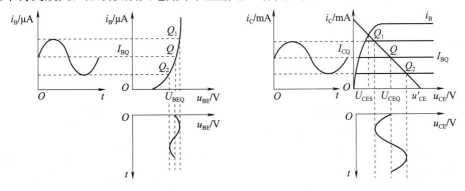

图 3.20 放大器设置静态工作点的情况

3. 静态工作点的分析方法

1) 公式估算法

直流下，耦合电容 C_1、C_2 相当于开路，由直流通路可求得 I_{BQ}，即

$$I_{BQ}=\frac{U_{CC}-U_{BEQ}}{R_b}$$

由晶体管放大原理可求得 I_{CQ}，即

$$I_{CQ}=\beta I_{BQ}$$

由图 3.17 可求得 U_{CEQ}，即

$$U_{CEQ}=U_{CC}-I_{CQ}R_c$$

2) 图解法

利用晶体管的输入、输出特性曲线求解静态工作点的方法称为图解法。

当 $U_{CE}=0$ 时，$I_C=\frac{U_{CC}}{R_c}$，当 $I_C=0$ 时，$U_{CE}=U_{CC}$。在晶体管输出特性曲线的坐标系中，可以得到一条 U_{CE} 和 I_C 关系的直线，即输出回路的直流负载线，其与横轴的交点坐标为 $(U_{CC},0)$，与纵轴的交点坐标为 $\left(0,\frac{U_{CC}}{R_c}\right)$，斜率 $k=-\frac{1}{R_c}$，如图 3.21 所示，它与由 I_{BQ} 确定的输出特性曲线相交于 Q，Q 点对应的集电极电流是 I_{CQ}，对应的电压是 U_{CEQ}。

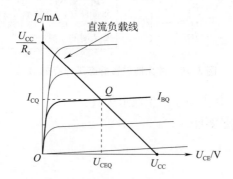

图 3.21 静态工作点图解分析

固定偏置的放大电路存在很大的不足。例如，当晶体管所处环境温度升高时，晶体管内部载流子运动加剧，因此将造成放大电路中的各参量随之发生变化。温度 $T\uparrow\to Q$ 点 $\uparrow\to I_C\uparrow\to U_{CE}\downarrow\to U_C\downarrow$。如果 $U_C<U_B$，则集电结就会由反偏变为正偏，当两个 PN 结均正偏时，电路出现"饱和失真"。为不失真地传输信号，实用中需对上述电路进行改造。分压式偏置的共射放大电路可通过反馈环节有效地抑制温度对静态工作点的影响。

4. 分压式偏置放大电路

1) 稳定静态工作点的原理

分压式偏置的共发射极放大电路由于设置了反馈环节，因此当温度升高而造成 I_C 增大时，可自动减小 I_B，从而抑制了静态工作点由于温度而发生的变化，保持 Q 点稳定，如图 3.22 所示。电路中，R_{b1} 为上偏置电阻，R_{b2} 为下偏置电阻，直流电压源 U_{CC} 经 R_{b1} 和 R_{b2} 分压后与晶体管的基极相连；R_c 是集电极电阻；R_e 是发射极电阻，其两端并联的大电容 C_e 称为射极旁路电容。利用 C_e "隔直通交"的功能，使 R_e 在交流通路中不起作用，从而使

交流信号的放大能力不受影响。

图 3.23 所示电路是分压式偏置放大电路的直流通路。选择合适的 R_{b1} 和 R_{b2} 使晶体管正常工作时满足 $I_1 \gg I_B$,这样就认为 $I_B \approx 0$,$I_1 \approx I_2$,忽略 I_B 对 I_1 的分流作用,则晶体管基极的电位基本恒定,根据分压法确定基极电位。

$$U_B = \frac{R_{b2}}{R_{b1}+R_{b2}} U_{CC}$$

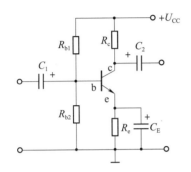
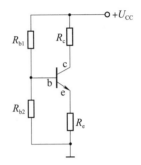

图 3.22 分压式偏置放大电路　　图 3.23 分压式偏置放大电路的直流通路

当温度发生变化时,虽然也引起 I_C 的变化,但是基极电位 U_B 基本不受影响。温度 $T\uparrow \to I_C\uparrow \to I_E\uparrow \to U_E\uparrow \to U_{BE}=U_B-U_E\downarrow \to I_B\downarrow \to I_C\downarrow$ 通过分析可以看出,分压式偏置放大电路具有自动稳定静态工作点的能力。

同样,基极电位 U_B 也不能太高,否则由于发射极电位 $U_E=U_B-U_{BE}$ 的升高,会使 $U_{CE}=U_{CC}-I_C R_c-U_E$ 减小,从而减小了放大电路输出电压的变化范围,因此一般选取硅晶体管 $U_B=(3\sim5)U_{BE}$;锗晶体管 $U_B=(1\sim3)U_{BE}$。

2) 静态工作点的求解

由直流通路估算静态工作点的 Q 值。

$$U_B = \frac{R_{b2}}{R_{b1}+R_{b2}} U_{CC}$$

$$I_{CQ} \approx I_{EQ} = \frac{U_B - U_{BEQ}}{R_e}$$

$$I_{BQ} = \frac{I_{CQ}}{\beta}$$

$$U_{CEQ} \approx U_{CC} - I_{CQ}(R_c + R_e)$$

5. 静态工作点的位置与非线性失真的关系

如果静态工作点处于负载线的中央,则此时的动态工作范围最大,可以获得最大不失真输出。但是在实际中,输入信号经放大器放大后,因输出波形与输入波形不完全一致称为波形失真。由于该失真是由晶体管特性曲线的非线性引起的,故称为非线性失真。放大电路的非线性失真主要有截止失真和饱和失真两种。如果输入信号比较小,在不至于产生失真情况下,一般把静态工作点选得稍微低一些,这样可以降低静态工作电流,并节省直流电源能量消耗,因为静态工作点的高低就是静态集电极电流的大小。静态工作点的位置与非线性失真的关系如图 3.24 所示。

如果静态工作点 Q 选得过低，I_{BQ} 较小，输入信号的负半周进入截止区产生截止失真。增大 I_{BQ} 值，抬高 Q 点，可消除截止失真。

如果静态工作点 Q 选得过高，I_{BQ} 较大，U_{CEQ} 较小，输入信号的正半周进入饱和区而产生饱和失真。减小 I_{BQ} 值，增大 U_{CEQ} 值，降低 Q 点，可消除饱和失真。

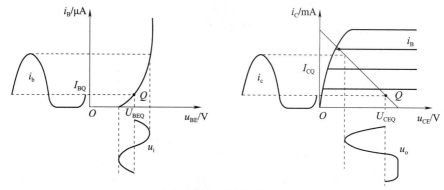

(a) Q 点设置过低的截止失真

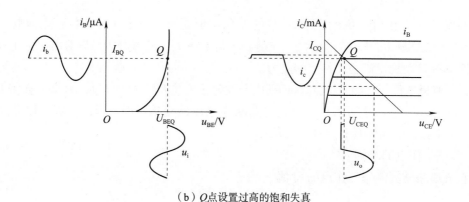

(b) Q 点设置过高的饱和失真

图 3.24 静态工作点的位置与非线性失真的关系

三、共射放大电路动态性能的测试

放大电路放大的对象是变化量。研究放大电路时，除了要保证放大电路具有合适的静态工作点外，更重要的是还要研究其放大性能。对于放大电路放大性能指标有两方面要求：一是放大倍数要尽可能大，二是输出信号要尽可能不失真。

放大电路加入交流输入信号的工作状态称为动态。动态时，放大电路输入的是交流微弱小信号；电路内部各电压、电流都是交直流共存的叠加量；放大电路输出的是被放大的输入信号，性能指标分析就是要求解有信号输入时放大电路的输入电阻 r_i、输出电阻 r_o、电压放大倍数 A_u。

1. 微变等效电路分析法

微变等效电路分析法指的是在输入为微变信号（小信号）的条件下，晶体管特性曲线上 Q 点附近的晶体管的非线性变化近似看作线性的，即把非线性器件晶体管转换为线性器件进行求解的方法。首先通过分析放大电路的交流通路来求取上述的性能指标。交流通路是指在交流信号源的作用下,交流电流所流过的路径。画交流通路的原则如下:

(1) 将放大电路的耦合电容、旁路电容都看作短路。
(2) 将电压 U_{CC} 看作短路。

用微变等效电路分析法分析放大电路的步骤如下:

(1) 用公式估算法估算 Q 点值,并计算 Q 点处的参数 r_{be}。
(2) 由放大电路的交流通路,画出放大电路的微变等效电路。
(3) 根据微变等效电路列方程求解性能指标 A_u、r_i、r_o。

一般情况下,由高、低频小功率管构成的放大电路都符合小信号条件,因此其输入、输出特性在小范围内均可视为线性,图 3.25 是晶体管的微变等效电路。其中,r_{be} 是晶体管输入端的等效电阻,受控电流源相当于晶体管的集电极电流。显然微变等效电路反映了晶体管电流的以小控大作用,r_{be} 由下列表达式求得

$$r_{be} = 300 + (1+\beta)\frac{26(\text{mV})}{I_E(\text{mA})} = 300 + \frac{26}{I_{BQ}}$$

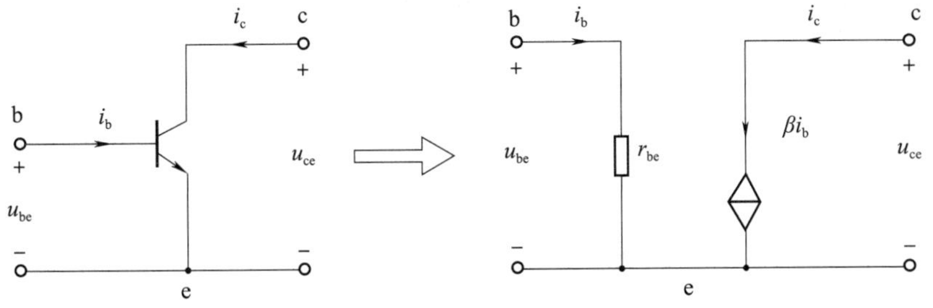

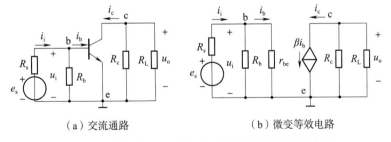

(a) 晶体管电路　　　　　　(b) 晶体管的微变等效电路

图 3.25　晶体管的微变等效电路

能够稳定静态工作点的共射放大电路的交流通路及其微变等效电路如图 3.26 所示。

(a) 交流通路　　　　　　(b) 微变等效电路

图 3.26　共射放大电路的交流通路及其微变等效电路

2. 电压放大倍数 A_u

$$A_u = \frac{u_o}{u_i}$$

带负载时,
$$u_i = i_b r_{be}$$
$$u_o = -i_c R_L' = -\beta i_b R_L'$$

$$A_u = \frac{u_o}{u_i} = -\beta \frac{R'_L}{r_{be}}$$

式中，$R'_L = R_c // R_L$。

3. 输入电阻 r_i

对于输入信号源，可把放大器当作负载，用 r_i 表示，称为放大器的输入电阻，且该参数越大越好，其定义为放大器输入端信号电压与电流的比值，即

$$r_i = \frac{u_i}{i_i} = R_b // r_{be} \approx r_{be}$$

4. 输出电阻 r_o

对于输出负载 R_L，可把放大器当作它的信号源，用相应的电压源或电流源的等效电路表示。图 3.26（b）中，u_i 的作用是将 R_L 短接，使电压源或者电流源产生短路电流。r_o 是等效电流源或电压源的内阻，也就是放大器的输出电阻，且该参数越小越好，即

$$r_o = \frac{u_o}{i_o} = r_{ce} // R_c \approx R_c$$

【例 3.4】 共射放大电路如图 3.27 所示。已知 $U_{CC} = 12$ V，$R_c = 5.1$ kΩ，$R_b = 400$ kΩ，$R_L = 2$ kΩ，晶体管的电流放大倍数 $\beta = 40$。试求：(1) 静态工作点 I_{BQ}、I_{CQ} 及 U_{CEQ}。(2) 带负载的电压放大倍数 A_u。

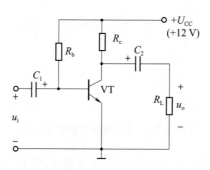

图 3.27 例 3.4 图

解 （1）由直流通路可得

$$I_{BQ} = \frac{U_{CC} - U_{BEQ}}{R_b}，晶体管压降可忽略不计，即 I_{BQ} \approx \frac{12}{400 \times 10^3} \text{A} = 30 \ \mu\text{A}$$

$$I_{CQ} = \beta I_{BQ} = 1.2 \text{ mA}$$

$$U_{CEQ} = U_{CC} - I_{CQ} R_c = 5.88 \text{ V}$$

（2）晶体管的输入电阻为

$$r_{be} = 300 + (1+\beta)\frac{26(\text{mV})}{I_{EQ}(\text{mA})} = \left(300 + 41 \times \frac{26}{I_{BQ}}\right) \Omega = 1\,167 \ \Omega$$

带负载的电压放大倍数

$$A_u = \frac{u_o}{u_i} = -\beta \frac{R_c // R_L}{r_{be}} = -49$$

输入电阻 $r_i = R_b // r_{be} \approx r_{be} = 1\,167 \ \Omega$。

输出电阻 $r_o \approx R_c = 5.1$ kΩ。

【例 3.5】 在图 3.28 所示的分压式工作点稳定电路中,已知晶体管的 $\beta=40$。试求:(1) 估算电路的静态工作点;(2) 计算电路的 A_u、R_i 和 R_o。

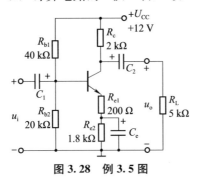

图 3.28 例 3.5 图

解 (1) 估算静态工作点:

$$U_B = \frac{R_{b2}}{R_{b1}+R_{b2}} U_{CC} = \frac{20}{40+20} \times 12 \text{ V} = 4 \text{ V}$$

$$I_{CQ} \approx I_{EQ} = \frac{U_B - U_{BEQ}}{R_{e1}+R_{e2}} \approx \frac{U_B}{R_e} = \frac{4}{2\,000} \text{ A} = 2 \text{ mA}$$

$$U_{CEQ} \approx U_{CC} - I_{CQ}(R_c + R_e) = 12 - 2 \times (2+2) = 4 \text{ V}$$

(2) 估算电路 A_u、R_i 和 R_o:

$$r_{be} = 300 + (1+\beta) \frac{26 \text{ (mV)}}{I_{EQ} \text{ (mA)}} = \left(300 + 51 \times \frac{26}{2}\right) \Omega = 963 \text{ } \Omega$$

$$A_u = \frac{u_o}{u_i} = -\beta \frac{R_c // R_L}{r_{be}+(1+\beta)R_{e1}} = -\frac{50 \times 1.43}{0.96 + 51 \times 0.2} = -6.41$$

输入电阻 $r_i = R_{b1} // R_{b2} // [r_{be}+(1+\beta)R_{e1}] = (20//40//11.16) \text{ k}\Omega = 6.07 \text{ k}\Omega$。

输出电阻 $r_o \approx R_c = 2 \text{ k}\Omega$。

四、共集电极放大电路

共集电极放大电路如图 3.29(a) 所示,图 3.29(b)、(c) 分别是它的直流通路和交流通路。由交流通路看,晶体管的集电极对交流来说接地,输入信号 u_i 和输出信号 u_o 以它为公共端,故称它为共集电极放大电路。外加电源的极性要保证放大管发射结正偏、集电结反偏,同时保证放大管有一个合适的 Q 点。交流信号 u_i 从基极 b 输入,u_o 从发射极 e 输出,集电极 c 作为输入、输出的公共端,故称为共集电极组态,同时由于输出信号 u_o 取自发射极,因此又称射极输出器。

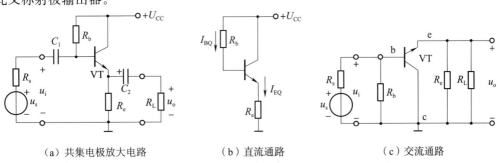

(a) 共集电极放大电路   (b) 直流通路   (c) 交流通路

图 3.29 共集电极放大电路及其交直流通路

1. 静态工作点分析

直流电源 U_{CC}、电阻 R_b 为晶体管发射结提供正偏压，由图 3.29（b）可列出输入回路的直流方程为

$$U_{CC}=I_{BQ}R_b+U_{BEQ}+I_{EQ}R_e=I_{BQ}R_b+U_{BEQ}+(1+\beta)I_{BQ}R_e$$

由此可求得共集电极放大电路的静态工作点电流为

$$I_{BQ}=\frac{U_{CC}-U_{BEQ}}{R_b+(1+\beta)R_e}$$

$$I_{CQ}=\beta I_{BQ}\approx I_{EQ}$$

由图 3.29（b）中的集电极回路可得

$$U_{CEQ}=U_{CC}-I_{EQ}R_e$$

2. 动态性能指标分析

根据图 3.29（c）所示的交流通路可画出共集电极放大电路的微变等效电路，如图 3.29 所示，由图 3.30 可求得共集电极放大电路的各项性能指标。具体如下：

$$u_o=i_e(R_e//R_L)=(1+\beta)i_b(R_e//R_L)$$

$$u_i=i_b r_{be}+u_o$$

$$A_u=\frac{u_o}{u_i}=\frac{(1+\beta)(R_e//R_L)}{r_{be}+(1+\beta)(R_e//R_L)}$$

u_o 与 u_i 同相位，且 A_u 小于 1，没有电压放大作用。因为 $A_u\approx 1$，所以共集电极放大电路又称射极跟随器。

输入电阻：

$$r_i=R_b//[r_{be}+(1+\beta)(R_e//R_L)]$$

输入电阻越大，电路从信号源获得的输入电压就越大，从信号源吸取的电流就越小。常用于多级放大电路的输入级。

输出电阻：

$$r_o=R_e//\frac{r_{be}+R_s//R_b}{1+\beta}$$

输出电阻小，带负载能力强。常用于多级放大电路的输出级，以提高整个电路的带负载能力。也可用于多级放大电路的缓冲级，以减少前后级之间的相互影响。

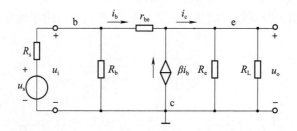

图 3.30　共集电极放大电路的微变等效电路

五、共基极放大电路

共基极放大电路如图 3.31（a）所示，其中 R_{b1} 和 R_{b2} 为基极偏置电阻，R_c 是集电极电阻，

R_e是发射极偏置电阻,大电容C_c使基极对地交流短路。图3.31(c)所示为共基极放大电路的交流通路,从图中可以看出,共基极放大电路是把基极作为输入回路与输出回路的公共端。

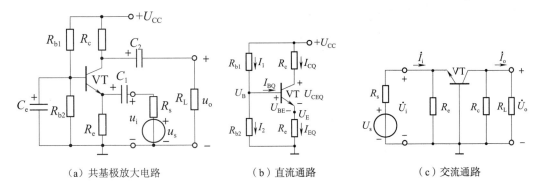

(a) 共基极放大电路　　　(b) 直流通路　　　(c) 交流通路

图3.31　共基极放大电路及其交直流通路

1. 静态工作点分析

直流电源U_{CC}、电阻R_{b2}为晶体管发射结提供正偏压,由图3.31(b)可列出输入回路的直流方程为

$$U_B = \frac{R_{b1}}{R_{b1}+R_{b2}} U_{CC}$$

由此可求得共基极放大电路的静态工作点电流为

$$I_{CQ} \approx I_{EQ} = \frac{U_B - U_{BEQ}}{R_e} \approx \frac{U_E}{R_e}$$

$$I_{CQ} = \beta I_{BQ} \approx I_{EQ}$$

由图3.31(b)中的基极回路可得

$$U_{CEQ} = U_{CC} - I_{CQ}R_c - I_{EQ}R_e \approx U_{CC} - I_{CQ}(R_c + R_e)$$

2. 动态性能指标分析

根据图3.31(c)所示交流通路可画出共基极放大电路的微变等效电路如图3.32所示,由图3.32可求得共基极放大电路的各项性能指标。

由图3.32可得

$$u_o = -i_c(R_c // R_L)$$

$$u_i = -i_b r_{be}$$

$$A_u = \frac{u_o}{u_i} = \frac{-i_c(R_c // R_L)}{-i_b r_{be}} = \frac{\beta(R_c // R_L)}{r_{be}}$$

放大倍数为正值,表明共基极放大电路为同相放大。

输入电阻:

$$r_i = R_b // \frac{r_{be}}{1+\beta}$$

输出电阻:

$$r_o = R_c$$

共基、共射放大电路元件参数相同时,它们的电压放大倍数A_u的数值是相等的,但是,由于共基极放大电路的输入电阻很小,输入信号源电压不能有效地激励放大电路,所以,在 R_s 相同时,共基极放大电路实际提供的源电压放大倍数将远小于共射放大电路的源电压放大倍数。三种不同组态的放大电路的性能和应用见表 3.4。

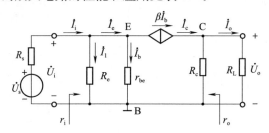

图 3.32 共基极放大电路的微变等效电路

表 3.4 三种不同组态的放大电路的性能和应用

电路组态	电压放大倍数	输入电阻	输出电阻	应用
共射极放大电路	高,反相位	适中	适中	低频电压放大电路
共基极放大电路	高,同相位	低	高	高频放大及宽带放大电路
共集电极放大电路	低,约为 1	最高	最低	放大电路的输入级、输出级及中间隔离级

任务工单

1. 任务所需器件(见表 3.5)

表 3.5 任务所需器件

编号	名称	参数	编号	名称	参数
VT	放大管	9013	R_{b1}	电阻器	20 kΩ
R_{b2}	电阻器	20 kΩ	R_e	电阻器	1 kΩ
R_c	电阻器	2.4 kΩ	R_L	电阻器	2.4 kΩ
R_p	可调电阻器	100 kΩ	C_1	电解电容器	10 μF
C_2	电解电容器	10 μF	C_e	电解电容器	50 μF

任务所需工具:电工电子实训台、数字式万用表、直流稳压电源、恒温电烙铁、双踪示波器。

利用 Multisim 软件设计三极管电压放大电路仿真图,如图 3.33 所示,并进行原理分析。合适的偏置电路是保证三极管工作在放大状态的首要条件,电路采用阻容耦合放大,各级的静态偏置参数不同。为了更好地理解电路原理,请认真思考完成下面练习。

(1) 写出以下元器件在电路中的作用。

R_{b2}:_____; R_c:_____;

R_e:_____; C_e:_____。

2. 测量静态工作点

(1) 将直流电源的输出电压调整到 12 V。

(2) 按照电路图,检查无误后,将 R_p 调至最大,信号输入端保持无输入状态(放大器输入端与地端短接)。

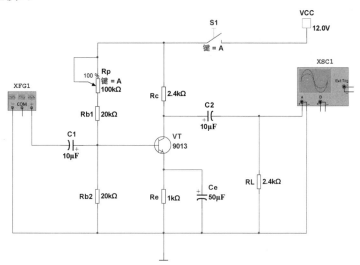

图 3.33 三极管电压放大电路仿真图

(3) 用万用表的直流 20 V 挡测量 $U_E=2$ V 左右,如果偏差太大可调节静态工作点(电位器 R_p)。然后测量 U_B、U_C、R_p,填入表 3.6 中。

表 3.6 静态工作点实际测量

U_B/V	U_C/V	U_{CE}/V	R_p/Ω

3. 计算静态工作点

将理论值填入表 3.7 中,并与实际值对比。

表 3.7 静态工作点实际值

U_C/V	U_B/V	U_{CE}/V	U_E/V

4. 计算电压放大倍数

在放大电路输入端输入频率为 1 kHz 的正弦波信号,并调节低频信号发生器输出旋钮,使 U_i 有效值为 10 mV。用示波器观察输出信号 u_o 的波形,记录输入和输出电压波形图,同时在输出不失真的情况下测量输出电压 u_o 的有效值 U_o,记入表 3.8 中。

表 3.8 电压放大倍数实际数据

$f=1$ kHz $U_i=10$ mV	集电极电阻 $R_c/\text{k}\Omega$	负载电阻 R_L/Ω	U_o/V	实测 A_u 值

5. 动态参数的估算

电压放大倍数:_____;

输入电阻：_____；
输出电阻：_____。

6. 用双踪示波器观察 U_i 和 U_o 的相位关系

顺时针调节电位器 R_p，使 U_o 输出正弦波达到最大不失真状态，并绘制 U_i、U_o 及三极管各个引脚波形，并将结果记入表 3.9 中。

表 3.9 引脚波形绘制

U_i 的波形	U_o 的波形	U_b 的波形	U_e 的波形	U_c 的波形
U_i 坐标图	U_o 坐标图	U_b 坐标图	U_e 坐标图	U_c 坐标图

综合评价

综合评价表见表 3.10。

表 3.10 音频放大电路输入级的制作综合评价表

班级：_____   指导教师：_____
小组：_____   日　期：_____
姓名：_____

评价项目	评价标准	评价依据	评价方式			权重	得分小计
			学生自评 20%	小组互评 30%	教师评价 50%		
职业素养	(1) 遵守企业规章制度、劳动纪律。 (2) 按时按质完成工作任务。 (3) 积极主动承担工作任务，勤学好问。 (4) 人身安全与设备安全。 (5) 工作岗位 6S 完成情况	(1) 出勤。 (2) 工作态度。 (3) 劳动纪律。 (4) 团队协作精神				0.3	
专业能力	(1) 会熟练使用信号发生器和示波器。 (2) 能理解晶体管放大电路工作原理和波形分析。 (3) 能计算静态工作点，测量输入、输出信号的有效值，并计算电压放大倍数、输入电阻、输出电阻。 (4) 能灵活使用仪器调试电路	(1) 能否运用公式正确计算静态动作点。 (2) 能否调试静态工作点测量电压放大倍数				0.5	
创新能力	(1) 电路调试时，能提出自己独到见解或解决方案。 (2) 熟悉晶体管的工作状态。 (3) 理解偏置电路对放大电路的影响，知道产生失真的原因及改善的方法	(1) 三极管各种工作状态的理解。 (2) 分立元件放大电路分析，并观察说明静态工作点对输出波形的影响				0.2	
合计							

思考与练习

（1）归纳总结偏置电阻 R_b 的阻值大小对静态工作点和输出信号是否失真的影响。

（2）调节滑动变阻器 R_p 能否改变共射放大电路的静态工作点？

任务3.3　音频放大电路中间级的制作

制作音频放大电路的中间级部分，要求该放大电路采用多级放大电路和集成运放作为电压放大之用，放大倍数达到 50 以上。在该电路中，中间级的作用是获得较大的电压放大倍数，可以由共射放大电路组成，下面一起来学习和设计吧！

任务描述

实际应用中，放大电路的输入信号通常很微弱（毫伏或微伏数量级），为了使放大后的信号能够驱动负载，仅仅通过单级放大电路进行信号放大，很难达到实际要求，常常需要采用多级放大电路。设计音频放大电路的中间级部分，采用多级放大电路可有效地提高放大电路的各种性能，如提高电路的电压增益、电流增益、输入电阻、带负载能力等。

任务分析

要制作音频放大电路的中间级，就是训练多级放大电路制作过程，首先了解电路板制作、调试方法，其次学习多级放大电路静态参数和动态参数的理论分析，将理论分析的结果转化为实际的放大电路，最后通过对实际放大电路各项参数的调试与测量，进一步加深对多级放大电路分析的理解。

知识与技能

一、多级放大电路的耦合方式

多级放大电路是由两级或两级以上的单级放大电路连接而成的。第一级为输入级，一般采用输入阻抗较高的放大电路，以便从信号源获得较大的电压输入信号并对信号进行放大。中间级主要实现电压信号的放大，一般要用几级放大电路才能完成信号的放大。最后一级称为输出级，主要用于功率放大，以驱动负载工作，如图 3.34 所示。在多级放大电路中，级与级之间的连接方式称为耦合方式，常见的耦合方式有三种：阻容耦合、直接耦合和变压器耦合。而级与级之间耦合时，必须满足：

图 3.34　多级放大电路的组成框图

（1）耦合后，各级电路仍具有合适的静态工作点；

（2）保证信号在级与级之间能够顺利地传输过去；

(3) 耦合后，多级放大电路的性能指标必须满足实际的要求。

1. 阻容耦合

将前一级放大电路的输出端通过电容接到后一级放大电路的输入端的连接方式称为阻容耦合，如图 3.35 所示。这个电容称为耦合电容。其特点如下：

(1) 优点：因电容具有"隔直"作用，所以各级电路的静态工作点相互独立，互不影响。利于放大器的设计、调试和维修。

(2) 缺点：因电容对交流信号具有一定的容抗，所以在信号传输过程中，会受到一定的衰减，尤其对于变化缓慢的信号容抗很大，不便于传输。其低频特性差，只能放大具有一定频率的交流信号，不适合放大直流或缓慢变化的信号。阻容耦合电路具有体积小、质量小的优点，在分立元件电路中应用较多。在集成电路中制造大容量的电容是比较困难的，因此阻容耦合方式一般不集成化。

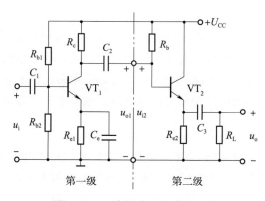

图 3.35 阻容耦合两级放大电路

2. 直接耦合

直接耦合方式是将前一级放大电路的输出端直接送到后一级放大电路的输入端的连接方式，如图 3.36 所示。其特点如下：

(1) 优点：既可以放大交流信号，也可以放大直流和变化非常缓慢的信号；频率特性好，电路简单，电路中无大的耦合电容，结构简单，便于集成。所以，集成电路中多采用这种耦合方式。

(2) 缺点：各级放大电路的静态工作点相互影响，不利于电路的设计、调试和维修。输出存在温度漂移，即放大器无输入信号时，也有缓慢的无规则信号输出。

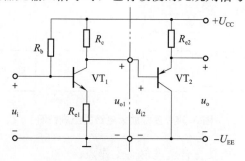

图 3.36 直接耦合两级放大电路

3. 变压器耦合

变压器耦合方式是将前一级放大电路的输出端通过变压器接到后一级放大电路的输入端或直接接负载电阻的连接方式，如图 3.37 所示。变压器也具有隔直流、通交流的特性，因此变压器耦合方式具有如下特点：

（1）优点：由于变压器不能传输直流信号，且有隔直作用，因此各级静态工作点相互独立，互不影响。变压器在传输信号的同时还能够进行阻抗、电压、电流变换，输出温度漂移比较小。

（2）缺点：同阻容耦合一样，变压器耦合低频特性差，不适合放大直流及缓慢变化的信号，只能传递具有一定频率的交流信号，且体积大、笨重，不能实现集成化应用。

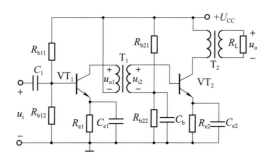

图 3.37 变压器耦合两级放大电路

二、多级放大电路的性能指标估算

多级放大电路的性能指标有电压放大倍数 A_u、输入电阻 r_i、输出电阻 r_o。求解多级放大电路的动态参数 A_u、r_i、r_o 时，一定要考虑前后级之间的相互影响。要把后级的输入阻抗作为前级的负载电阻，前级的开路电压作为后级的信号源电压，前级的输出阻抗作为后级的信号源阻抗。

1. 电压放大倍数

多级放大电路的框图如图 3.38 所示。

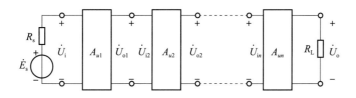

图 3.38 多级放大电路的框图

总电压放大倍数等于各级电压放大倍数的乘积，即

$$A_u = A_{u1} \times A_{u2} \times \cdots \times A_{un}$$

2. 输入电阻

多级放大电路的输入电阻 r_i 等于从第一级放大电路的输入端所看到的等效输入电阻

r_{i1}，即

$$r_i = r_{i1}$$

3. 输出电阻

多级放大电路的输出电阻 r_o 等于从最后一级（末级）放大电路的输出端所看到的等效电阻 r_{on}，即

$$r_o = r_{on}$$

【**例 3.6**】两级阻容耦合放大电路如图 3.39 所示，已知 $\beta_1 = 100$，$\beta_2 = 60$，$R_{b11} = 36$ kΩ，$R_{b12} = 24$ kΩ，$R_{c1} = 2$ kΩ，$R_{e1} = 2.2$ kΩ，$R_{b21} = 33$ kΩ，$R_{b22} = 10$ kΩ，$R_{c2} = 3.3$ kΩ，$R_{e2} = 1.5$ kΩ，$r_{be1} = 0.96$ kΩ，$r_{be2} = 0.8$ kΩ，$R_s = 3.3$ kΩ，$R_L = 5.1$ kΩ，$U_{CC} = 24$ V。

（1）画出微变等效电路；

（2）求各级的输入电阻和输出电阻；

（3）求放大器的放大倍数 A_u；

（4）求放大电路的输入电阻和输出电阻。

解 （1）微变等效电路如图 3.40 所示。

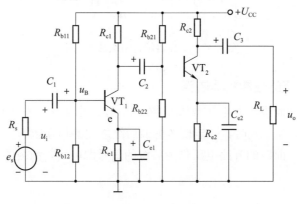

图 3.39　例 3.6 图

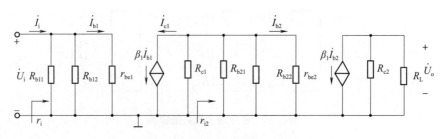

图 3.40　例 3.6 微变等效电路

（2）求各级的输入电阻和输出电阻：

第一级　　　　　　$r_{i1} = R_{b11} // R_{b12} // r_{be1} \approx r_{be1} = 0.96$ kΩ

$$r_{o1} = R_{c1} = 2 \text{ kΩ}$$

第二级
$$r_{i2}=R_{b21}//R_{b22}//r_{be2}\approx r_{be2}=0.8\text{ k}\Omega$$
$$r_{o2}=R_{c2}=3.3\text{ k}\Omega$$

(3) 第一级
$$R'_{L1}=r_{o1}//r_{o2}=\frac{2\times3.3}{2+3.3}\text{ k}\Omega=1.25\text{ k}\Omega$$
$$A_{u1}=-\beta_1\frac{R'_{L1}}{r_{be1}}=-100\times\frac{1.25}{0.96}=-130$$

第二级
$$R'_{L2}=r_{o2}//R_L=\frac{3.3\times5.1}{3.3+5.1}\text{ k}\Omega=2\text{ k}\Omega$$
$$A_{u2}=-\beta_2\frac{R'_{L2}}{r_{be2}}=-60\times\frac{2}{0.8}=-150$$

放大器对信号源的放大倍数
$$A_u=A_{u1}A_{u2}=(-59.4)\times(-150)=8\,910$$

(4) 放大电路的输入电阻和输出电阻：
$$r_i=r_{i1}=0.96\text{ k}\Omega$$
$$r_o=r_{o2}=3.3\text{ k}\Omega$$

任务工单

任务所需器件清单见表3.11。

表3.11 任务所需器件清单

编 号	名 称	参 数	编 号	名 称	参 数
1	电阻器	280 kΩ	5	晶体管	8050
2	电阻器	3 kΩ	6	单排插针	2p
3	电容器	50 μF	7	焊锡丝	0.4 m
4	晶体管	9013	8	焊接洞洞板	—

任务所需工具：电工电子实训台、数字式万用表、直流稳压电源、恒温电烙铁、双踪示波器、信号发生器。

(1) 电子技术实训室配备直流稳压电源、双踪示波器、信号发生器、电子毫伏表和数字万用表等电子测量仪器，便于交直流参数测量。前面已经学习了直流稳压电源和万用表等电子仪器的使用，本项目在测量放大电路各种参数时，需要用到信号发生器、示波器等电子测量仪器，所以在对制作完成的两级电压放大电路进行正式测量前，首先要学会使用这些仪器。

(2) 连接电路。在实验系统上确认各元器件的位置，按照图3.41所示连接电路。

(3) 调整并测试各级电路的静态工作点。

两级电路先不耦合，先不加交流输入信号，然后按表3.12测试前后两级各点数值并填入表中。

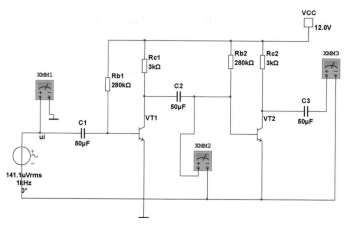

图 3.41 多级放大电路仿真图

表 3.12 多级放大电路的静态工作点

级数	测试值					理论值		
	U_B	U_E	U_{CE}	U_{BC}	U_{Rb2}	$I_B=U_{Rb2}/R_{b2}$	$I_C=U_{BC}/R_{c2}$	$U_{CE}=U_C-U_E$
第一级								
第二级								

（4）测试电压放大倍数。第二级放大电路暂时不接负载，将两级电路耦合起来，从第一级输入频率为 1 kHz、有效值为 10 μV 的交流信号 u_i，分别测出 u_{o1} 和 u_{o2}，填入表 3.13 中。

表 3.13 静态工作点实际测量

测试条件	测试值				理论值
	u_{o1}	u_{o2}	A_{u1}	A_{u2}	$A_u=\dfrac{u_o}{u_i}=A_{u1}A_{u2}$
$R_L=5.1\ \mathrm{k\Omega}$（不接负载）					

（5）观察各级波形的相位关系。用示波器观察并绘制 u_{o1}、u_{o2} 与 u_i 波形的相位关系曲线。

（6）测量通频带。测量不同频率下的输出电压 u_o。在输入电压 u_i 幅值不变的条件下按表 3.14 所列频率值改变频率，用示波器观察 u_o（即 u_{o2}）波形，要求不失真，用电压表测试对应频率下的输出电压有效值 u_o，并记入表 3.14 中。根据此表所测值，在单对数坐标上绘制频率特性曲线，在曲线上分别找出各自的 f_{oL} 和 f_{oH}。

表 3.14 通频带测量

f/kHz	0.02	0.04	0.06	0.08	0.1	0.5	1	10
u_o/V								
f/kHz	50	100	150	160	180	200	500	
u_o/V								

综合评价

综合评价表见表 3.15。

表 3.15 音频放大电路中间级的制作综合评价表

班级：_____ 小组：_____ 姓名：_____		指导教师：_____ 日 期：_____					
评价项目	评价标准	评价依据	评价方式			权重	得分小计
			学生自评 20%	小组互评 30%	教师评价 50%		
职业素养	（1）遵守企业规章制度、劳动纪律。 （2）按时按质完成工作任务。 （3）积极主动承担工作任务，勤学好问。 （4）人身安全与设备安全。 （5）工作岗位 6S 完成情况	（1）出勤。 （2）工作态度。 （3）劳动纪律。 （4）团队协作精神				0.3	
专业能力	（1）会熟练使用信号发生器和示波器。 （2）能理解多级放大电路工作原理和耦合方式。 （3）经过各级放大电路的静态分析，得到所需制作电路的各静态参数值	（1）工作原理分析。 （2）会绘制两级放大电路仿真电路图。 （3）能否正确测量静态工作点				0.5	
创新能力	（1）根据电路原理图分析电路的工作状态是否处于合适的状态。 （2）分析放大电路的性能指标，并进行图解分析	（1）多级放大工作状态的理解。 （2）会比较仿真和计算所得数据，静态参数是否相同，若不同，找出原因				0.2	
合计							

思考与练习

（1）如果要放大直流或者很低频率的交流信号，不能采用阻容耦合两级放大电路，那该采用什么样的耦合方式对其进行放大？

（2）晶体管放大电路在实际应用时，可能存在哪些问题会影响电路的稳定性？如何解决？

任务 3.4　负反馈放大电路的设计

> 负反馈在电子电路中应用十分广泛，特别是负反馈可以改善放大电路的性能。实际中常见的放大电路都离不开负反馈，前面介绍的静态工作点稳定电路，都应用了负反馈技术，不仅能够稳定静态工作点，还能稳定放大倍数，改善放大电路的其他性能。下面从负反馈概念入手，详细介绍负反馈的类型及其判别方法。

📖 任务描述

将负反馈引入放大电路中，进行测试，并总结加入负反馈之后电路哪些方面得到改善。

📝 任务分析

要设计负反馈放大电路，首先学习负反馈放大电路的概念以及反馈类型的判断方法；其次了解负反馈的引入对放大电路性能产生的影响，能正确根据要求引入负反馈；最后进行负反馈放大电路静态工作点的测量与调整。

📚 知识与技能

一、反馈放大电路的组成及基本关系式

1. 反馈的定义

在电子系统中，把放大电路输出量（电压或电流）的部分或全部，经过一定的电路（反馈网络）反送回到放大电路的输入端，从而影响输出的方式称为反馈。有反馈的放大电路称为反馈放大电路。

2. 反馈的构成框图

反馈放大电路由基本放大电路和反馈网络组成，其构成框图如图 3.42 所示。图中 X_i、X_{id}、X_f、X_o 分别表示放大电路的输入信号、净输入信号、反馈信号和输出信号，它们可以是电压量也可以是电流量。没有引入反馈时的基本放大电路称为开环电路，其中的 A 表示基本放大电路的放大倍数，又称开环放大倍数。引入反馈后的放大电路称为闭环电路，F 表示反馈系数。

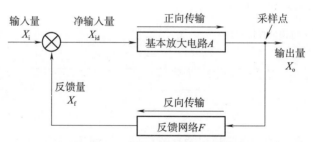

图 3.42 反馈放大电路的构成框图

3. 反馈元件

在反馈电路中，既与基本放大电路输入回路相连，又与输出回路相连的元件，以及与反馈支路相连且对反馈信号的大小产生影响的元件均称为反馈元件。

4. 反馈放大电路的一般表达式

1) 闭环放大倍数

基本放大电路的放大倍数：

$$A = \frac{X_o}{X_{id}}$$

反馈网络的反馈系数：

$$F = \frac{X_f}{X_o}$$

反馈放大电路放大倍数：
$$A_f = \frac{X_o}{X_i}$$

基本放大电路净输入信号：
$$X_{id} = X_i - X_f$$

闭环放大电路放大倍数（增益）一般表达式：
$$A_f = \frac{A}{1+AF}$$

2）反馈深度

定义 $1+AF$ 为闭环放大电路反馈深度，用于衡量放大电路反馈强弱程度。若 $1+AF>1$，则 $A_f<A$，此时电路引入负反馈；若 $1+AF<1$，则 $A_f>A$，此时电路引入正反馈；若 $1+AF=1$，则 $A_f=\infty$，此时电路出现自激振荡；若 $1+AF\gg1$，此时电路引入深度负反馈。

正反馈虽能提高增益，但会使放大电路的工作稳定度、失真度、频率特性等性能显著变坏；负反馈虽然降低了放大电路的增益，但却使放大电路许多方面的性能得到改善。实际放大电路中均采用负反馈，而正反馈主要用于振荡电路。

二、负反馈放大电路的类型及其判断方法

1. 正反馈和负反馈

若引入的反馈信号 X_f 削弱了外加输入信号，则称为负反馈；若引入的反馈信号 X_f 增强了外加输入信号，则称为正反馈。

负反馈主要用于改善放大电路的性能指标，而正反馈主要用于振荡电路、信号产生电路中。

判定电路的反馈极性常采用电压瞬时极性法，具体方法如下：

（1）假定放大电路的输入信号电压在某一瞬时对地的极性为"+"，也可假定为"-"。

（2）按照放大器的信号传递方向，逐级传递至输出端。根据晶体管各电极间相对相位的关系，依次标出放大器各点对地的瞬时极性。

（3）将输出端的瞬时极性顺着反馈网络的方向逐级传递回输入回路，根据反馈信号的瞬时极性，确定是增强还是削弱了原来的输入信号。如果输入端电压的变化是增强的，则引入的为正反馈；反之，则为负反馈。

判定反馈的极性时，一般有这样的结论：在放大电路中，当输入信号 u_i 和反馈信号 u_f 在相同端点时，如果引入的反馈信号 u_f 和输入信号 u_i 同极性，则为正反馈；若二者的极性相反，则为负反馈。当输入信号 u_i 和反馈信号 u_f 不在相同端点时，如果引入的反馈信号 u_f 和输入信号 u_i 同极性，则为负反馈；若二者的极性相反，则为正反馈。图 3.43 所示为反馈极性的判断方法。

如果反馈放大电路由单级运算放大器构成，则有反馈信号送回到反相输入端时，为负反馈；反馈信号送回到同相输入端时，为正反馈。

2. 交流反馈和直流反馈

如果反馈量只有直流量，则称为直流反馈；如果反馈量只有交流量，则称为交流反馈；如果反馈量既有交流量，又有直流量，则称为交、直流反馈。

直流负反馈可以稳定放大电路的静态工作点；交流负反馈可以改善放大电路的动态性能。

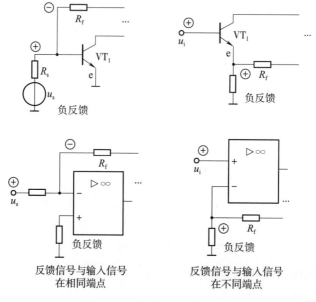

图 3.43　反馈极性的判断方法

交流反馈和直流反馈的判定，只要画出反馈放大电路的交、直流通路即可。在直流通路中，如果反馈回路存在，即为直流反馈；在交流通路中，如果反馈回路存在，即为交流反馈；如果在直、交流通路中，反馈回路都存在，即为交、直流反馈。

3. 电压反馈和电流反馈

根据反馈信号从输出端的采样方式不同，可分为电压反馈和电流反馈。如果反馈信号从输出电压 u_o 采样，则为电压反馈；如果反馈信号从输出电流 i_o 采样，则为电流反馈。或采样环节与放大电路输出端并联，为电压反馈；采样环节与放大电路输出端串联，为电流反馈，如图 3.44 所示。

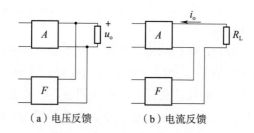

图 3.44　电压反馈和电流反馈

判定方法：可令 $u_o=0$，来检查反馈信号是否存在。若不存在，则为电压反馈；否则为电流反馈。

一般可以根据采样点与输出电压是否在相同端点来判断。电压反馈的采样点与输出电压在同一端点；电流反馈的采样点与输出电压在不同端点。晶体管组成的放大电路电压或电流反馈的简单判断如图 3.45 所示。

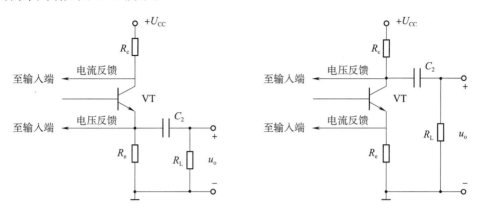

图 3.45　电压反馈和电流反馈的简单判断

4. 串联反馈和并联反馈

根据反馈信号从输入端的连接方式不同，可分为串联反馈和并联反馈。若反馈信号 X_f 与输入信号 X_i 在输入回路中以电压的形式相加减，即在输入回路中彼此串联，则为串联反馈；若反馈信号 X_f 与输入信号 X_i 在输入回路中以电流的形式相加减，即在输入回路中彼此并联，则为并联反馈，如图 3.46 所示。

判定方法：可采用直观判别法，在放大器的输入端，若输入信号和反馈信号是在同一个电极上，则为并联反馈；反之，则为串联反馈。图 3.47 为晶体管组成的放大电路串联或并联反馈的简单判断。

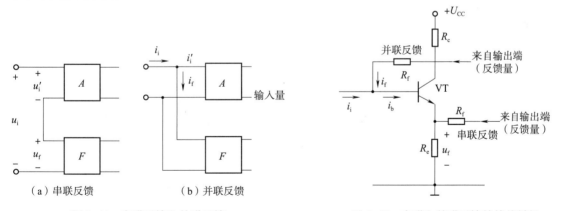

图 3.46　串联反馈和并联反馈　　　　　图 3.47　串联和并联反馈的简单判断

三、负反馈放大电路的四种组态

反馈网络与基本放大电路在输入、输出端有不同的连接方式，根据输入端连接方式的不同分为串联反馈和并联反馈，根据输出端连接方式的不同分为电压反馈和电流反馈。因此，负反馈放大电路有四种组态，如图 3.48 所示。

图 3.48（a）所示为电压串联负反馈，在输出端，采样点和输出电压同端点，为电压反馈；在输入端，反馈信号与输入信号在不同端点，为串联反馈。因此电路引入的反馈为电压

串联负反馈。放大电路引入电压串联负反馈后,通过自身闭环系统的调节,可使输出电压趋于稳定。电压串联负反馈的特点:输出电压稳定,输出电阻减小,输入电阻增大,具有很强的带负载能力。

图 3.48(b)所示为电流串联负反馈,在输出端,采样点和输出电压在不同端点,为电流反馈;在输入端,反馈信号与输入信号在不同端点,为串联反馈。因此电路引入的反馈为电流串联负反馈电流串联负反馈的特点:输出电流稳定,输出电阻增大,输入电阻增大。

图 3.48(c)所示为电压并联负反馈,在输出端,采样点和输出电压在同端点,为电压反馈;在输入端,反馈信号与输入信号在同端点,为并联反馈。因此电路引入的反馈为电压并联负反馈。电压并联负反馈的特点:输出电压稳定,输出电阻减小,输入电阻减小。

图 3.48(d)所示为电流并联负反馈。在输出端,采样点和输出电压在不同端点,为电流反馈;在输入端,反馈信号与输入信号在同端点,为并联反馈。因此电路引入的反馈为电流并联负反馈。电流并联负反馈的特点:输出电流稳定,输出电阻增大,输入电阻减小。

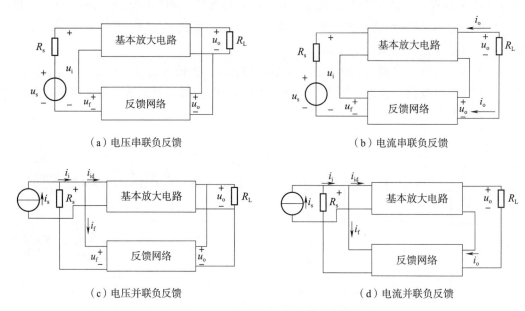

图 3.48 负反馈放大电路的四种组态

四、负反馈放大电路的性能分析

直流负反馈可以稳定静态工作点;而交流负反馈虽会使放大电路的增益下降,但同时也会使放大电路很多方面的性能得到改善。下面分析负反馈对放大电路主要性能的影响。

1. 提高增益的稳定性

由于负载和环境温度的变化、电源电压的波动和器件老化等因素,放大电路的放大倍数会发生变化。通常用放大倍数相对变化的大小来表示放大倍数稳定性的优劣,相对变化量越小,则稳定性越好。闭环放大电路增益的相对变化量是开环放大电路增益相对变

化量的 $1/(1+AF)$，即引入负反馈后，电路的增益相对变化量减小，负反馈放大电路的增益稳定性得到提高。

2. 减小失真

晶体管、场效应管等有源器件是一个非线性器件，放大器在对信号进行放大时不可避免地会产生非线性失真。引入负反馈可以减小失真。假设放大器的输入信号为正弦信号，在没有引入负反馈时，基本放大电路的非线性放大，使输出信号为正半周幅度大于负半周的失真，如图 3.49（a）所示。

引入负反馈后，反馈信号同输出信号的波形一样，使净输入信号 $X_{id}=X_i-X_f$ 的波形正半周幅度变小，而负半周幅度变大。经基本放大电路放大后，输出信号趋于正、负半周对称的正弦波，从而减小了非线性失真，如图 3.49（b）所示。需要注意，引入负反馈减小的是环路内的失真。如果输入信号本身有失真，此时引入负反馈对减小失真的作用不大。

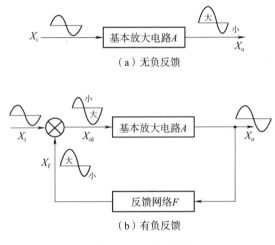

图 3.49 减小失真

3. 抑制噪声和干扰

在反馈环内，放大电路本身产生的噪声和干扰信号可以通过负反馈进行抑制，其原理与减小非线性失真的原理相同。同样，对反馈环外的噪声和干扰信号，引入负反馈也无能为力。

4. 扩展通频带

图 3.50 所示为放大电路在无负反馈和有负反馈后通频带的变化情况。图中 A_{um}、f_L、f_H、BW 和 A_{umf}、f_{Lf}、f_{Hf}、BW_f 分别为在无负反馈和有负反馈时的中频放大倍数、下限频率、上限频率和通频带宽度。可见，加负反馈后的通频带宽度比无负反馈时的大，扩展通频带的原理如下：当输入等幅不同频率的信号时，高频段和低频段的输出信号比中频段的小，因此反馈信号也小，对净输入信号的削弱作用小，所以高、低频段的放大倍数减小程度比中频段的小，从而扩展了通频带。

理论与实验可以证明，负反馈放大器与基本放大器之间的通频带存在如下关系：
$$BW_f \approx (1+AF)BW$$

即负反馈放大器的频带展宽了约 $(1+AF)$ 倍。从图 3.50 中可以看出，通频带的展宽是以电路的放大倍数下降作为代价的。

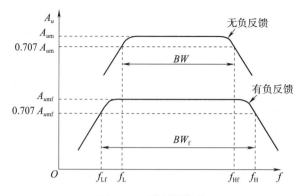

图 3.50　扩展通频带

5. 改善输入电阻和输出电阻

对于放大电路的输入电阻，串联负反馈使放大电路的输入电阻增大；而并联负反馈使输入电阻减小。对于放大电路的输出电阻，电压负反馈使放大电路的输出电阻减小；而电流负反馈使输出电阻增大。交流负反馈放大电路的类型与性能改善见表 3.16。

表 3.16　交流负反馈放大电路的类型与性能改善

类　型	交流负反馈			
输出端采样参量	电压		电流	
输入端连接方式	并联	串联	并联	串联
电路性能改善	稳定输出电压；减小输入电阻	稳定输出电压；增大输入电阻	稳定输出电流；减小输入电阻	稳定输出电流；增大输入电阻
	减小非线性失真，展宽通频带			

五、放大电路中负反馈的选择

在放大电路中加入直流负反馈网络，可以稳定静态工作点；加入交流负反馈网络，可以改善放大电路的各种动态性能。问题是如何选择合适的负反馈类型。

（1）要稳定放大电路的某个量，就采用某个量的负反馈方式。例如，要想稳定直流量，就应引入直流负反馈；要想稳定交流量，就应引入交流负反馈；要想稳定输出电压，就应引入电压负反馈；要想稳定输出电流，就应引入电流负反馈。

（2）根据对输入、输出电阻的要求来选择反馈类型。放大电路引入负反馈后，不管反馈类型如何，都会使放大电路的增益稳定性提高、非线性失真减小、通频带展宽，但不同类型的反馈对输入、输出电阻的影响不同，所以实际放大电路中引入负反馈主要根据对输入、输出电阻的要求来确定反馈的类型。若要求减小输入电阻，则应引入并联负反馈；若要求增大输入电阻，则应引入串联负反馈；若要求高内阻输出，则应采用电流负反馈；若要求低内阻输出，则应采用电压负反馈。

（3）根据信号源及负载来确定反馈类型。若放大电路输入信号源已确定，为了使反馈效果显著,就要根据输入信号源内阻的大小来确定输入端反馈类型。例如,当输入信号源为恒压源时,应采用串联负反馈;而当输入信号源为恒流源时,则应采用并联负反馈。当要求放大电路带负载能力强时,应采用电压负反馈;当要求恒流源输出时,应采用电流负反馈。

任务工单

(1) 按照图 3.51 在 Multisim 软件中接好线路,判断反馈电阻 R_F 所引入的反馈属于_____。

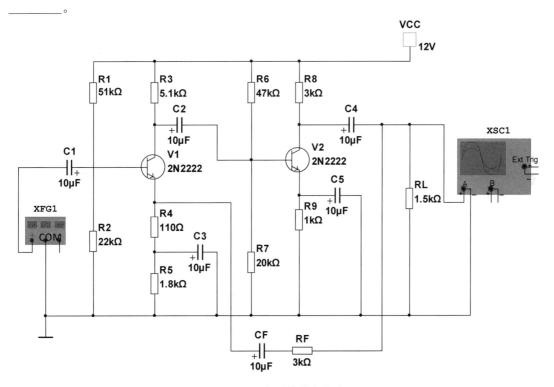

图 3.51 负反馈放大电路

(2) 测量负反馈对电压放大倍数的影响。

①输入端接入幅值为 1 mV,频率为 1 kHz 的正弦波交流信号。

开环电路:R_F 不接入电路中。

闭环电路:R_F 接入电路中。

②按表 3.17 的要求测量并填写相关内容。

表 3.17 负反馈对电压放大倍数的影响

项 目	R_L	u_i/mV	u_o/mV	$A_u=u_i/u_o$
开环	∞	1		
	1.5 kΩ	1		
闭环	∞	1		
	1.5 kΩ	1		

(3) 负反馈对输入、输出电阻的影响。

①输入电阻。在输入端串联 5.1 kΩ 的电阻,按表 3.18 的要求测量并填写相关内容。

表 3.18 负反馈对输入电阻的影响

项目	u_s/V	u_i/V	r_i
开环			
闭环			

②输出电阻。按表 3.19 的要求测量并填写相关内容。

表 3.19 负反馈对输出电阻的影响

项目	u_o/V ($R_L=\infty$)	u_{oL}/V ($R_L=1.5$ kΩ)	r_o
开环			
闭环			

(4) 负反馈对失真的改善作用。用示波器观察负反馈对波形失真的影响:

①将电路开环,保持电源+12 V 和负载 R_L 值不变,逐渐加大信号源的幅度,观察波形的变化情况。当输出信号出现失真(但不要过分失真)时,记录失真波形的幅值。u_i=_____, u_o=_____。

②将电路闭环,保持电源+12 V 和负载 R_L 值不变,逐渐加大信号源的幅度,观察波形的变化情况。当输出幅度接近开环失真时的波形幅度,此时波形_____(失真/不失真)。

(5) 通过实训,得到结论。放大电路引入负反馈后,其电压放大倍数将_____(增大/基本不变/减小),其电压放大倍数的稳定性_____(提高/基本不变/下降);引入负反馈后,电路的非线性失真_____(可以/不可以)减小。

综合评价

综合评价表见表 3.20。

表 3.20 负反馈放大电路的设计综合评价表

班级:_____
小组:_____
姓名:_____
指导教师:_____
日　　期:_____

评价项目	评价标准	评价依据	评价方式			权重	得分小计
			学生自评 20%	小组互评 30%	教师评价 50%		
职业素养	(1) 遵守企业规章制度、劳动纪律。 (2) 按时按质完成工作任务。 (3) 积极主动承担工作任务,勤学好问。 (4) 人身安全与设备安全。 (5) 工作岗位 6S 完成情况	(1) 出勤。 (2) 工作态度。 (3) 劳动纪律。 (4) 团队协作精神				0.3	

专业能力	（1）能否判断负反馈放大电路的类型、熟悉负反馈放大电路的作用。 （2）能否根据负反馈放大电路的一般关系式，对负反馈放大电路进行定量分析	（1）负反馈类型的判断。 （2）会判断电路中有无反馈。 （3）会判断电路中的反馈极性		0.5	
创新能力	（1）电路调试提出自己独到见解或解决方案。 （2）理解负反馈对电路的影响	（1）能分析负反馈对电路主要性能影响。 （2）能正确选择放大电路的负反馈类型		0.2	
		合计			

思考与练习

（1）电路中引入负反馈时，对其特性有何影响？
（2）如何判别音频放大电路中反馈电阻的反馈类型及其在电路中的作用？

任务3.5　音频放大电路输出级的制作

> 外部音源信号经过前置放大电路、中间级，输入最后的功率放大电路，然后再输出以驱动扬声器发声。音频放大电路输出级由功率放大电路组成，可由分立元件组成，也可由集成电路组成，要求输出效率高，最大输出功率不低于10 W。

任务描述

利用分立元件制作功率放大电路，并用功率放大电路制作音频放大电路的输出级。要求输出足够大的功率，效率要高，非线性失真要小，要考虑功放管的散热和保护问题。

任务分析

要设计音频放大电路输出级，首先学习典型功放电路的组成原则，掌握功率放大电路三种组态的特点及应用场合；其次了解常见的功率放大电路的工作原理并对其进行分析；最后对电路出现的故障进行原因分析并排除。

知识与技能

一、功率放大电路的认知

功率放大电路是指音频功率放大电路。功率放大电路按工作点的设置分类，可分为甲类功率放大电路、乙类功率放大电路和甲乙类功率放大电路等；按集成情况分类，可分为分立元件功率放大电路和集成功率放大电路；按通道的数量分类，可分为单通道功率放大电路和多通道功率放大电路；按电路的结构分类，可分为推挽功率放大电路、无输出变压器功率放大电路（OTL）、无输出电容功率大电路（OCL）和桥式功率放大电路（BTL）等。

实际电压放大电路在进行信号放大时，往往中频段得到正常放大，而在音频信号的低频段和高频段，信号都有一定的损失，使得实际音频输出与原来的声音相比产生失真。为了改善音频功率放大电路的音质，补偿信号在放大过程中高、低音的损失，必须对音频信号中的高音和低音部分进行补偿或者提升。能够实现对音频信号的高、低音进行补偿或者提升的电路，称为音调控制电路。

1. 功率放大电路的基本要求

功率放大电路是一种大信号的放大电路，其电路形式、工作状态、分析方法等都与小信号放大电路有所不同。放大电路的首要任务是不失真（或较小失真）、高效率地向负载提供足够的输出功率。对功率放大电路的基本要求是：

(1) 输出功率要大。输出功率 $P_o=U_oI_o$，要获得大的输出功率，不仅要求输出电压高，而且要求输出电流大。因此，晶体管往往在接近极限的状态下工作，应用时要考虑晶体管的极限参数，注意晶体管的安全。

(2) 效率要高。放大信号的过程就是晶体管按照输入信号的变化规律，将直流电源提供的能量转换为交流能量的过程。转换效率等于负载上获得的信号功率和电源供给的功率的比值，即

$$\eta = \frac{P_o}{P_E} \times 100\%$$

式中，P_o 为负载上获得的信号功率；P_E 为电源供给的功率。

(3) 要合理设置功放电路的工作状态。电路的工作状态设置不同，其电路输出功率大小和电路的工作效率也有所不同。功放电路的工作状态有甲类、乙类、甲乙类及丙类。

(4) 非线性失真要小。通过合理设置静态工作点，甲类状态下的非线性失真可以很小，但其效率低。乙类状态下虽然效率高，但输出波形却出现了严重失真。为了保留乙类状态高效率的优点，可以设想让两个晶体管轮流工作在输入信号的正半周和负半周，并使负载上得到完整的输出波形，这样既减小了失真，又提高了效率，还扩大了电路的动态范围，在实际中得到了广泛应用。

2. 功率放大电路的结构特点

根据功放管导通时间的不同，可以分为甲类、乙类、甲乙类三种。

1) 甲类

电路如图 3.52 所示。特点：输入信号的整个周期内，晶体管均导通；效率低，一般只有 30% 左右，最高只能达到 50%。

应用：小信号放大电路。

2) 乙类

电路如图 3.53 所示。特点：输入信号的整个周期内，晶体管仅在半个周期内导通；效率高，最高可达 78.5%。缺点是存在交越失真。

应用：乙类互补功率放大电路。

3) 甲乙类

电路如图 3.54 所示。特点：输入信号的整个周期内，晶体管导通，时间大于半个周期而小于整个周期；交越失真改善；效率较高（介于甲类与乙类之间）。

应用：互补对称式低频功率放大电路。

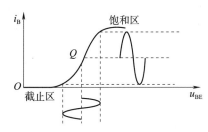
图 3.52 甲类功率放大电路

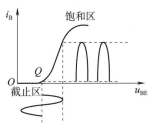
图 3.53 乙类功率放大电路

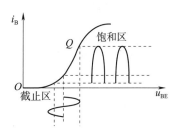
图 3.54 甲乙类功率放大电路

二、OCL 功率放大电路

OCL（output capacitorless）电路是一种典型的无输出电容功率放大电路，它利用特性对称的 NPN 型管和 PNP 型管在信号的正、负半周轮流工作，互相补充，以此来完成整个信号的功率放大。

1. 电路的组成和工作原理

VT_1、VT_2 分别为 NPN 型和 PNP 型管，其特性和参数对称，由正、负等值的双电源供电。图 3.55 所示为工作在乙类双电源互补对称的功率放大电路。

1）静态分析

当输入信号 $u_i=0$ 时，两个晶体管都工作在截止区，此时，静态工作电流为零，负载上无电流流过，输出电压为零，输出功率为零。

2）动态分析

当有输入信号时，VT_1 和 VT_2 轮流导通，交替工作，使流过负载 R_L 的电流为一完整的正弦信号。由于两个不同极性的晶体管互补对方的不足，工作性能对称，所以这种电路通常称为互补对称功率放大电路。

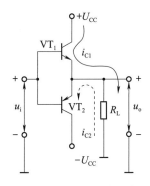

图 3.55 乙类双电源互补对称的功率放大电路

2. 性能指标估算

由图 3.56 所示的图解分析可知，该电路的输出电流最大允许变化范围为 $2I_{cm}$，输出电压最大允许变化范围为 $2U_{om}$。因此，性能指标可估算如下：

1）输出功率

$$P_o = I_o U_o = \frac{1}{2} I_{om} U_{om} = \frac{U_{om}^2}{2R_L}$$

当信号足够大，使

$$U_{om} = U_{CC} - U_{CES}$$

最大不失真输出功率为

$$P_{om} = \frac{U_{om}^2}{2R_L} = \frac{(U_{CC} - U_{CES})^2}{2R_L}$$

理想状态下，$U_{CES} = 0$，最大不失真输出功率为

$$P_{om} \approx \frac{U_{CC}^2}{2R_L}$$

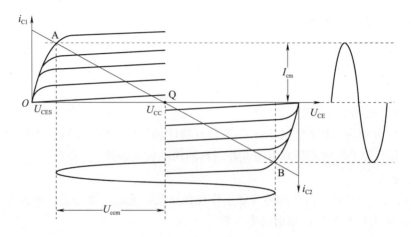

图 3.56　图解分析

2）效率

直流电源 U_{CC} 提供给电路的功率为

$$P_{E1} = I_{av1} U_{CC} = \frac{1}{\pi} I_{om} U_{CC} = \frac{U_{om}}{\pi R_L} U_{CC}$$

考虑正、负两组直流电源提供给电路，总的功率为

$$P_E = 2P_{E1} = \frac{2U_{om}}{\pi R_L} U_{CC}$$

效率为

$$\eta = \frac{\pi U_{om}}{4 U_{CC}}$$

输出信号达到最大不失真时，效率最高。此时

$$(U_{om})_{max} = U_{CC} - U_{CES} \approx U_{CC}$$

$$\eta_{max} \approx \frac{\pi}{4} \approx 78.5\%$$

3）单管最大平均管耗 P_{T1m}

不计其他耗能元件所消耗功率时，晶体管消耗功率为

$$P_T = P_E - P_o = \frac{2U_{om}}{\pi R_L} U_{CC} - \frac{U_{om}^2}{2R_L} = \frac{2}{R_L} \left(\frac{U_{om} U_{CC}}{\pi} - \frac{U_{om}^2}{4} \right)$$

单管平均管耗为

$$P_{T1} = \frac{1}{2}P_T = \frac{1}{R_L}\left(\frac{U_{om}U_{CC}}{\pi} - \frac{U_{om}^2}{4}\right) = \frac{U_{CC}}{\pi}I_{om} - \frac{1}{4}I_{om}^2 R_L$$

最大平均管耗为

令 $\dfrac{dP_{T1}}{dI_{om}} = 0$，即 $\dfrac{U_{CC}}{\pi} - \dfrac{1}{2}R_L I_{om} = 0$，可得

$$I_{om} = \frac{2U_{CC}}{\pi R_L}, \quad U_{om} = \frac{2U_{CC}}{\pi}$$

此时，P_{T1} 最大。因此，单管的最大管耗为

$$P_{T1max} \approx 0.1\frac{U_{CC}^2}{R_L} = 0.2P_{om}$$

3. 选管原则

(1) 每只晶体管的最大允许管耗（或集电极功率损耗）$P_{CM} \geqslant P_{T1max} = 0.2P_{omax}$。

(2) 考虑到当 VT_2 接近饱和导通时，忽略饱和压降，此时 VT_1 的 u_{CE1} 具有最大值，且等于 $2U_{CC}$。因此，应选用 $U_{CEO} > 2U_{CC}$ 的晶体管。

(3) 通过晶体管的最大集电极电流约为 U_{CC}/R_L，所选晶体管的 $I_{CM} \geqslant U_{CC}/R_L$。

4. 交越失真及其消除方法

在输入电压较小时，存在一小段死区，此段输出电压与输入电压不存在线性关系，产生了失真。由于这种失真出现在通过零值处，故称为交越失真。交越失真波形如图 3.57 所示。为减小交越失真，改善输出波形，通常设法使晶体管在静态时提供一个较小的能消除交越失真所需的正向偏置电压，使两个晶体管处于微导通状态，放大电路工作在接近乙类的甲乙类工作状态。由于该类电路静态工作点的位置设置很低，以避免降低效率，工作情况与乙类相近，可采用乙类双电源互补对称功率放大电路计算公式估算。

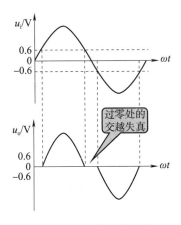

图 3.57 交越失真波形

三、OTL 功率放大电路

上述 OCL 功率放大电路中需要正、负两个电源供电，在实际应用中，有时希望采用单电源供电，以便简化电源。图 3.58 所示就是采用单电源供电的互补对称功率放大电路。这

种形式的电路也称为 OTL（output transformerless，无输出变压器）电路。特点：单电源供电，输出端通过大电容量的耦合电容 C_2 与负载电阻 R_L 相连。

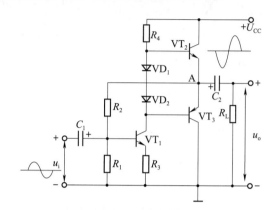

图 3.58 OTL 功率放大电路

图 3.58 中 C_2 的电容量很大，静态时，R_1、R_2 调整恰当，可使两个晶体管的发射极节点 A 稳定在 $U_{CC}/2$ 的直流电位上。在信号输入时，由于 VT_1 组成的前置放大级具有倒相作用，因此，在信号负半周时，VT_2 导通，VT_3 截止，VT_2 以射极输出器的形式将正向信号传送给负载，同时对电容 C_2 充电；在信号正半周时，VT_2 截止，VT_3 导通，电容 C_2 放电，充当 VT_3 的直流工作电源，使 VT_3 也以射极输出器形式将输入信号传送给负载。这样，只要选择时间常数 $R_L C_2$ 足够大（远大于信号最大周期），单电源电路就可以达到与双电源电路基本相同的效果。在该电路中，VT_1 的偏置电阻 R_2 一端与 A 点相连，起到直流负反馈作用，能使 A 点的直流电位稳定，且容易获得 $U_{CC}/2$ 值；R_2 还引入交流负反馈，使放大电路的动态性能得到改善。用 $U_{CC}/2$ 取代 OCL 电路有关公式中的 U_{CC}，就可以估算 OTL 功率放大电路的各项指标。

四、集成功率放大器的认知和应用

通过前面对分立元件组成的典型功率放大电路的分析与讨论，大致了解了功率放大电路的分析方法，也了解了电路的优缺点。随着电子技术的发展，越来越多的电子电路采用集成电路来实现，功率放大电路也不例外。集成功率放大器具有性能优越、工作可靠、输出功率大、外围元件少、调试方便等特点，广泛应用于收音机、电视机、扩音机、伺服放大电路等音频领域。集成功率放大器种类很多，从用途上划分，有通用型功放和专用型功放；从输出功率上分，有小功率功放和大功率功放等。

下面通过制作音频放大电路来介绍几种集成功率放大器。

1. 集成功率放大器 LM386

1）LM386 简介

LM386 是一种音频集成功放，具有自身功率低、电压增益可调整、电源电压范围大、外接元件少和总谐波失真小等优点，广泛应用于收录机和收音机中。内部原理图如图 3.59 所示。

输入级为差分放大电路，VT_1 和 VT_2、VT_4 和 VT_6 分别构成复合管，作为差分放大电路的放大管；VT₃ 和 VT₅ 组成镜像电流源作为 VT₂ 和 VT₄ 的有源负载；信号从 VT₁ 和 VT₆ 的基极输入，从 VT₄ 的集电极输出，为双端输入单端输出差分电路。

中间级为共射放大电路，VT₇ 为放大管，恒流源作有源负载，以增大放大倍数。

输出级中的 VT₈ 和 VT₁₀ 复合成 PNP 型管，与 NPN 型管 VT₉ 构成准互补输出级。二极管 VD₁ 和 VD₂ 为输出级提供合适的偏置电压，可以消除交越失真。电阻 R_6 从输出端连接到 VT₄ 的发射极，形成反馈通路，并与 R_4 和 R_5 构成反馈网络。从而引入了深度电压串联负反馈，使整个电路具有稳定的电压增益。该电路由单电源供电，故为 OTL 电路，输出端（引脚 5）应外接输出电容后再接负载。

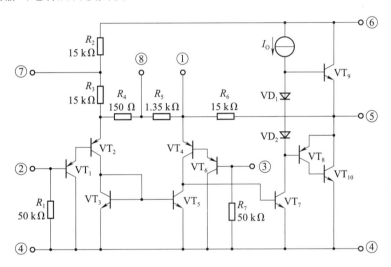

图 3.59 LM386 内部原理图

LM386 引脚排列图如图 3.60 所示。引脚 2 为反相输入端，引脚 3 为同相输入端；引脚 5 为输出端；引脚 6 和引脚 4 分别为电源和地；引脚 1 和引脚 8 为电压增益设定端；使用时，在引脚 7 和地之间接旁路电容，通常取 10 μF。

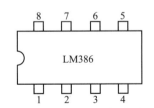

图 3.60 LM386 引脚排列图

LM386 主要性能参数见表 3.21。

表 3.21 LM386 主要性能参数

电源电压 U_{CC}	5～18 V	电路类型	OTL
输入电阻	>50 kΩ	电压增益	26～46 dB
静态电流（U_{CC}=18 V 时）	<4 mA	频带宽度 BW	0～300 kHz
U_{CC}=16 V，R_L=8 Ω 时输出功率		1 W	

由上述信息可知，LM386 是一种低电压、小功率的音频功率放大集成电路，具有如下特点：工作电压范围宽（5～18 V）；静态耗电少；电压增益可调（20～200 倍）；外接元件极少，制作电路简单，应用广泛；频带宽（300 kHz）；输出功率适中（在电源电压 16 V、负载为 8 Ω 时输出功率为 1 W）。因此，该集成电路广泛应用在各种通信设备中，如小型收录机、对讲机等电子装置，被广大的无线电爱好者称为"万能功放电路"。

2）LM386 的典型应用

LM386 的电压增益近似等于 2 倍的 1 引脚和 5 引脚内部的电阻值除以内部 VT_2 和 VT_4 发射极之间的电阻值。LM386 组成的最小增益功率放大器，总的电压增益为

$$2 \times \frac{R_6}{R_4+R_5} = 2 \times \frac{15}{0.15+1.35} = 20$$

图 3.61 为 LM386 的最少元件用法，其总的电压放大倍数为 20。利用 R_W 可以调节扬声器的音量。

如果要得到最大增益，功率放大器可采用图 3.62 所示电路。由于 1 引脚和 8 引脚之间接入一电解电容，则该电路的电压增益将变得最大。电压增益为

$$2 \times \frac{R_6}{R_4} = 2 \times \frac{15}{0.15} = 200$$

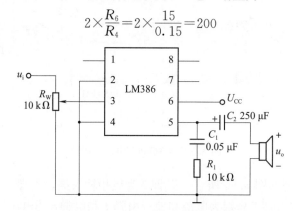

图 3.61 LM386 的最少元件用法

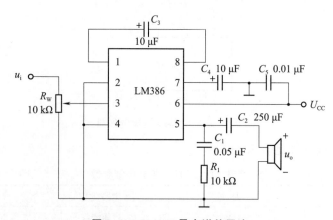

图 3.62 LM386 最大增益用法

若要得到任意增益的功率放大器，可在 1 引脚和 8 引脚之间再接入一个可调电阻，如图 3.63 所示。

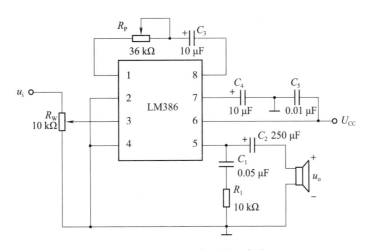

图 3.63 LM386 典型应用电路

LM386 是一款低电压通用型集成功率放大器，单电源供电，工作电压可以选择 5~18 V，最大输出功率不到 1 W，并随直流电源电压不同而不同。集成功率放大器采用不同的连接方式，产生的效果不同。集成功率放大器除可用作功率放大电路外，还可应用于振荡电路。

2. 集成功率放大器 TDA2030A

TDA2030A 是目前使用较为广泛的一种集成功率放大器，与其他功放相比，它的引脚和外部元件都较少。TDA2030A 的电气性能稳定，并在内部集成了过载和热切断保护电路，能适应长时间连续工作。由于其金属外壳与负电源引脚相连，因而在单电源使用时，金属外壳可直接固定在散热片上并与地线（金属机箱）相接，无须绝缘，使用很方便。

TDA2030A 为 5 引脚单列直插式。TDA2030A 用于收录机和有源音箱中，用作音频功率放大器，也可用于其他电子设备中的功率放大，其内部采用的是直接耦合，因此也可以作直流放大。主要性能参数见表 3.22。

表 3.22 TDA2030A 主要性能参数

电源电压 U_{CC}	±3~±18 V	输出峰值电流	3.5 A
输入电阻	>0.5 MΩ	电压增益	30 dB
静态电流（U_{CC}=18 V 时）	<60 mA	频响 BW	0~140 kHz
U_{CC}=±15 V，R_L=4 Ω 时输出功率		14 W	

TDA2030A 可以工作在双电源条件下，组成 OCL 功率放大电路；也可以工作在单电源条件下，组成 OTL 功率放大电路。

1) 双电源（OCL）应用电路

图 3.64 所示为 TDA2030A 构成的双电源功放电路。输入信号 u_i 由同相输入端输入，R_1、R_2、C_2 构成交流电压串联负反馈。因此，闭环电压放大倍数为

$$A_{uf} = 1 + \frac{R_1}{R_2} \approx 33$$

为了保持两输入端直流电阻平衡，使输入级偏置电流相等，选择 $R_3 = R_1$，VD_1、VD_2 起

保护作用，用来阻碍 R_L 产生的感生电压，将输出端的最大电压钳位在 $U_{CC}=+0.7$ V 上；C_3、C_4 为去耦电容，用于减少电源内阻对交流信号的影响；C_1、C_2 为耦合电容。

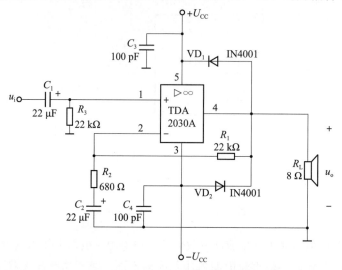

图 3.64　TDA2030A 构成的双电源功放电路

2）单电源（OTL）应用电路

对仅有一组电源的中、小型录音机的音响系统，可采用单电源连接方式，如图 3.65 所示。由于采用单电源供电，故同相输入端用阻值相同的电阻 R_1、R_2 组成分压电路，使 K 点电位为 $U_{CC}/2$，经 R_3 加至同相输入端。静态时，同相输入端、反相输入端和输出端电位皆为 $U_{CC}/2$，其他元件的作用与双电源功放电路相同。

TDA2030A 是一种可以双电源供电也可以单电源供电的集成功率放大器，工作电压为 $\pm 3 \sim \pm 18$ V。其最大输出功率可以达到 14 W，并随直流电源电压不同而不同。双电源供电时，最大输出功率较大。

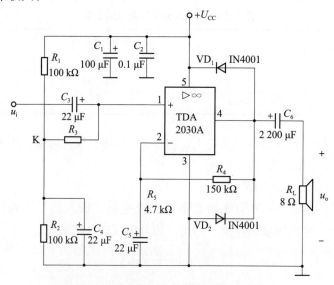

图 3.65　TDA2030A 构成的单电源功放电路

五、功率放大电路的保护措施

1. 功放管散热

功率放大器工作在大电压、大电流状态,即使电路的效率较高,也会有一定的损耗,这些损耗主要是功放管自身消耗的功率,而功放管消耗功率会使其集电结升温,功放管发热。当功放管温度升高到一定程度(锗管一般为 75～90 ℃,硅管为 150 ℃)后,功放管就会损坏。为了使功放管温度不致升得过高而造成功放管损坏,就应采取措施将其产生的热量散发出去,使得即使是在很大功率时,功放管温升(主要是结温)也不过高。通常采取的散热措施是:给功放管加装散热片。在功放电路中,尤其是中、大功率的功放电路中,必须按照要求给功放管加散热片(板)。散热片(板)是由铜、铝等导热性能良好的金属材料制成的,尺寸越大,散热能力越强,使用时可根据散热要求的不同来选配。

2. 防止功放管的二次击穿

由晶体管的击穿特性曲线可知,当 u_{CE} 过大时,集电极电流会增大,引起正常的雪崩击穿,这种击穿称为一次击穿。一旦外加电压减小或撤销,晶体管便可能恢复原状,如果一次击穿后,集电极电流继续增大,或击穿时间过长(超过 1 s),将使功放管损坏,这种击穿称为二次击穿。二次击穿是由于功放管内部结构缺陷和制造工艺缺陷而引起的。为避免二次击穿,通常采取的主要措施是:通过增大功放管的功率容量,改善功放管的散热状况等,保证功放管工作安全;避免由于电源剧烈波动、输入信号突然加强,以及负载开路、短路等引起的过电流和过电压现象;在负载两端并联保护二极管,防止感性负载造成功放管过电压或过电流;在功放管的 c、e 端并联稳压管,吸收瞬时过电压。

3. 功放管的过电压、过电流保护

功放管一旦出现过电压、过电流,很容易受到损坏,而功放管本身又比较贵重,因而一般都要设置功放管过电压保护电路和过电流保护电路。此外,扬声器过电流会使音圈移位或将扬声器烧毁,因而也要加过电流保护。过电压、过电流保护电路很多,读者可自行寻找资料去分析和理解。

任务工单

(1) 按图 3.66 在 Multisim 软件中连接好电路。

(2) 调整静态工作点。静态时,调节电位器使得 VT_2、VT_3 的发射极节点电压为电源电压的一半,即电容 C_3 两端的直流电压为 $0.5U_{CC}$。

(3) 当输入信号时,由于 C_3 上的电压维持不变,可近似看成恒压源,因而根据 OCL 电路工作原理可以得出以下各类指标:

最大不失真输出电压:

$$(U_{om})_{max} = \frac{1}{2}U_{CC} - U_{CES}$$

最大不失真输出电流:

$$(I_{om})_{max} = \frac{(U_{om})_{max}}{R_L}$$

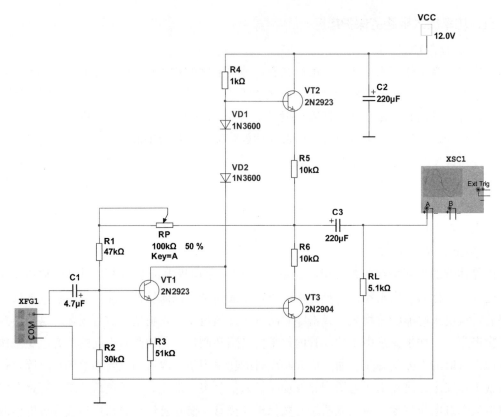

图 3.66　互补对称功率放大电路

最大不失真输出功率：

$$P_{omax} = \frac{1}{2}(I_{om})_{max}(U_{om})_{max} \approx \frac{U_{CC}^2}{8R_L}$$

接负载 $R_L=5.1$ kΩ，输入端加 $f=1$ kHz 的交流正弦波信号，逐渐增大输入幅值，用示波器观察使输出幅值增大到最大不失真。用数字万用表测量此时的交流电压有效值 U_o 和集电极平均直流电流值 I_o。

$U_o=$ ＿＿＿＿；$I_o=$ ＿＿＿＿。
输出功率 $P_o=U_o^2/R_L=$ ＿＿＿＿。
电源功率 $P_E=IU_{CC}=$ ＿＿＿＿。
效率 $\eta=(P_o/P_E)\times100\%=$ ＿＿＿＿。

（4）改变电源电压，测量的同时比较输出功率和效率。在输入端接 $f=1$ kHz 的交流正弦波，幅值调到使输出幅度最大而不失真。按表 3.23 的要求填写。

表 3.23　实验记录表

U_{CC}/V	U_o/V	I/mA	P_o/W	P_E/W	$\eta=P_o/P_E$
12					
6					

(5) 改变负载，测量并比较输出功率和效率。在输入端接 $f=1\,\text{kHz}$ 的交流正弦波，幅值调到使输出幅度最大而不失真。按表 3.24 的要求填写。

表 3.24　实验记录表

R_L	U_o/V	I/mA	P_o/W	P_E/W	$\eta=P_\text{o}/P_\text{E}$
5.1 kΩ					
8 Ω					

综合评价

综合评价表见表 3.25。

表 3.25　音频放大电路输出级的制作综合评价表

班级：_____　　　　　　　　　指导教师：_____
小组：_____　　　　　　　　　日　　期：_____
姓名：_____

评价项目	评价标准	评价依据	评价方式 学生自评 20%	评价方式 小组互评 30%	评价方式 教师评价 50%	权重	得分小计
职业素养	(1) 遵守企业规章制度、劳动纪律。 (2) 按时按质完成工作任务。 (3) 积极主动承担工作任务，勤学好问。 (4) 人身安全与设备安全。 (5) 工作岗位 6S 完成情况	(1) 出勤。 (2) 工作态度。 (3) 劳动纪律。 (4) 团队协作精神				0.3	
专业能力	(1) 掌握功率放大电路的电路形式、工作状态、分析方法和性能参数。 (2) 掌握 OCL、OTL 两种常用功率放大电路的特点，使用时注意哪些问题	(1) 会区分晶体管工作在哪一个工作状态（甲类、乙类、甲乙类）。 (2) 仿真软件的使用				0.5	
创新能力	实用分立元件互补对称功率放大电路的测试和对比分析	会对功率放大电路进行静态、动态测试并进行仿真测试结果分析				0.2	
合计							

思考与练习

改变电源电压或者改变负载，功率放大电路的输出功率如何变化？效率如何变化？为什么会出现这种现象？

综合实训 1

一、实训内容

(1) 采用共射放大电路（射极输出器）制作音频放大电路的输入级部分。

(2) 在放大电路分析的基础上,把理论分析的结果转化为实际的放大电路。

二、仪器仪表及元器件准备

实训所需器件清单见表3.26。

表 3.26　实训所需器件清单

编　号	名　称	参　数	编　号	名　称	参　数
R_s	电阻器	10 kΩ	VT	晶体管	9013
R_B	电阻器	180 kΩ	C_1	电容器	50 μF
R_E	电阻器	5.1 kΩ	C_2	电容器	50 μF
R_L	电位器	5.1 kΩ			

实训所需工具：电工电子实训台、数字万用表、恒温电烙铁、双踪示波器、信号发生器。

三、实训流程

1. 音频放大电路输入级电路的制作

原理图的设计,如图 3.67 所示。

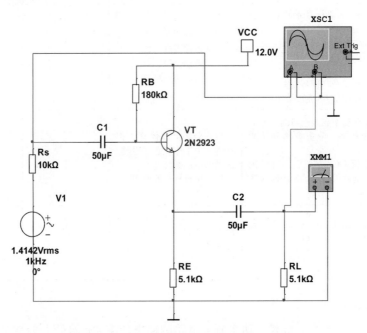

图 3.67　音频放大电路的输入级电路仿真图

(1) 检查电路元器件。根据元器件清单,选择并检查电路制作所需要的元器件数量和规格,用万用表等电子测量仪器,简单检测所得到的元器件是否损坏,参数是否符合要求。

(2) 根据电路原理图对照 PCB。观察所给的电路图和洞洞板,找出两者的对应关系,在熟悉电路板上各元器件的分布情况后,把经过整形的电子元器件插装在电路板的相应位置上,然后就可以用电烙铁焊接电路。注意元器件的极性、参数、位置等要正确无误,在电路板的相应位置插上元器件。先焊接矮小的元器件,然后再焊接高大的元器件。电路焊接在模拟生产线或电子技术实训室进行,要严格按照操作规程,注意安全。

(3) 在电路板上焊接元器件。在电子技术实训室里用功率在 40 W 以内的内热式电烙铁对电路进行焊接,注意不要虚焊,焊点及元器件要符合电子工艺要求。目前有些电子产品对铅的含量是有要求的,必须采用无铅焊接。

电路焊接完成后,首先检查外观,看焊点是否圆润,焊点之间有没有错误连接,有没有虚焊,元器件位置有没有焊错,分布是否整齐。完成电路焊接仅是电路制作的第一步,在学习阶段更重要的是对装接好的电路进行调试及性能检测,分析判断电路的质量。

(4) 焊接完成后检查电路的连接是否正确,并检查是否有虚焊或焊接错误,检查对应位置元器件的参数是否正确无误,如果有错误就进行纠正。经检查无误后可以进入电路测试步骤。

2. 音频放大电路输入级电路的调试

电子电路能否达到原设计的性能指标,调试是十分重要的一环。调试是指系统的调整改进与测试。测试是指在电路组装后对电路的参数与工作状态进行测量。调试时应注意所选仪器的输入阻抗和频率特性是否符合被测电路的指标要求。所有仪器,包括信号源、稳压电源、示波器或其他测量仪表都必须与被测电路共地,以免引入干扰,影响或破坏调试对象的正常工作。

(1) 调试方法。调试的方法原则上有两种:

一种是边安装边调试,即把总电路按原理功能分成单元电路逐个安装和调试,在调试完成的单元电路基础上逐步扩大安装和调试的范围,最后完成整个电路的统调。在工程应用中,这种方法一般用于新设计研发的电路。

另一种方法是在整个电路全部安装完成后,实行一次性调试。这种方法一般适用于电路成熟的系统或需要相互配合才能运行的电子电路。

注意:在进行调试前应先拟定测试项目、测试步骤、调试方法和所用仪器等。

(2) 调试步骤:

①线路正确性检查。安装完成的电路板在通电前要进行检查,首先要根据原理电路认真检查电路接线是否正确,避免错线(连线一端正确,另一端错误)、少线(安装时漏掉的线上多线(连线的两端在电路图上都是不存在的)和短路(特别是间距很小的引脚及焊点间),同时检查每个元件引脚的使用端数是否与图样相符。查找结果时最好用指针式万用表的 R×1 挡,或用数字万用表欧姆挡的蜂鸣器来测量,而且要尽可能直接测量元器件的引脚,这样可以同时发现接触不良的故障。

②通电观察。外观电路检查正确后,可以进行通电检查,先把电源调整到规定电压值,关断电源开关后接入待调试电路的电源输入端;再接通电源开关,充分调动眼、耳、鼻、手观察整个电路有无异常现象,包括有无冒烟,是否有异常气味,是否有异常声响,手摸器件是否发烫,电源是否有短路和开路现象等。如果出现异常,应该立即关掉电源。排除故障后方可重新通电。若没有任何异常情况发生,再测量各器件引脚的电压是否符合设计要求。

③单元电路调试。在没有出现异常的情况下,可开始进行电路调试。测试分静态调试和动态调试两步。首先是各单元电路静态工作状态调试,按电路设计要求,逐级调试电路的工作状态,达到信号放大与处理的要求。其次是动态工作状态的调试,单元电路的工作状态调试正常后,进行动态调试与测试,调试顺序可以按信号流向进行,以便检查信号能否逐级传

输。注意：前级单元电路的输出信号作为后级单元电路的输入信号。

④系统联调。经过各单元电路的静态和动态调试后，还要进行系统联调。系统联调主要是观察和测量整个电路的性能和功能，并把测量结果与设计指标逐一对比。如果性能指标不能满足设计要求，进一步调整各单元电路的参数关系，直到电路的整体性能完全符合设计要求。

(3) 测量静态工作点。将直流电源的输出电压调整到 12 V。检查无误后通电。用万用表测试该放大电路各静态工作点的数值并记录在表 3.27 中，并通过比较理论值和测量值判别安装有无错误。若出现数值异常，通过修改电路中相应元器件的参数重新进行静态工作点的测试，直至正确为止。

表 3.27 静态工作点实际测量

U_B/V	U_E/V	U_{CE}/V

(4) 在电路输入端接入信号发生器，在输出端正确连接示波器，使其输出一定频率 (1 kHz) 和幅值 (0.5 V) 的正弦交流信号。将电位器阻值调至最大，观察输出波形，通过示波器记录波形的幅值，计算此时的电压放大倍数。调整电位器阻值，改变信号发生器的输入信号幅值 (0.05 V、0.1 V、0.2 V、0.8 V、1.0 V、2.0 V、5.0 V)，将各种输入信号幅值下的输出值记录于表 3.28 中，并验证是否正确。测量电路输入、输出电阻，并和理论值比较，观察是否符合要求。

表 3.28 不同输入信号幅值下输出信号幅值

输入信号 U_{im}/V	0.05	0.10	0.2	0.8	1.0	2.0	5.0
输入信号 U_{om}/V							
A_u							

$r_i=$ _____ ; $r_o=$ _____

四、能力评价

能力评价表见表 3.29。

表 3.29 音频放大电路输入级能力评价表

班级：_____　　　　指导教师：_____
小组：_____　　　　日　　期：_____
姓名：_____

评价项目	评价标准	评价依据	评价方式			权重	得分小计
			学生自评 20%	小组互评 30%	教师评价 50%		
职业素养	(1) 遵守学校实训室规章制度、纪律。 (2) 按时按质完成工作任务。 (3) 积极主动承担工作任务，勤学好问。 (4) 人身安全与设备安全。 (5) 工作岗位 6S 完成情况	(1) 出勤。 (2) 工作态度。 (3) 劳动纪律。 (4) 团队协作精神				0.3	

专业能力	（1）按照实验要求，会熟练使用信号发生器和示波器，熟练检测元器件。 （2）根据实际电路的焊接组装、故障检查，元器件在电路板上布局合理，安装准确、紧固。 （3）静态工作点调试和动态参数测量，将测量结果与理论分析和仿真值进行比较，判断电路的工作是否正常，并分析产生误差的主要原因。 （4）撰写学习项目实践报告	（1）工作原理分析。 （2）仪器使用熟练程度。 （3）元器件布局整齐、匀称。 （4）走线合理		0.5
创新能力	（1）电路调试提出自己独到见解或解决方案。 （2）能说出制作和测试过程、测量数据和数据处理过程，分析测量结果。 （3）对项目进行反思，思考学习过程是否需要完善改进，是否获得什么启发	（1）晶体管各种工作状态的理解。能说出各自的区别。 （2）对测量数据进行分析、总结		0.2
合计				

综合实训 2

一、实训内容

用集成放大器制作音频放大电路输出级，加入正弦波信号，用示波器观察输出波形并估算电压放大倍数。

二、仪器仪表及元器件准备

实训所需器件清单见表 3.30。

表 3.30 音频放大电路输出级器件清单

编号	名称	参数	编号	名称	参数
R_1	电阻器	1 MΩ	R_2	电阻器	4.7 kΩ
R_p	可调电阻器	100 kΩ	C_1	电容器	1 μF
C_2	电容器	10 μF	C_3	电容器	0.1 μF
C_4	电容器	100 μF	C_5	电容器	100 μF
VT	晶体管	9013NPN		集成功率放大器	LM386

实训所需工具：电工电子实训台、数字式万用表、恒温电烙铁、双踪示波器、信号发生器。

三、实训流程

1. 分析测试电路

测试电路如图 3.68 所示，分析电路的工作原理，输入信号加到 LM386 的同相输入端，调节电位器 R_P 阻值可以改变 LM386 功放电路的电压增益。由于扬声器是感性负载，所以在扬声器两端并联电容 C_5 构成频率补偿电路，用以改善功放电路的频率响应。估算晶体管的静态工作点电流和电压。

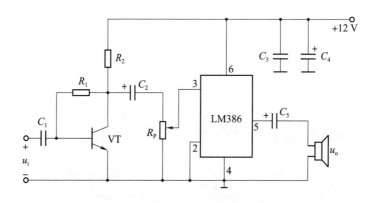

图 3.68　音频放大电路输出级的原理图

2. 电路板的安装与焊接

应认真理解电路原理，弄清洞洞板上元器件与原理图的对应关系，并对所装元器件预先进行检查，确保元器件处于良好状态，将器件在洞洞板上连接并焊接好。

3. 电路板的调试

检查洞洞板元器件安装、焊接，应准确无误。

检查无误后通电，用万用表测试该放大电路各静态工作点的数值并记录，通过比较理论和实际值判别安装是否有无错误。若出现数值异常，通过修改电路中的相应元器件的参数重新进行静态工作点的测试，直至正确为止。

在电路中接入信号发生器，输出端正确连接示波器，并输出一定频率和幅值的正弦交流信号，观察输出波形，通过示波器记录波形的幅值，计算此时电压放大倍数，调整输入信号幅值，利用示波器观察输入、输出波形，将各种信号幅值下的参数记入表 3.31 中。

表 3.31　输出信号记录表

U_{im}/V	0.05	0.1	0.5	0.8	1.0	1.5	2.0
U_{om}/V							
A_u							

四、能力评价

能力评价表见表 3.32。

表 3.32 音频放大电路能力评价表

班级：_____ 小组：_____ 姓名：_____		指导教师：_____ 日　　期：_____					
评价项目	评价标准	评价依据	评价方式			权重	得分小计
			学生自评 20%	小组互评 30%	教师评价 50%		
职业素养	(1) 遵守企业规章制度、劳动纪律。 (2) 按时按质完成工作任务。 (3) 积极主动承担工作任务，勤学好问。 (4) 人身安全与设备安全。 (5) 工作岗位 6S 完成情况	(1) 出勤。 (2) 工作态度。 (3) 劳动纪律。 (4) 团队协作精神				0.3	
专业能力	(1) 识读电路原理图，理解各部分电路的原理和功能。 (2) 检查元件的安装和焊接是否正确可靠，二极管、晶体管、电解电容器极性有无装反，大功率管与散热支架绝缘是否良好等。 (3) 设计文档的编写	(1) 声音信号是否明显放大。 (2) 仿真软件的使用				0.5	
创新能力	(1) 通过自学拓展知识面，自主学习能力。 (2) 电路板如果出现故障，能否通过自己努力排除故障	自学能力和问题解决能力				0.2	
合计							

习 题 3

1. 两个晶体管的放大倍数分别是 50 和 60，则组成复合管的理论放大倍数为（　　）。
   A. 110　　　　B. 3 000　　　　C. 10　　　　D. 1 000
2. 放大电路设置静态工作点的目的是（　　）。
   A. 提高放大能力
   B. 避免非线性失真，保证较好的放大效果
   C. 获得合适的输入电阻和输出电阻
   D. 使放大器工作稳定
3. 阻容耦合放大电路能放大（　　）信号。
   A. 直流　　　　B. 交流　　　　C. 直流和交流

4. 晶体管工作在放大区，它的两个 PN 结的工作状态是（   ）。
   A. 均处于正偏   B. 均处于反偏
   C. 发射结正偏，集电结反偏   D. 发射结反偏，集电结正偏

5. 电路中晶体管的静态工作点在交流负载线上位置定得太高，会造成输出信号的（   ）。
   A. 饱和失真   B. 截止失真   C. 交越失真   D. 线性失真

6. 引起零点漂移的因素有（   ）。
   A. 温度的变化   B. 电路元器件参数的变化
   C. 电源电压的变化   D. 电路中电流的变化

7. 放大电路中测得一个晶体管的电位分别是 6 V、11.7 V、12 V，则这个晶体管属于（   ）。
   A. NPN 型硅管   B. PNP 型硅管   C. NPN 型锗管   D. PNP 型锗管

8. PNP 型管工作在放大区时，三个电极电位关系是（   ）。
   A. $U_C<U_E<U_B$ B. $U_B<U_C<U_E$
   C. $U_C<U_B<U_E$ D. $U_B<U_E<U_C$

9. NPN 型管工作在放大区时，三个电极电位关系是（   ）。
   A. $U_C<U_E<U_B$ B. $U_B<U_C<U_E$
   C. $U_C<U_B<U_E$ D. $U_E<U_B<U_C$

10. 已知某放大状态的晶体管，当 $I_b=20\ \mu A$ 时，$I_c=1.2\ mA$，该晶体管电流放大倍数为（   ）。
    A. 50   B. 40   C. 60   D. 100

11. 工作在放大区的某晶体管，如果当 I_B 从 12 μA 增大到 22 μA 时，I_C 从 1 mA 变为 2 mA，那么它的 β 约为（   ）。
    A. 100   B. 200   C. 50   D. 10

12. 乙类功率放大电路易产生的失真是（   ）。
    A. 饱和失真   B. 截止失真   C. 交越失真   D. 线性失真

13. 晶体管从内部结构可分为_____型和_____型。

14. 若要晶体管工作在放大状态，应使其发射结处于_____偏置，集电结处于_____偏置。

15. 晶体管在电路中若用于信号的放大，应使其工作在_____状态；若用于开关，应使其工作在_____和_____状态，并且是一个触点开关。

16. 多级放大电路的常见的耦合方式有_____、_____和_____。

17. 交流负反馈放大电路的四种组态分别是什么？

18. 测得某电路中晶体管各极电位如图 3.69 所示，试判断各管工作区域是截止区、放大区还是饱和区。

19. 共射放大电路如图 3.70 所示。已知 $U_{CC}=12\ V$，$R_c=5.1\ k\Omega$，$R_b=400\ k\Omega$，$R_L=2\ k\Omega$，晶体管的电流放大倍数 $\beta=40$。试求：(1) 静态工作点 I_{BQ}、I_{CQ} 及 U_{CEQ}；(2) 带负载的电压放大倍数 A_u。

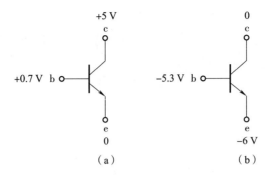

图 3.69 习题 17 图

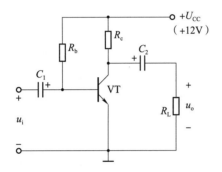

图 3.70 习题 18 图

项目 4　信号发生器的设计与制作

前面已经讨论了放大电路的基本特性：当一个微小的低频信号电压接入放大电路后，放大电路可以对信号进行放大，在输出波形不失真的情况下获得较大的电压或者电流信号。那么需要的正弦交流信号如何产生？产生交流信号的振荡电路有哪些特性？振荡频率与什么因素有关？如何计算？

产生交流信号的电路称为信号产生电路，又称信号发生器。信号产生电路按输出信号的波形分，可分为正弦波振荡电路和非正弦波振荡电路，非正弦波振荡电路又可分为方波振荡电路、三角波振荡电路、锯齿波振荡电路等；按电路产生振荡的元器件分，可分为 LC 振荡电路、RC 振荡电路、石英晶体振荡电路等。信号发生器在测量、自动控制、通信、无线电广播和遥测遥感等许多技术领域中都有着广泛的应用。如无线发射机中的载波信号源，数字系统中的时钟信号源，超外差接收机中的本振信号源，电子测量仪器中的正弦波信号源等。

知识目标

（1）熟悉集成运放的符号、基本组成、常见封装形式和主要性能指标；
（2）了解集成运放的电路结构，线性和非线性应用；
（3）掌握三角波、方波产生应用电路；
（4）能描述 RC、LC 和石英晶体振荡电路的振荡过程及工作原理，计算这些振荡电路的振荡频率；
（5）掌握集成函数发生器 MAX038 的功能及应用。

能力目标

（1）能查阅、搜集相关资料，了解集成运放的引脚分布、参数及使用方法；
（2）根据原理图装配基于集成运放的应用电路；
（3）掌握利用集成运放工作在不同区域的特点分析集成运放应用电路的方法；
（4）能正确识读集成运放的引脚；
（5）会用电阻测量法或电压测量法判断集成运放质量好坏；
（6）初步具备排除集成运放常见应用电路故障的能力；
（7）会用集成函数发生器 MAX038 设计实用信号发生电路，并掌握调试方法。

任务4.1 认识集成运算放大器

> 集成运算放大器（简称"集成运放"）是半导体集成电路的一种。集成运放内部是一个具有很高电压增益的多级直接耦合放大电路。与晶体管类似，集成运放也有两种基本使用方法：当集成运放工作于线性状态时，可以实现信号不失真放大；当集成运放工作于非线性状态时，可以构成电压比较器电路。

任务描述

认识集成运算放大器 LM358 的符号、组成、封装和主要性能指标。

任务分析

要认识集成运算放大器，必须要了解信号产生与变换电路的核心器件是集成运算放大器。只要掌握集成运放的基本功能及其典型应用电路的分析方法，就可以比较顺利地对本任务涉及的信号产生与变换电路进行分析。

知识与技能

一、集成运放的符号、组成和封装

1. 集成运放的符号

集成电路（integrated circuit，IC）是20世纪60年代初发展起来的一种新型半导体器件。以半导体单晶硅为芯片，采用专门的制造工艺，把晶体管、场效应管、二极管、电阻器等元件及它们之间的连线所组成的完整电路制作在一起，然后封装在一个外壳内，成为一个不可分的固定组件，使之具有特定功能。集成电路体积小、质量小、可靠性高、密度大、功耗低、引线短、外接线少，从而大大提高了电子电路的可靠性与灵活性，减少组装和调整工作量，降低了成本。自1958年世界上第一块集成电路问世至今，只不过才经历了几十年时间，但它已深入工农业、日常生活及科技领域的相当多产品中。半导体集成电路是现代电子信息技术飞速发展的硬件基础之一。

集成运放电路是一种双端输入、单端输出，具有高增益、高输入阻抗、低输出阻抗的多级直接耦合放大电路。早期，运算放大电路主要用来完成模拟信号的求和、微分和积分等运算，故称为运算放大器。现在，运算放大电路的应用已远远超过运算的范围，它在通信、控制和测量等设备中得到了广泛应用。图 4.1 为集成运放的图形符号。集成运放可以有同相输入、反相输入及差分输入三种输入方式。

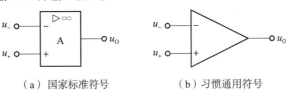

(a) 国家标准符号　　　　(b) 习惯通用符号

图 4.1　集成运放的图形符号

2. 集成运放的组成

集成运放用途广泛，种类繁多，虽然类型和品种相当丰富，但在结构上基本一致。其内部通常包含四个基本组成部分：差分输入级、中间放大级、输出级及偏置电路。集成运放的组成框图如图4.2所示。

图 4.2 集成运放的组成框图

集成运放内部是一个多级放大电路，具有非常高的电压增益。输入级为差分放大电路，用于克服零点漂移，能提高集成运放温度稳定性，同时也能提高集成运放抗干扰性能。由于多级放大电路性能主要由第一级（输入级）决定，集成运放性能好坏主要由差分输入级决定，它有同相和反相两个输入端。要求其输入电阻高，抑制干扰，减小零点漂移。它是集成运放性能的关键环节。中间放大级用于实现高增益的电压放大，一般为两级以上的带有源负载的共射极电压放大器。输出级为互补对称放大电路，要求其输出电阻低，带负载能力强，能够提供一定的功率，用于提高集成运放的负载驱动能力。偏置电路用于给集成运放内部各级放大电路提供合适的静态工作点，为上述各级电路提供稳定、合理的偏置电流，一般由各种恒流源电路构成。

集成运放内部集成元器件主要由大量的电阻器、二极管、晶体管或场效应管组成。集成运放中可以集成容量不超过几十皮法的小电容。目前的半导体制作工艺还不能在集成运放内部制作电感元件，所以当需要电感元件时，必须在集成运放外部连接。集成运放内部结构一般都比较复杂，所以在使用集成运放设计电路时，用户只需要了解集成运放的外特性和使用方法即可，对内部详细电路和工作过程不必深入研究。

3. 集成运放的封装和引脚识别

集成运放的封装是指安装集成电路内核用的外壳。它起着安装、固定、密封、保护芯片的作用，同时通过芯片上的引线连接到集成电路封装外壳的引脚上。集成电路常用的封装材料包括塑料、树脂、陶瓷和金属等。图4.3所示为几种典型集成运放封装形式，有圆壳式、单列直插式、双列直插式、扁平式等。

图 4.3 几种典型集成运放封装形式

不同型号的集成运放，其芯片内部可能会集成1、2、4个完全相同的功能单元，这样的集成运放分别称为单运放、双运放和四运放。如图4.4所示，LM741和OP07为单运放芯片；LM358 为双运放芯片，其中两个运放模块各自可以独立连接芯片外的电路，但是这两个运放模块共用电源端；LM324 为四运放芯片，内部集成四个集成运放单元，这四个集成运放模块共用电源端。

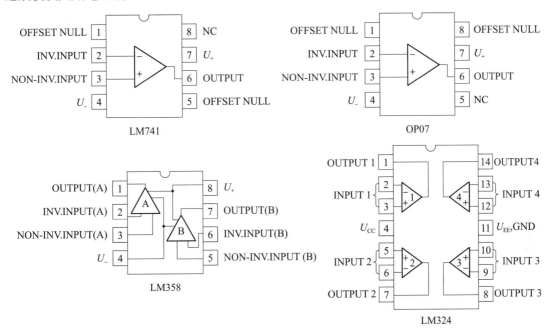

图 4.4 集成运放内部模块

二、集成运放的种类

1. 通用型集成运放

通用型集成运放性能指标能适合于一般性（低频以及信号变化缓慢）使用，价格低廉、产品量大、使用面广，例如 μA741、LM358（双运放）、LM324 及场效应管为输入级的 LF356 高阻型集成运放。

2. 高阻型集成运放

高阻型集成运放的特点是差模输入阻抗非常高，输入偏置电流非常小。实现这些指标的主要措施是利用场效应管的高输入阻抗的特点，但这类集成运放的输入失调电压较大。这类集成运放有 LF356、LF355、LF347、CA3130、CA3140 等

3. 低温漂型集成运放

在精密仪器、弱信号检测等自动控制仪表中，希望集成运放的失调电压要小，且不随温度的变化而变化。低温漂型集成运放就是为此设计的。目前常用的低温漂型集成运放有 OP07、OP27、OP37、AD508 及由 MOSFET 组成的斩波稳零型低温漂器件 ICL7650 等。

4. 高速型集成运放

在快速 A/D 及 D/A 以及在视频放大器中，要求集成运放的转换速率 S_R 一定要高，单位增益带宽 BW_G 一定要足够大。高速型集成运放的主要特点是具有高的转换速率和宽的频率响应。常见的高速型集成运放有 LM318、μA175 等。其 $S_R=50\sim70$ V/ms。

5. 低功耗型集成运放

由于便携式仪器应用范围的扩大，必须使用低电源电压供电、低功耗的集成运放。常用的低功耗型集成运放有 TL-022C、TL-160C 等。

6. 高压大功率型集成运放

集成运放的输出电压主要受供电电源的限制。在普通集成运放中，输出的电压最大值一般仅有几十伏，输出电流仅几十毫安，若要提高输出电压或输出电流，集成运放外部必须要加辅助电路。高压大功率集成运放外部不需要附加任何电路，即可输出高电压和大电流。D41 集成运放的电源电压可达 ± 150 V，μA791 集成运放的输出电流可达 1 A。

三、集成运放主要性能指标

1. 开环差模电压放大倍数 A_{od}

其数值很高，一般为 $10^4 \sim 10^7$。该值反映了输出电压 U_O 与输入电压 U_+ 和 U_- 之间的关系。

2. 差模输入电阻 r_{id}

集成运放的差模输入电阻很高，一般在几十千欧至几十兆欧。

3. 输出电阻 r_o

由于集成运放总是工作在深度负反馈条件下，因此其闭环输出电阻很低，在几十欧至几百欧之间。

4. 最大共模输入电压 U_{Icmax}

指集成运放两个输入端能承受的最大共模信号电压。超出这个电压时，集成运放的输入级将不能正常工作或共模抑制比下降，甚至造成器件损坏。

5. 输入失调电压 U_{IO}

指为使输出电压为零而在输入端加的补偿电压，其大小反映了电路的不对称程度和调零的难易。

6. 共模抑制比 K_{CMR}

它反映了集成运放对共模输入信号的抑制能力。其定义为差模电压放大倍数与共模电压放大倍数的比值。K_{CMR} 越大越好。

任务工单

1. 认识双运算放大器 LM358

LM358 内部包括两个独立、高增益、内部频率补偿的运算放大器，适用于电源电压范围很宽的单电源使用，也适用于双电源工作模式。在推荐的工作条件下，电源电流与电源电压无关。LM358 的使用范围很广，包括传感放大器、直流增益模块，以及其他所有可用的单电源供电的使用运算放大器的场合。

2. 主要参数及外部引脚图

1) 主要参数及特点

电压增益高，约为 100 dB，即放大倍数约为 10^5。

单位增益通频带宽，约为 1 MHz。

电源电压范围宽，单电源为 3～32 V、双电源为 1.5～15 V 对称电压。

低功耗电流，适合电池供电。

低输入失调电压，约为 2 mV。

共模输入电压范围宽。

差模输入电压范围宽，且等于电源电压范围。

输出电压摆幅大，约为 $0 \sim +V_{CC}$。

2）实物和外部引脚图

图 4.5 中 $1IN_+$ 为同相输入端，$1IN_-$ 为反相输入端，$1U_O$ 为输出端。通过实验来看一下集成运放的应用。LM358 测试仿真电路如图 4.6 所示。LM358 测试电路清单见表 4.1。给定输入电压 $u_i=50$ mV，将电阻 R_f 依次从 10 kΩ 调至 200 kΩ，同时依次调整 R_2 的数值（电阻 R_2 相当于电位器），$R_2=R_1/R_f$，分别测得 LM358 的输出电压 u_o，将结果填入表 4.2 中。

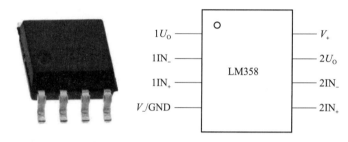

图 4.5 实物和外部引脚图

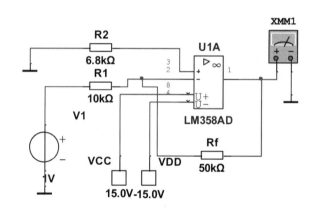

图 4.6 LM358 测试仿真电路

表 4.1 LM358 测试电路清单

序 号	名 称	规 格	数 量
1	晶体管直流稳压电源	—	1
2	洞洞板	—	1
3	集成运放	LM358	1
4	毫伏表	—	1
5	金属膜电阻器	10～200 kΩ	8
6	金属膜电阻器	6.8 kΩ	1

续表

序号	名称	规格	数量
7	金属膜电阻器	10 kΩ	1
8	导线	—	若干

表 4.2　LM358 测试记录表

输出电压/V	电阻 R_f/ kΩ							
	10	20	40	50	100	120	150	200
u_o								

综合评价

综合评价表见表 4.3。

表 4.3　认识集成运算放大器综合评价表

班级：＿＿＿＿＿＿　　　　指导教师：＿＿＿＿＿＿
小组：＿＿＿＿＿＿
姓名：＿＿＿＿＿＿　　　　日　　期：＿＿＿＿＿＿

评价项目	评价标准	评价依据	评价方式			权重	得分小计
			学生自评 20%	小组互评 30%	教师评价 50%		
职业素养	(1) 遵守企业规章制度、劳动纪律。 (2) 按时按质完成工作任务。 (3) 积极主动承担工作任务，勤学好问。 (4) 人身安全与设备安全。 (5) 工作岗位 6S 完成情况	(1) 出勤。 (2) 工作态度。 (3) 劳动纪律。 (4) 团队协作精神				0.3	
专业能力	(1) 熟悉集成运放的组成结构、特性指标。 (2) 熟悉集成运放的种类和引脚特性。 (3) 根据电路原理图选择合适元器件进行焊接和组装	(1) 工作原理的理解。 (2) 仪器使用的熟练程度				0.5	
创新能力	(1) 电路焊接能否一次成功，电路如果出现故障，能否通过自己努力排除。 (2) 能否判断测量结果的准确性，进而评价所制作的电路质量的好坏	(1) 集成运放测试电路的工作状态的理解。 (2) 抗挫折能力				0.2	
合计							

思考与练习

(1) 根据已经使用过的函数信号发生器，简单说明函数信号发生器具有的功能。

（2）在信号产生与变换电路中，出现了什么新的电子元器件？它与二极管、晶体管有何区别？

任务4.2　集成运放线性应用电路的制作与测试

> 集成运放实际上是一个比较理想的高增益的直流放大器，与基本放大电路一样，电路可以处于放大状态或进入饱和、截止状态，可以完成信号的加法、减法、微分、积分、指数等常见运算。目前，集成运放的应用范围早已超越数学运算本身，被广泛应用于信号放大、信号处理、信号变换以及信号发生，在测量和控制领域使用广泛。

任务描述

制作和测试集成运放线性应用电路，并进行加法、减法、比例、积分、微分运算。

任务分析

要制作集成运放线性应用电路，首先需要掌握理想运放的特点，其次了解集成运放的两个工作区域，最后在理想运放线性条件下进行电路的分析与计算。

知识与技能

一、集成运放的基本特性

1. 集成运放工作的两个区域

集成运放的工作状态可以分为线性状态和非线性状态两种，传输特性如图4.7所示。集成运放工作在线性状态时，同时满足"虚短"和"虚断"两个特性，能完成信号的不失真放大，可实现比例、加法、减法等信号运算。工作在非线性状态时，只满足"虚断"，不满足"虚短"，其输出电压只有高电平和低电平两种状态（开关状态），可构成电压比较器。

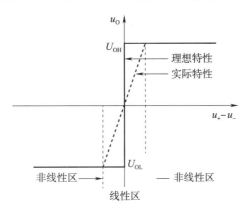

图4.7　集成运放的传输特性

1）集成运放工作在线性工作区时的特点

线性工作区是指输出电压 u_O 与输入电压 u_I 成正比时的输入电压范围。在线性工作区中，集成运放 u_O 与 u_I 之间的关系为

$$u_O = A_{od}u_I = A_{od}(u_+ - u_-)$$

式中，A_{od} 为集成运放的开环差模电压放大倍数；u_+ 和 u_- 分别为同相输入端和反相输入端电压。

对于理想运放，$A_{od} = \infty$；而 u_O 为有限值，因此，有 $u_+ - u_- \approx 0$，即

$$u_+ \approx u_-$$

这种现象称为理想运放输入端的"虚短"。"虚短"是指两点电位近似相等，但仍然有微小电压；而"短路"的两点之间，电压为零。"虚短"和"短路"是两个截然不同的概念。

由于理想运放差模输入电阻 r_{id} 为无穷大，因此理想运放同相输入端和反相输入端的电流均为零，即

$$i_+ \approx i_- \approx 0$$

这种现象称为"虚断"。"虚断"是指该支路的电流近似为零，但并不是完全为零；而"断路"则是该支路的电流完全为零。"虚断"和"断路"是两个截然不同的概念。

2）集成运放工作在非线性工作区时的特点

当集成运放输入电压过高，导致输出电压达到 $+U_{OH}$ 或 $-U_{OL}$ 值时，集成运放将进入非线性状态，此时无论输入电压如何增加，输出电压都不会再随之变大，而是维持在饱和电压值不变，此时集成运放进入非线性工作区，非线性工作区在图 4.7 中指 A 点右边和 B 点左边的水平线。集成运放工作在线性状态时，同时满足"虚短"和"虚断"两个特性；而工作在非线性状态时，只满足"虚断"，不满足"虚短"。

2. 理想运算放大器

集成运算放大器是具有两个输入端，一个输出端的高增益、高输入阻抗的电压放大器。若在它的输出端和输入端之间加上反馈网络就可以组成各种运算电路和 RC 振荡电路。当反馈网络为线性电路时，可实现加、减、乘、除等模拟运算等功能。当构成的运算电路为深度负反馈电路时，集成运放的两输入端还满足"虚短"和"虚断"，使用运算放大器时，调零和相位补偿是必须注意的两个问题。此外，应注意同相输入端和反相输入端到地的直流电阻等，以减少输入端直流偏流引起的误差。

理想运放可以理解为实际运放的理想化模型，就是将集成运放的各项技术指标理想化，得到一个理想的运算放大器，如图 4.8 所示。

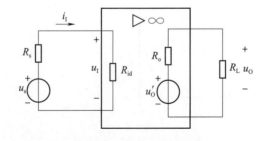

图 4.8 理想运放示意图

（1）开环差模电压放大倍数 $A_{od} = \infty$。由于理想运放内部是一个多级放大电路，所以一般具有非常高的增益。实际集成运放开环差模电压放大倍数按照无穷大进行分析计算带来的误差可以忽略不计。

(2) 差模输入电阻 $r_{id}=\infty$。理想运放由于输入电阻 $r_{id}=\infty$，所以同相输入端和反相输入端电流均为零，这种现象称为"虚断"。

(3) 输出电阻 $r_{od}=0$。集成运放输出级是由共集电极放大电路组成的互补对称电路，所以输出电阻 r_{od} 非常小，理想运放输出电压与负载阻值大小无关。

(4) 输入失调电压为 0。理想运放输入级差分放大电路两边完全对称，输入为 0，输出也为 0，所以输入失调电压为 0，输入失调电流为 0；输入失调电压的温漂为 0，输入失调电流的温漂也为 0。

(5) 共模抑制比 $K_{CMR}=\infty$。理想共模抑制比可以完全抑制温漂和电路外部的共模干扰。实际共模抑制比不可能无穷大，共模抑制比是衡量实际集成运放性能最关键的性能指标。

(6) 输入偏置电流 $I_{IB}=0$。

(7) 无干扰、噪声。

二、典型集成运放线性应用电路分析

在线性应用电路中，一般都在电路中加入深度负反馈，使集成运放工作在线性区，以实现各种不同功能运算。由于集成运放有两个输入端，其信号输入有三种，分别是反相输入、同相输入和差分输入。当信号加在集成运放反相输入端时称为反相输入，当信号加在集成运放同相输入端时称为同相输入，当信号同时加在集成运放反相输入端和同相输入端时称为差分输入。在进行电路分析时，要综合运用"虚短"和"虚断"的概念、基尔霍夫定律和欧姆定律进行求解，在对集成运放线性应用电路的分析过程中，一般将集成运放视为理想运放来处理，只有在需要研究应用电路的误差时，才会考虑实际运放特性带来的影响。

1. 反相比例运算电路

图 4.9 所示为反相比例运算电路，输入信号 u_I 通过电阻 R_1 加到集成运放的反相输入端，而输出信号通过电阻 R_F 也回送到反相输入端。R_F 为反馈电阻，构成深度电压并联负反馈，同相输入端通过电阻 R_2 接地，R_2 称为直流平衡电阻，其作用是使集成运放两输入端的对地直流电阻相等，从而避免集成运放输入偏置电流在两输入端之间产生附加的差模输入电压，故要求 $R_2=R_1//R_F$。

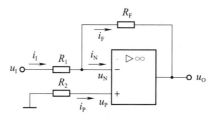

图 4.9 反相比例运算电路

集成运放施加了负反馈，满足"虚短"和"虚断"。

由于集成运放满足"虚断"，所以 R_2 上电流为零，集成运放 $u_P=0$。

由于集成运放满足"虚短"，所以 $u_N=u_P=0$。

由于集成运放满足"虚断"，所以反相输入端电流 $i_N=0$，所以 $i_I=i_F$。

$$\frac{u_I}{R_1}=-\frac{u_O}{R_F}$$

整理后得

$$u_O = -\frac{R_F}{R_1}u_I$$

可见反相比例运算电路的输出电压与输入电压相位相反，而幅度成正比关系，比例系数取决于电阻阻值之比

2. 同相比例运算电路

图 4.10 所示为同相比例运算电路，输入信号通过电阻 R_2 加到集成运放的同相输入端，而输出信号通过反馈电阻 R_F 回送到反相输入端，构成深度电压串联负反馈，反相输入端则通过电阻 R_1 接地，R_2 是直流平衡电阻，应满足 $R_2=R_1//R_F$。

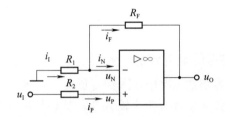

图 4.10 同相比例运算电路

分析方法类似反相比例运算电路。

由于集成运放满足"虚断"，所以 R_2 上电流为零，集成运放 $u_P=u_I$。

由于集成运放满足"虚短"，所以 $u_N=u_P=u_I$。

由于集成运放满足"虚断"，所以反相输入端电流 $i_N=0$，根据基尔霍夫电流定律，可得 $i_I=i_F$，即

$$\frac{0-u_N}{R_1}=\frac{u_N-u_O}{R_F}$$

整理后得

$$u_O=\left(1+\frac{R_F}{R_1}\right)u_I$$

显然同相比例运算电路的输出必然大于输入，比例系数取决于电阻 R_F 与 R_1 阻值之比，同相比例运算电路中引入了电压串联负反馈，故该电路输入电阻极高，输出电阻很低。

若 $R_1=\infty$ 或 $R_F=0$，则 $u_I=u_O$，此时电路构成电压跟随器，是一种特殊的同相比例电路，如图 4.11 所示。三种电路均为电压跟随器。电压增益 $A_u=1$，没有电压放大能力，但有电流放大能力。输入电阻 $R_I=\infty$，对信号源影响小；输出电阻 $R_O=0$，驱动负载能力强，因此输出与输入隔离效果好。

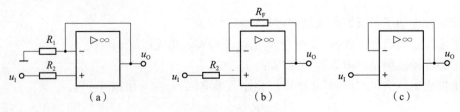

图 4.11 电压跟随器

【例 4.1】 理想运放构成的应用电路如图 4.12 所示,已知 $R_1=1\text{ k}\Omega$,$R_3=3\text{ k}\Omega$,$R_4=1\text{ k}\Omega$,$R_5=10\text{ k}\Omega$,$R_6=2\text{ k}\Omega$。(1) 集成运放 A_1 和 A_2 分别构成哪种电路?(2) 若 $u_1=0.1\text{ V}$,则 u_{O1} 和 u_O 分别为多少?(3) 若 $u_1=0.3\text{ V}$,则 u_{O1} 和 u_O 分别为多少?

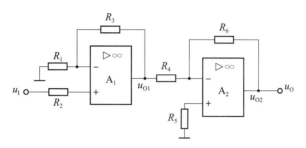

图 4.12 例 4.1 图

解 (1) 集成运放 A_1 构成同相比例运算电路,集成运放 A_2 构成反相比例电路。

(2) 当 $u_1=0.1\text{ V}$ 时,

$$u_{O1}=\left(1+\frac{R_3}{R_1}\right)u_1=\left(1+\frac{3}{1}\right)\times 0.1\text{ V}=0.4\text{ V}$$

$$u_{O2}=-\frac{R_6}{R_4}u_{O1}=-\frac{2}{1}\times 0.4\text{ V}=-0.8\text{ V}$$

(3) 当 $u_1=0.3\text{ V}$ 时,

$$u_{O1}=\left(1+\frac{R_3}{R_1}\right)u_1=\left(1+\frac{3}{1}\right)\times 0.3\text{ V}=1.2\text{ V}$$

$$u_{O2}=-\frac{R_6}{R_4}u_{O1}=-\frac{2}{1}\times 1.2\text{ V}=-2.4\text{ V}$$

3. 反相加法运算电路

加法运算即对多个输入信号进行求和。根据输出信号与求和信号反相还是同相,分为反相加法运算和同相加法运算两种方式。图 4.13 所示为反相加法运算电路,它是利用反相比例运算电路实现的。图中,输入信号 u_{I1}、u_{I2}、u_{I3} 分别通过电阻 R_{I1}、R_{I2}、R_{I3} 加至集成运放的反相输入端,R_2 为直流平衡电阻,要求 $R_2=R_{I1}//R_{I2}//R_{I3}$。

根据集成运放反相输入端"虚断"和"虚短"可得

$$-\frac{u_O}{R_F}\approx\frac{u_{I1}}{R_{I1}}+\frac{u_{I2}}{R_{I2}}+\frac{u_{I3}}{R_{I3}}$$

故可得输出电压为

$$u_O=-R_F\left(\frac{u_{I1}}{R_{I1}}+\frac{u_{I2}}{R_{I2}}+\frac{u_{I3}}{R_{I3}}\right)$$

反相加法运算电路可实现多个输入信号按比例的求和运算。如果电阻 $R_{I1}=R_{I2}=R_{I3}=R_1$,则可以实现简单的算术相加,即

$$u_O=-\frac{R_F}{R_1}(u_{I1}+u_{I2}+u_{I3})$$

集成运放同相输入端的平衡电阻 R_2 要求尽量满足 $R_2=R_{I1}//R_{I2}//R_{I3}//R_F$。

4. 同相加法运算电路

图 4.14 所示为同相加法运算电路。为实现同相求和,可以将各输入电压加在集成运放

的同相输入端；为使集成运放工作在线性状态，电阻支路引入深度电压串联负反馈。

根据集成运放同相输入端"虚断"和"虚短"可得

$$\frac{u_{I1}-u_P}{R_1}+\frac{u_{I2}-u_P}{R_2}+\frac{u_{I3}-u_P}{R_3}=\frac{u_P}{R_4}$$

$$u_N=u_P=R_P\left(\frac{u_{I1}}{R_1}+\frac{u_{I2}}{R_2}+\frac{u_{I3}}{R_3}\right)$$

式中，$R_P=R_1//R_2//R_3//R_4$。

根据同相比例运算电路 $u_O=\left(1+\frac{R_F}{R}\right)u_P$ 可得

$$u_O=\left(1+\frac{R_F}{R}\right)R_P\left(\frac{u_{I1}}{R_1}+\frac{u_{I2}}{R_2}+\frac{u_{I3}}{R_3}\right)$$

根据对称性，要求 $R_N=R_P$，

$$u_O=R_F\left(\frac{u_{I1}}{R_1}+\frac{u_{I2}}{R_2}+\frac{u_{I3}}{R_3}\right)$$

若 $R_1=R_2=R_3=R_F$，则

$$u_O=u_{I1}+u_{I2}+u_{I3}$$

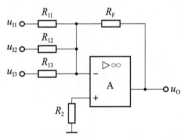

图 4.13　反相加法运算电路

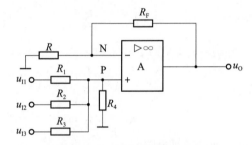

图 4.14　同相加法运算电路

5. 差分运算电路

差分运算电路又称减法运算电路，用于实现两个输入信号的按比例减法运算。由于其共模抑制比较高，抑制温漂和抗外部干扰能力强，因此在信号测量领域中获得了广泛的应用。差分运算电路如图 4.15 所示。两个输入信号分别加在集成运放的同相输入端和反相输入端。电阻 R_F 将输出信号接回集成运放反相输入端，符合负反馈原则，所以集成运放工作于线性状态，满足"虚短"和"虚断"。由于集成运放工作在线性状态，线性电路可以运用叠加定理分析多输入信号时的输出。

当输入信号仅有 u_{I1} 时，此时集成运放构成反相比例运算电路，所以电路对应的输出信号为

$$u_{O1}=-\frac{R_F}{R_1}u_{I1}$$

同理，当输入信号仅有 u_{I2} 时，此时集成运放构成同相比例运算电路，所以电路对应的输出信号为

$$u_{O2}=\left(1+\frac{R_F}{R_1}\right)\frac{R_3}{R_2+R_3}u_{I2}$$

运用叠加定理，$u_O = u_{O1} + u_{O2}$ 因此有

$$u_O = \left(1 + \frac{R_F}{R_1}\right)\frac{R_3}{R_2 + R_3}u_{I2} - \frac{R_F}{R_1}u_{I1}$$

若 $R_1 = R_2$，$R_F = R_3$，则输出电压为

$$u_O = \frac{R_F}{R_1}(u_{I2} - u_{I1})$$

【例 4.2】 集成运算电路如图 4.16 所示。图中均为理想运放，设 $u_{I1} = u_{I2} = 0.5$ V，求输出电压 u_O。

解 集成运放 A_1 构成反相比例运算电路，所以 $A_1 = -10$，$u_{O1} = -5$ V；

集成运放 A_2 构成同相比例运算电路，所以 $A_2 = 11$，$u_{O2} = 5.5$ V；

集成运放 A_3 构成减法运算电路，所以 $u_O = 2(u_{O2} - u_{O1}) = 21$ V。

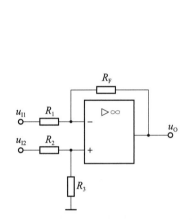

图 4.15　差分运算电路

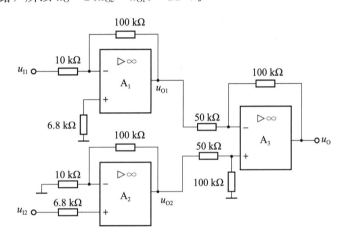

图 4.16　例 4.2 图

【例 4.3】 集成运算电路如图 4.17 所示。
(1) 试推导 u_{O1}、u_O 的表达式。
(2) 当 $R_1 = R_5$，$R_2 = R_4$ 时，试求 u_O 与 u_I（设 $u_I = u_{I2} - u_{I1}$）的关系式。

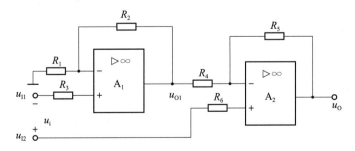

图 4.17　例 4.3 图

解 第一级电路为同相比例运算电路，因而有

$$u_{O1} = \left(1 + \frac{R_2}{R_1}\right)u_{I1}$$

利用叠加定理，第二级电路的输出为

$$u_O = -\frac{R_5}{R_4}u_{O1} + \left(1+\frac{R_5}{R_4}\right)u_{I2} = -\frac{R_5}{R_4}\left(1+\frac{R_2}{R_1}\right)u_{I1} + \left(1+\frac{R_5}{R_4}\right)u_{I2}$$

当 $R_1 = R_5$，$R_2 = R_4$ 时，有

$$u_O = \left(1+\frac{R_1}{R_2}\right)(u_{I2} - u_{I1}) = \left(1+\frac{R_1}{R_2}\right)u_I$$

6. 积分运算电路和微分运算电路

1）积分运算电路

积分运算电路可以完成对输入信号的积分运算，即输出电压与输入电压的积分成正比，如图 4.18 所示。电容 C_F 引入电压并联负反馈，集成运放工作在线性区。积分运算电路也存在"虚短"和"虚断"现象。

根据集成运放分析方法可得

$$i_1 = \frac{u_I}{R_1}, \quad i_F = -C_F\frac{du_O}{dt}$$

由于 $i_1 = i_F$，因此可得输出电压 u_O 为

$$u_O = -\frac{1}{R_1 C_F}\int u_I dt$$

输出电压 u_O 正比于输入电压 u_I 对时间 t 的积分，从而实现了积分运算。$R_1 C_F$ 为电路的时间常数，即

$$\tau = R_1 C_F$$

2）微分运算电路

微分是积分的逆运算。微分运算电路的输出电压是输入电压的微分，如图 4.19 所示。电阻 R_F 引入电压并联负反馈使集成运放工作在线性区。微分电路属于反相输入电路，因此同样存在"虚短"和"虚断"现象。

根据集成运放反相输入端"虚地"可得

$$i_1 = C_1\frac{du_I}{dt}, \quad i_F = -\frac{u_O}{R_F}$$

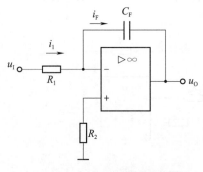

图 4.18 积分运算电路

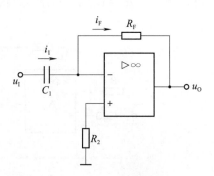

图 4.19 微分运算电路

由于 $i_1 = i_F$，因此可得输出电压 u_O 为

$$u_O = -R_F C_1 \frac{du_I}{dt}$$

输出电压 u_O 正比于输入电压 u_I 对时间 t 的微分,从而实现了微分运算。$R_F C_1$ 为电路的时间常数,即

$$\tau = R_F C_1$$

积分和微分运算电路常常用于实现波形变换。例如,积分运算电路可将方波电压变换为三角波电压,微分运算电路可将方波电压变换为尖脉冲电压。图 4.20(a)所示为微分电路的输出电压波形,图 4.20(b)所示为积分电路的输出电压波形

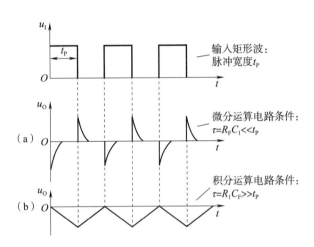

图 4.20 积分运算电路和微分运算电路输出电压波形

任务工单

1. 反相比例放大电路的测试

(1) 仿真测试电路如图 4.21 所示。

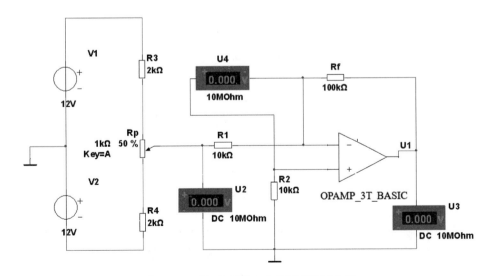

图 4.21 反相比例放大电路仿真测试电路

(2) 按图 4.21 画好仿真电路,其中 OPAMP _ 3T _ BASIC 为理想集成运算放大器。

(3) 调整电位器 R_p,将 U_2、U_3、U_4 三个电压表的数值填入表 4.4 中,并与理论估算值进行比较。

表 4.4 反相比例放大电路仿真测试

输入电压	电位器百分比	0%	10%	20%	40%	60%	80%	100%
	u_i/V							
输出电压	理论估算值 u_o/V							
	实际测量值 u_o/V							
集成运放两输入端的电压 $(u_+ - u_-)$/V								

(4) 将输入电压换成有效值为 0.5 V 的交流信号,用虚拟示波器观察输入/输出波形。

(5) 通过上述测试,可以得到下列结论:输入电压在一定范围内,反相比例放大电路的输出电压值与输入电压值之比等于_____(用电阻等元件的文字符号表示),且输出电压相对于输入电压是_____(反相/同相)。

当输入电压超过一定范围时,输出电压值与输入电压值_____(成/不成)比例;此时,输出电压值_____(随/不随)输入电压值变化而变化。

2. 积分电路的测试

(1) 按图 4.22 画好仿真电路,其中 XFG1 为函数信号发生器。XFG1 产生方波,其频率为 1 kHz,占空比为 50%,振幅 1 V。

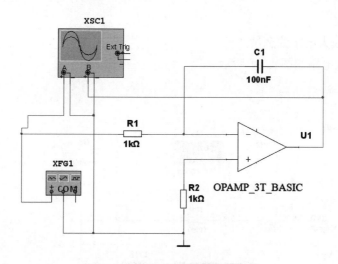

图 4.22 积分电路仿真测试电路

(2) 用虚拟示波器 XSC1 观察输入/输出波形,画出各波形,并标出有关参数。

(3) 改变接入电阻 R_1 值为 10 kΩ,观察并记录输入/输出波形。

(4) 保持 R_1 值为 1 kΩ,信号频率分别改为 500 Hz、1 kHz 和 2 kHz,观察并记录输出波形。

(5) 通过上述测试,可以得到下列结论:积分电路中,输入电压波形为方波,则输出电压波形为_____（正弦波/方波/三角波）。输出波形的幅值与 RC _____（有关/无关），与输入信号的频率_____（有关/无关）。

📢 综合评价

综合评价表见表 4.5。

表 4.5　集成运放线性应用电路的制作与测试综合评价表

班级：_____	指导教师：_____
小组：_____	日　期：_____
姓名：_____	

评价项目	评价标准	评价依据	评价方式			权重	得分小计
			学生自评 20%	小组互评 30%	教师评价 50%		
职业素养	（1）遵守企业规章制度、劳动纪律。 （2）按时按质完成工作任务。 （3）积极主动承担工作任务，勤学好问。 （4）人身安全与设备安全。 （5）工作岗位 6S 完成情况	（1）出勤。 （2）工作态度。 （3）劳动纪律。 （4）团队协作精神				0.3	
专业能力	（1）熟悉集成运放线性应用电路的组成结构、特性指标。 （2）能按照输入、输出电压关系要求，设计集成运算放大器应用电路。 （3）能灵活使用 Multisim 软件画仿真电路图	（1）工作原理的理解。 （2）Multisim 仿真软件使用的熟练程度				0.5	
创新能力	（1）具有排除集成运放线性应用电路故障的能力。 （2）会制作和测试比例运放电路	（1）集成运放两个工作区的理解。 （2）抗挫折能力				0.2	
合计							

❓ 思考与练习

（1）什么是"虚短"和"虚断"？对于理想运放，都有"虚断"特性吗？

（2）理想运放工作在非线性区时有什么特点？

任务 4.3　三角波、方波发生器的设计与制作

> 在自动化、电子、通信等领域中，经常需要进行性能测试和信息的传送等，这些都离不开一些非正弦信号。常见非正弦信号产生电路有方波、三角波、锯齿波产生电路等。本任务将重点介绍方波产生电路和锯齿波产生电路的基本工作原理。

任务描述

完成三角波、方波发生器的设计与制作。

任务分析

要设计和制作三角波、方波发生器,首先学习三角波、方波发生器的基本工作原理,其次了解集成运放非线性应用电路的应用,最后根据单限电压比较器、滞回比较器的电路分析和工作原理进行设计与制作。

知识与技能

一、三角波、方波发生器的基本工作原理

1. 三角波发生器

图4.23(a)所示为三角波发生器电路,它由滞回比较器A_1和反相积分器A_2组成,积分电路可将方波变换为线性度很高的三角波,但反相积分器产生的三角波幅值常随方波输入信号的频率而发生变化。为了克服这一缺点,可以将积分电路的输出信号输入到滞回比较器,再将滞回比较器输出的方波信号输入到积分电路,通过正反馈,可得到质量较高的三角波。

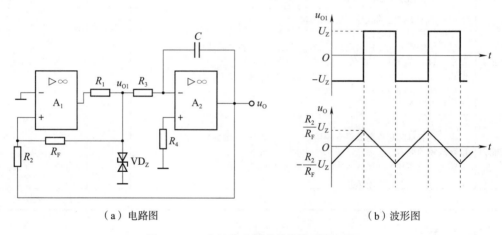

(a)电路图 (b)波形图

图4.23 三角波发生器电路图和及波形图

由叠加定理可得同相输入端的输入电压为

$$u_+ = \frac{R_2}{R_1+R_F}u_{O1} + \frac{R_F}{R_2+R_F}u_O$$

式中,u_{O1}为比较器A_1的输出电压,其值等于双向稳压管的稳压值$\pm U_Z$。

由上式可见,受比较器输出电压的影响,又受积分器输出电压的影响,当$u_{O1}=+U_Z$时,积分器的输入电压为正值,其输出电压u_O随时间线性下降。同时使u_+也下降。当u_+由正值过零变负时,比较器A_1翻转,其输出电压u_{O1}由$+U_Z$迅速跃变为$-U_Z$。此时,积分器的输出电压也降至最低点。由于积分器的输入电压为负值($-U_Z$),其输出电压u_O随时间线性上升,同时使u_+也上升。当u_+由负值过零变正时,比较器也翻转,其输出电压u_O由$-U_Z$迅速跃变为$+U_Z$,此时积分器的输出电压也升至最高点。

此后，由于 $u_{O1}=+U_Z$，又重复前述过程，如此周期性地变化下去。这样，在比较器的输出端产生矩形波，积分器的输出端产生三角波，如图 4.23（b）所示。矩形波的幅度为 U_Z，三角波的幅度为 $\dfrac{R_2}{R_F}U_Z$。

2. 方波发生器

图 4.24（a）所示为方波发生器电路，它由滞回比较器与 RC 充放电回路组成，双向稳压管将输出电压幅值钳位在其稳压值 $\pm U_Z$ 之间，利用电容两端的电压作比较，来决定电容是充电还是放电。

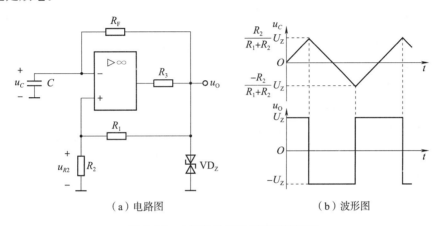

（a）电路图　　　　（b）波形图

图 4.24　方波发生器电路图及波形图

根据电路，可得上下限电压为

$$U_{T+}=\dfrac{R_2}{R_1+R_2}U_Z$$

$$U_{T-}=-\dfrac{R_2}{R_1+R_2}U_Z$$

当电容 C 充电时，同相输入端电压为上限电压 U_{T+}，电容 C 上的电压 u_C 小于 U_{T+} 时，输出电压 u_O 等于 $+U_Z$；当 u_C 大于 U_{T+} 瞬间，输出电压 u_O 发生翻转，由 $+U_Z$ 跳变到 $-U_Z$，此时同相输入端电压变为下门限电压 U_{T-}，电容 C 开始放电，电压下降。当电容 C 上的电压下降到小于 U_{T-} 瞬间，输出电压 u_O 又发生翻转，由 $-U_Z$ 跳变到 $+U_Z$，电容 C 又开始新一轮的充放电。因此，在输出端产生了方波电压波形，而在电容 C 两端的电压则为三角波。u_O 和 u_C 的波形如图 4.24（b）所示。

RC 的乘积越大，充放电时间越长，方波的频率就越低。方波的周期为

$$T=2RC\ln\left(1+\dfrac{2R_2}{R_1}\right)$$

由于方波包含极丰富的谐波，因此方波发生器又称多谐振荡器。

二、集成运放的非线性应用电路

集成运放的工作状态有线性和非线性两种。当集成运放施加负反馈时，一般工作于线性状态。当集成运放开环或者施加正反馈时，一般工作在非线性状态，此时集成运放只满足"虚断"，不满足"虚短"，其输出只有高电平和低电平两种状态，非线性状态下的集成运放

可用于电压比较器的实现。

电压比较器是将输入电压接入集成运放的一个输入端而将另一个输入端接参考电压,将两个电压进行幅度比较,由输出状态反映所比较的结果。它是一种常见的模拟信号处理电路,并将比较的结果以"高电平"或"低电平"形式输出,所以,它能够鉴别输入电平的相对大小,常用于超限报警、模/数转换及非正弦波产生等电路。电压比较器一般有两种接法:将输入电压接在反相输入端,同相输入端接参考电压,称为反相电压比较器,反之,则为同相电压比较器。由于比较器的输出只有高、低电平两种状态,故集成运放必须工作在非线性区。从电路结构来看,集成运放应处于开环状态或加入正反馈。

电压比较器功能多,实现有多种方法。有专门的集成电压比较器芯片,用通用集成运放同样可以实现电压比较器功能。按照功能划分,电压比较器电路分为单限比较器和滞回比较器两类。

1. 单限比较器

单限比较器只有一个门限电平,当输入电压达到此门限值时,输出状态立即发生跳变。比较器输出电压由一种状态跳变为另一种状态时,所对应的临界输入电压通常称为阈值电压或门限电压,用U_{TH}表示。可见,单限比较器的阈值电压$U_{TH}=U_R$。单限比较器电路图及其传输特性如图4.25所示。

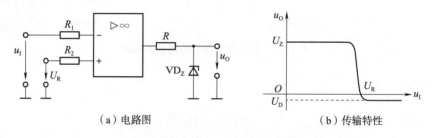

(a) 电路图　　　　　　　　　　(b) 传输特性

图 4.25　单限比较器电路图及其传输特性

当$U_{TH}=U_R=0$,即参考电压为0,这种单限比较器又称过零比较器,如图4.26(a)所示,同相输入端接地,输入信号经电阻R_1接至反相输入端,图中VD_Z是双向稳压管,由一对反相串联的稳压管组成。设双向稳压管对称,故其在两个方向上的稳压值U_Z相等,都等于一个稳压管的稳压值加上另一个稳压管的导通压降。若未接VD_Z,只要输入电压不为零,输出必为正、负饱和值,超过双向稳压管的稳压值U_Z。因而,接入VD_Z后,当集成运放输入不为零时,本应达正、负饱和值的输出必使VD_Z中一个稳压管反向击穿,另一个正向导通,从而为集成运放引入了深度负反馈,使反相输入端成为虚地,VD_Z两端电压即为输出电压U_O。这样,集成运放的输出电压就被VD_Z钳位于U_Z。

当$u_I>0$时,$u_->0$,集成运放输出电压达到负饱和值,因为双向稳压管使得输出电压被钳至$u_O=-U_Z$。

当$u_I<0$时,$u_-<0$,集成运放输出电压达到正饱和值,因为双向稳压管使得输出电压被钳至$u_O=+U_Z$。

可见,$u_I=0$处是输出电压的转折点。其传输特性如图4.26(b)所示。显然,若输入正弦波,则输出为正、负极性的矩形波,如图4.26(c)所示。

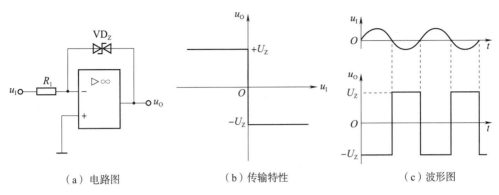

(a) 电路图   (b) 传输特性   (c) 波形图

图 4.26 过零比较器

2. 滞回比较器

单限比较器电路简单，灵敏度高，但其抗干扰能力差。如果输入电压受到干扰或噪声的影响，在门限电平上下波动，则输出电压将在高、低两个电平之间反复跳变，使后续电路出现误操作。为解决这一问题，常常采用滞回比较器。

图 4.27（a）所示为反相滞回比较器电路。它是从输出端引入一个正反馈电阻到同相输入端，使同相输入端的电位随输出电压变化而变化，使其形成上、下两个门限电压，达到获得正确、稳定的输出电压的目的。

传输过程中，当输入电压 u_1 从小逐渐增大，或者 u_1 从大逐渐减小时，两种情况下的门限电平是不相同的，由此电压传输特性呈现"滞回"曲线的形状，如图 4.27（b）所示。

u_1 从小于 U_{TH2} 逐渐增大到超过 U_{TH1} 门限电平时，电路翻转；u_1 从大于 U_{TH1} 逐渐减小到小于 U_{TH2} 门限电平时，电路再翻转；而 u_1 在 U_{TH1} 与 U_{TH2} 之间时，电路输出保持原状。

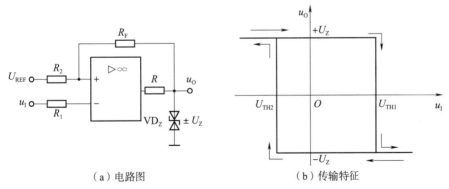

(a) 电路图   (b) 传输特征

图 4.27 反向滞回比较器

任务工单

1. 方波发生器

（1）在 Multisim 仿真软件中画好方波发生电路，如图 4.28 所示。

（2）观察 u_C 和 u_O 的波形及频率。

u_C 的频率 $f_C =$ _____ Hz；u_O 的频率 $f_O =$ _____ Hz。将 u_C 和 u_O 的波形画在图 4.29 中。

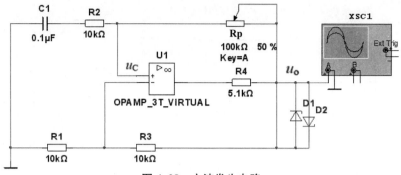

图 4.28 方波发生电路

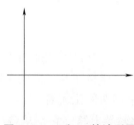

图 4.29 u_C 和 u_O 的波形图

(3) 调节 R_p，测量 $R_p=0$ kΩ，$R_p=100$ kΩ 时的频率及波形，并记录在表 4.6 中。

表 4.6 输出频率测量（$R=R_p+R_2$）

阻值	f（测量值）	f（计算值）	输出波形
$R=10$ kΩ			
$R=110$ kΩ			

(4) 为了获得更低的频率，调节 R_p、R_2、C、R_1、R_3。

改变电容 C_1，由 0.1 μF 到 10 μF，则 f 的变化范围是_____。

改变电阻 R_1，由 10 kΩ 到 20 kΩ，则 f 的变化范围是_____。

改变电阻 R_3，由 10 kΩ 到 5 kΩ，则 f 的变化范围是_____。

2. 三角波发生器

(1) 在 Multisim 仿真软件中画好三角波发生电路，如图 4.30 所示。

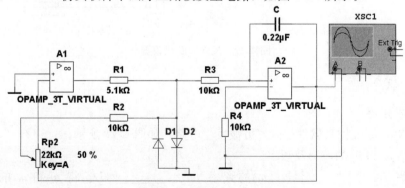

图 4.30 三角波发生电路

(2) 观察 u_{O1} 和 u_{O2} 的波形及频率,并将 u_{O1} 和 u_{O2} 的波形画在图 4.31 中。

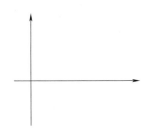

图 4.31 u_{O1} 和 u_{O2} 的波形图

(3) 改变输出波形的频率,方法如方波发生器。选择合适的参数进行实验并观测。

综合评价

综合评价表见表 4.7。

表 4.7 三角波、方波发生器的设计与制作综合评价表

班级: _____ 小组: _____ 姓名: _____		指导教师: _____ 日期: _____					
评价项目	评价标准	评价依据	评价方式			权重	得分小计
			学生自评 20%	小组互评 30%	教师评价 50%		
职业素养	(1) 遵守企业规章制度、劳动纪律。 (2) 按时按质完成工作任务。 (3) 积极主动承担工作任务,勤学好问。 (4) 人身安全与设备安全。 (5) 工作岗位 6S 完成情况	(1) 出勤。 (2) 工作态度。 (3) 劳动纪律。 (4) 团队协作精神				0.3	
专业能力	(1) 熟悉三角波、方波发生器的组成结构、特性指标。 (2) 掌握集成运放线性和非线性应用的条件。 (3) 掌握各类电压比较器电路的分析方法。 (4) 能灵活使用 Multisim 软件画仿真电路图	(1) 工作原理的理解。 (2) Multisim 仿真软件使用的熟练程度				0.5	
创新能力	(1) 具有排除集成运放非线性应用电路故障的能力。 (2) 会制作和测试三角波、方波发生器	(1) 集成运放两个工作区的理解。 (2) 抗挫折能力				0.2	
合计							

思考与练习

简述方波、三角波发生器的工作原理。

任务 4.4　正弦波信号发生器的设计与制作

> 正弦波作为信号源在自动控制、电子测量、通信等电子设备中得到了广泛的应用。如无线发射机中的载波、电子琴发出的不同音调、模拟电子电路中放大电路的动态参数的测定，以及语音放大器的输出功率、失真度、频率特性等参数的调试与测定都需要正弦波信号。

任务描述

完成正弦波信号发生器的设计与制作，在前面的音频放大器制作中，可利用正弦波信号发生器产生正弦波对电路进行调试。

任务分析

要设计与制作正弦波信号发生器，首先根据所给的电路图，能够读懂电路图中集成运算放大器的符号，理解其功能、特性及其应用，进而对信号产生与变换电路进行分析；其次理解 RC、LC 和石英晶体振荡器的起振条件及振荡频率，集成运放在信号波形变换中的应用，将理论分析与虚拟仿真相结合。在分析电路的基础上，调试电路的输出信号频率并测试电路的各项参数，同时与理论分析结果进行比较。

知识与技能

一、正弦波振荡电路概述

正弦波振荡电路能产生正弦波输出，它是在放大电路的基础上加上正反馈而形成的，它是各类波形发生器和信号源的核心电路。正弦波振荡电路又称正弦波发生电路或正弦波振荡器。

正弦波振荡电路是一种不需要输入信号作用，能够输出不同频率正弦信号的自激振荡电路。振荡电路与放大电路不同之处在于：放大电路需要外加输入信号，才会有输出信号；而振荡电路不需外加输入就有输出，因此这种电路又称自激振荡电路。图 4.32 为应用比较广泛的反馈式正弦波振荡电路框图。

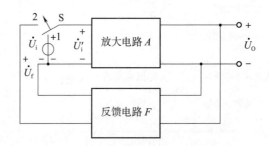

图 4.32　反馈式正弦波振荡电路框图

开关 S 处在位置 1，即在放大电路的输入端外加输入信号 $\dot{U}_\mathrm{i}$ 为一定频率和幅度的正弦波,此信号经放大电路放大后产生输出信号$\dot{U}_\circ$,而$\dot{U}_\circ$又作为反馈电路的输入信号,在反馈电路输出端产生反馈信号$\dot{U}_f$。如果$\dot{U}_f$和原来的输入信号$\dot{U}_i$大小相等且相位相同,假如这时去除外加信号并将开关 S 接至位置 2,由放大电路和反馈电路组成一闭环系统,在没有外加输入信号的情况下,输出端可维持一定频率和幅度的信号$\dot{U}_\circ$输出,从而实现了自激振荡。由图 4.32 所示框图可知,产生振荡的基本条件是反馈信号与输入信号大小相等、相位相同。

当反馈信号$\dot{U}_f$等于放大电路的输入信号$\dot{U}_i$时,振荡电路的输出电压不再发生变化,电路达到平衡状态,因此将$\dot{U}_i=\dot{U}_f$称为振荡的平衡条件。这里$\dot{U}_f$和$\dot{U}_i$都是复数,所以两者相等是指大小相等而且相位也相同,即

振幅平衡条件$|AF|=1$

相位平衡条件$\varphi_A+\varphi_F=2n\pi(n=0,1,2,3\cdots)$

式中,A 为放大电路的开环增益;F 为反馈电路的反馈系数;φ_A 为开环增益的相角;φ_F 为反馈系数的相角。

放大电路和反馈电路的总相移必须等于 2π 的整数倍,使反馈电压与输入电压相位相同,以保证正反馈。作为一个稳态振荡电路,振幅平衡条件和相位平衡条件必须同时得到满足。利用振幅平衡条件可以确定振荡电路的输出信号幅度,利用相位平衡条件可以确定振荡信号的频率。

如果电路本身具有选频、放大及正反馈能力,电路会自动从扰动信号中选出适当的振荡频率分量,经正反馈后放大,再正反馈,使$|AF|>1$,使微弱的振荡信号不断增大,自激振荡就逐步建立起来,这个过程称为起振。当振荡幅度增大到一定程度时,A 或 F 便会降低,使$|AF|>1$自动转变成$|AF|=1$,振荡电路就会稳定在某一振荡幅度,这个过程称为稳幅。

根据振荡电路对起振、稳幅和振荡频率的要求,一般振荡电路由以下部分组成:

(1) 放大电路。具有放大信号的作用,并将直流电源转换成振荡的能量。

(2) 反馈电路。它形成正反馈,能满足相位平衡条件。

(3) 选频网络。选择某一频率 f_0,使之满足振荡条件,形成单一频率的振荡。

(4) 稳幅电路。用于稳定振幅,改善波形,减小失真。

通常根据选频网络组成的元件,可将正弦波振荡电路分为 RC、LC 和石英晶体振荡电路。选频网络若由 RC 元件组成,则称为 RC 振荡电路;选频网络若由 LC 元件组成,则称为 LC 振荡电路;选频网络若由石英晶体构成,则称为石英晶体振荡电路。

二、RC 振荡电路

RC 选频网络构成的振荡电路称为 RC 振荡电路,它适用于低频振荡,一般用于产生 1 Hz~1 MHz 的低频信号。因为对于 RC 振荡电路来说,增大电阻即可降低振荡频率。常用的 RC 振荡电路有 RC 桥式振荡电路和 RC 移相式振荡电路。

RC 串并联网络如图 4.33 所示,它具有选频作用,其低频、高频等效电路如图 4.33 (b)、(c) 所示。输入信号频率低,选频网络可以看作 RC 高通电路,频率越低,输出电压越小。

输入信号频率高，选频网络可以看作 RC 低通电路，频率越高，输出电压越小。

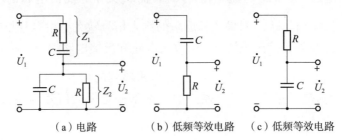

（a）电路　　　　（b）低频等效电路　　（c）低频等效电路

图 4.33　RC 串并联网络

幅频特性和相频特性曲线如图 4.34 所示，当 $\omega=\omega_0=1/RC$ 时，F 达到最大值并等于 $1/3$，相位 φ_F 为 0，输出电压与输入电压相同，所以 RC 串并联网络具有选频作用。

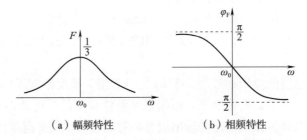

（a）幅频特性　　　　　　（b）相频特性

图 4.34　RC 串并联选频网络幅频特性和相频特性曲线

将 RC 串并联选频网络和放大器结合起来即可构成 RC 振荡电路。放大器件可采用集成运放。图 4.35 所示为由集成运算放大器构成的 RC 桥式振荡电路。图中，RC 串并联选频网络接在运算放大器的输出端和同相输入端之间，构成正反馈；R_2 接在运算放大器的输出端和反相输入端之间，构成负反馈。R_2 也可采用热敏电阻，起到稳幅的作用。正反馈电路与负反馈电路构成文氏电桥电路。运算放大器的输入端和输出端分别接在电桥的对角线上，所以，把这种振荡电路称为 RC 桥式振荡电路。

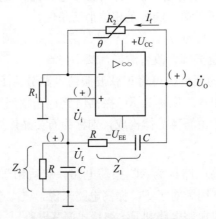

图 4.35　RC 桥式振荡电路

用瞬时极性法判断可知，当 $\omega=\omega_0=1/RC$ 时，电路满足相位条件，即

$$\varphi_A + \varphi_F = 2n\pi (n=0,1,2,3\cdots)$$

此时$|F|=1/3$，考虑到$|A_u F|>1$，要求图 4.35 所示的电压串联负反馈放大电路的电压放大倍数$A_u=1+R_2/R_1$应略大于 3，即若R_2略大于$2R_1$，就能顺利起振；若$R_2<2R_1$，即$A_u<3$，电路不能振荡；若$A_u \gg 3$，输出$\dot{U}_o$的波形失真，变成近于方波。

RC 桥式振荡电路的振荡频率为

$$f_0 = \frac{1}{2\pi RC}$$

【例 4.4】 图 4.36 所示为 RC 桥式振荡器的实用电路。(1) 求电路的振荡频率；(2) 说明二极管的作用；(3) 电路在不失真的前提下起振时，R_2应如何调节？

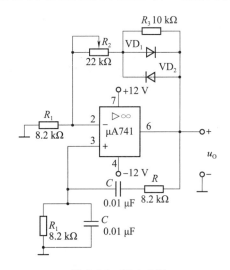

图 4.36　例 4.4 图

解　(1) $f_0 = \dfrac{1}{2\pi RC} = 1.94 \text{ kHz}$

(2) 在负反馈电路中，二极管VD_1、VD_2与电阻R_3并联，所以不论输出信号是正半周还是负半周，总有一个二极管导通，放大倍数为

$$A_u = 1 + \frac{R_2 + (R_3 // R_{VD})}{R_1}$$

式中，R_{VD}是二极管VD_1、VD_2的正向交流电阻。

起振时，输出电压较小，二极管的正向交流电阻较大，负反馈较弱，使A_u略大于 3，有利于起振。起振后，输出电压增大，二极管的正向交流电阻逐渐减小，负反馈增强，A_u下降为 3，保持稳幅振荡，达到自动稳定输出的目的。

(3) 因为起振时，二极管的正向交流电阻较大，则有$(R_3 // R_{VD}) \approx R_3$。为了保证起振时$A_u>3$，则$R_2>2R_1-R_3$；起振后，正向交流电阻很小，为了使输出波形不产生严重失真，则$R_2<2R_1$。

三、LC 振荡电路

LC 正弦波振荡电路的构成与 RC 正弦波振荡电路相似，包括放大电路、正反馈网络、选频网络和稳幅电路。这里的选频网络由 LC 并联谐振电路构成，正反馈网络因不同类型的 LC 正弦波振荡电路而有所不同。

LC 振荡电路产生频率高于 1 MHz 的高频正弦信号。根据反馈形式的不同，LC 正弦波振荡电路可分为互感耦合式（变压器反馈式）、电感三点式、电容三点式等几种电路形式。

1. 变压器反馈式 LC 振荡电路

图 4.37 所示电路是采用高频变压器构成的变压器反馈式 LC 振荡电路。采用分压式负反馈偏置的共射放大电路，起放大和控制振荡幅度作用。L_1C 并联谐振网络接在集电极，构成选频网络，能选择振荡频率。该电压振荡频率为

$$f_0 \approx \frac{1}{2\pi\sqrt{L_1 C}}$$

变压器二次侧绕组 L_2 作为反馈绕组。必须注意反馈绕组 L_2 的极性，使之符合正反馈的要求，满足相位平衡条件。其过程可表示为：假设反馈端 K 点断开，并引入输入信号 u_i 为（＋）。变压器反馈式 LC 振荡电路的优点是容易起振，若用可调电容代替固定电容 C，则调频比较方便，缺点是输出波形不理想。变压器反馈式 LC 振荡电路通常用来产生几兆赫至十几兆赫的正弦信号。

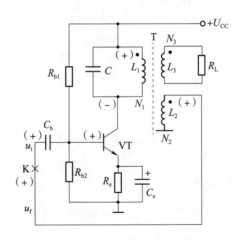

图 4.37 变压器反馈式 LC 振荡电路

2. 电感三点式 LC 振荡电路

图 4.38 所示电路为一电感三点式 LC 振荡电路，又称哈特莱振荡电路。把并联 LC 回路中的 L 分成两个，则 LC 回路就有三个端点。把这三个端点分别与晶体管的三个极相连，就形成了电感三点式 LC 振荡电路。反馈电压取自电感 L_2 两端，加到晶体管 b、e 间。设基极瞬时极性为正，由于放大器的倒相作用，集电极电位为负，与基极相位相反，则电感的③端为负，②端为公共端，①端为正，各瞬时极性如图 4.38 所示。反馈电压由①端引至晶体管的基极，故为正反馈。

电路的振荡频率为

$$f_0 = \frac{1}{2\pi\sqrt{LC}} = \frac{1}{2\pi\sqrt{(L_1+L_2+2M)C}}$$

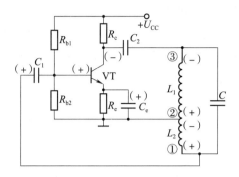

图 4.38　电感三点式 LC 振荡电路

电感三点式 LC 振荡电路简单，容易起振，调频方便。由于反馈信号取自电感 L_2，电感对高次谐波感抗大，所以高次谐波的正反馈比基波强，使输出波形含有较多的高次谐波成分，波形较差。常用于对波形要求不高的设备中，其振荡频率通常在几十兆赫以下。

3. 电容三点式 LC 振荡电路

图 4.39 所示电路为一电容三点式 LC 振荡电路，又称考毕兹振荡电路。把并联 LC 回路中的 C 分成两个，则 LC 回路就有三个端点。把这三个端点分别与晶体管的三个极相连，就形成了电容三点式 LC 振荡电路。反馈电压取自电容 C_2 两端，加到晶体管 b、e 间。设基极瞬时极性为正，由于放大器的倒相作用，集电极电位为负，与基极相位相反，则电容的③端为负，②端为公共端，①端为正，各瞬时极性如图 4.39 所示。反馈电压由①端引至晶体管的基极，故为正反馈。

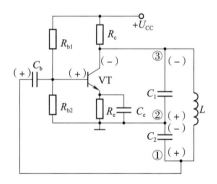

图 4.39　电容三点式 LC 振荡电路

选择适当的 C_1、C_2 的数值，并使晶体管有足够的放大倍数，电路便可起振。

电路的振荡频率为

$$f_0 = \frac{1}{2\pi\sqrt{LC}} = \frac{1}{2\pi\sqrt{L\dfrac{C_1 C_2}{C_1+C_2}}}$$

由于反馈电压取自电容两端，电容对高次谐波容抗小，对高次谐波的正反馈比基波弱，使输出波形中的高次谐波成分小，波形较好。振荡频率较高，可达 100 MHz 以上，但调节频率不方便。

4. LC 振荡电路正常工作时的必备条件

（1）正弦波振荡器的几个基本组成部分，如放大电路、反馈电路、选频环节必须具备。

（2）放大器的偏置电路正确，静态工作点能确保放大器正常工作。

（3）振荡器能满足相位平衡条件和振幅平衡条件。相位平衡条件一般用瞬时极性法判别，满足正反馈条件；振幅平衡条件是通过改变电路元件参数获得的。

四、石英晶体振荡电路

石英晶体振荡电路选用石英晶体谐振器作为选频网络，具有极高的频率稳定性。一般石英晶体振荡电路的频率稳定性可达 $10^{-11} \sim 10^{-9}$。在很多场合，如通信电台、电话交换机、无线电测试仪、全球定位系统中应用。

石英是各向异性的结晶体，其主要的化学成分是 SiO_2。石英晶体谐振器（简称"晶振"）是从一块石英晶体上按确定的方位角切下的薄片，然后将晶片的两个对应表面上涂敷银层，并装上一对金属板；接出引线，封装于金属壳内构成。其图形符号如图 4.40（a）所示。晶振可用一个 LC 串并联电路来等效。其中，C_0 是晶片两表面涂敷银层形成的电容，L 和 C 分别模拟晶片的质量（代表惯性）和弹性，晶片振动时因摩擦而造成的损耗用电阻 R 来代表。

电抗与频率之间的关系曲线称为晶振的电抗-频率特性曲线。它有两个谐振频率，一个是串联谐振频率 f，在这个频率上，晶振电抗等于零；另一个是并联谐振频率 f_P，在这个频率上，晶振电抗趋于无穷大。

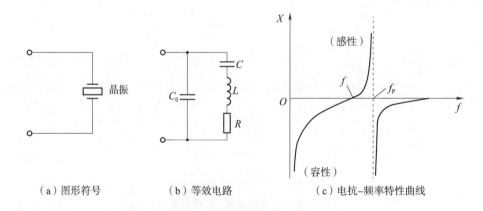

（a）图形符号　　（b）等效电路　　（c）电抗-频率特性曲线

图 4.40　晶振的图形符号、等效电路及特性曲线

由石英晶体构成的正弦波振荡电路基本有两类：并联型石英晶体振荡器和串联型石英晶体振荡器。并联型石英晶体振荡器，如图 4.41（a）所示，这一类的石英晶体作为一个高 Q 值的电感元件，当信号频率接近或等于石英晶体并联谐振频率 f_P 时，石英晶体呈现极大的电抗，和回路中的其他元件形成并联谐振。串联型石英晶体振荡器，如图 4.41（b）所示，这一类的石英晶体作为一个正反馈通路元件，当信号频率等于石英晶体串联谐振频率 f 时，石英晶体电抗等于零，振荡频率稳定在串联谐振频率 f 上。

项目 4　信号发生器的设计与制作

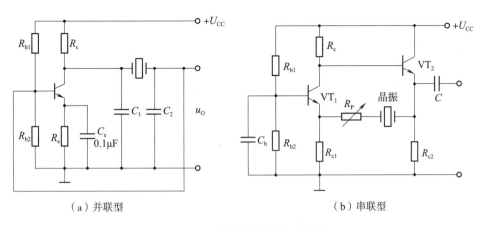

（a）并联型　　　　　　　　　　　　（b）串联型

图 4.41　石英晶体振荡器电路图

五、集成振荡器

函数信号发生器除了可以由晶体管、集成运放等通用器件制作，还可以用专门的函数信号发生器集成电路。目前广泛应用的函数信号发生器芯片是 ICL8038（国产 5G8038），它的主要技术指标是最高振荡频率仅为 100 kHz，而且三种输出波形从不同的引脚输出，使用很不方便。MAX038 是 ICL8038 的升级产品，它的最高振荡频率可达 40 MHz，而且由于在芯片内采用了多路选择器，使得三种输出波形可通过编程从同一个引脚输出，输出波形的切换时间可在 0.3 μs 内完成，使用更加方便。

MAX038 是 MAXIM 公司生产的一个只需要很少外部元件的精密高频波形产生器，在适当调整其外部控制条件时，它可以产生准确的高频方波、正弦波、三角波、锯齿波等信号，这些信号的峰-峰值精确地固定在 2 V，频率从 0.1 Hz 到 20 MHz 连续可调，方波的占空比从 10% 到 90% 连续可调。通过 MAX038 的 A0、A1 引脚上电平的不同组合，可以选择不同的输出波形类型，内部结构如图 4.42 所示。

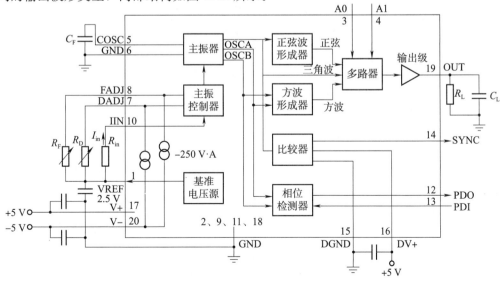

图 4.42　MAX038 内部结构图

MAX038 的性能特点：

（1）能精密地产生三角波、锯齿波、矩形波（含方波）、正弦波信号。

（2）频率范围为 0.1 Hz～20 MHz，最高可达 40 MHz，各种波形的输出幅度均为 2 V。

（3）占空比调节范围宽。占空比和频率均可单独调节，二者互不影响。占空比最大调节范围为 10%～90%。

（4）波形失真小。正弦波失真度小于 0.75%，占空比调节时非线性度低于 2%。

（5）采用±5 V 双电源供电，允许有 5% 变化范围，电源电流为 80 mA，典型功耗为 400 mW，工作温度范围为 0～70 ℃。

（6）内设 2.5 V 电压基准，可利用该电压设定 FADJ、DADJ 的电压值，实现频率微调和占空比调节。

MAX038 采用 DIP-20 封装形式，其引脚图如图 4.43 所示，各引脚的功能见表 4.8。

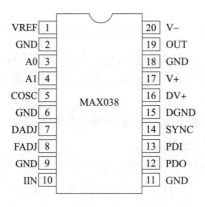

图 4.43　MAX038 引脚图

表 4.8　MAX038 各引脚的功能

引脚号	名称	功能	引脚号	名称	功能
1	VREF	2.5 V 基准电压输出	9	GND	地
2	GND	地	10	IIN	电流输入端，用于频率调节和控制
3	A0	波形选择编码输入端（兼容 TTL/CMOS 电平）	11	GND	地
4	A1	同 A0	12	PDO	相位检测器输出端，若相位检测器不用，该端接地
5	COSC	主振器外接电容接入端	13	PDI	相位检测器基准时钟输入，若相位检测器不用，该端接地
6	GND	地	14	SYNC	TTL/CMOS 电平输出，用于同步外部电路，不用时开路
7	DADJ	占空比调节输入端	15	DGND	数字地，不用时开路
8	FADJ	频率调节输入端	16	DV+	数字+5 V 电源。若 SYNC 不用，该端开路

续表

引脚号	名称	功能	引脚号	名称	功能
17	V+	+5 V 电源输入端	19	OUT	正弦、方波或三角波输出端
18	GND	地	20	V—	—5 V 电源输入端

通过 MAX038 的 A0、A1 引脚上电平的不同组合，可以选择不同的输出波形类型，见表 4.9，其中×代表任意状态。

表 4.9　A0、A1 的编码

A0	A1	输出波形
×	1	正弦波
0	0	方波
1	0	三角波

任务工单

（1）按图 4.44 画好 RC 正弦波振荡电路的仿真电路。

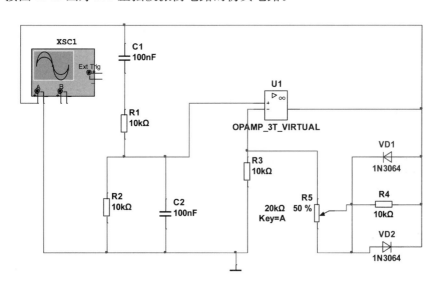

图 4.44　RC 正弦波振荡电路的仿真电路

（2）调整电位器 R_p，将虚拟示波器 XSC1 的波形情况填入表 4.10 中。

表 4.10　RC 虚拟示波器 XSC1 的波形情况

电位器百分比	45%	50%～55%	75%	95%～98%
波形图				

(3) 按图 4.45 画好 LC 正弦波振荡电路的仿真电路。

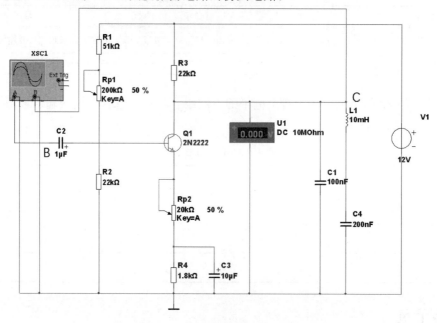

图 4.45　LC 正弦波振荡电路的仿真电路

(4) 令 $R_{p2}=0$，调节 R_{p1} 使 U_1 的集电极电压为 6 V。连接 B、C 两点，用示波器观察输出波形，调 R_{p2} 使波形不失真，测量振荡频率并填入表 4.11 中。

表 4.11　电容对振荡频率的影响

$C_1/\mu F$	f/Hz	U_o/V
0.01		
0.047		

综合评价

综合评价表见表 4.12。

表 4.12　正弦波信号发生器的设计与制作综合评价表

班级：＿＿＿＿　　　指导教师：＿＿＿＿
小组：＿＿＿＿　　　日　　期：＿＿＿＿
姓名：＿＿＿＿

评价项目	评价标准	评价依据	评价方式			权重	得分小计
			学生自评 20%	小组互评 30%	教师评价 50%		
职业素养	(1) 遵守企业规章制度、劳动纪律。 (2) 按时按质完成工作任务。 (3) 积极主动承担工作任务，勤学好问。 (4) 人身安全与设备安全。 (5) 工作岗位 6S 完成情况	(1) 出勤。 (2) 工作态度。 (3) 劳动纪律。 (4) 团队协作精神				0.3	

专业能力	(1) 熟悉正弦波信号发生器的组成结构、特性指标。 (2) 掌握 RC 正弦波振荡电路的组成及其振荡条件。 (3) 掌握 LC 正弦波振荡电路的组成及其振荡条件。 (4) 能灵活使用 Multisim 软件画仿真电路图	(1) 整理实验数据、填写测试表格、画出波形图。 (2) Multisim 仿真软件使用的熟练程度		0.5
创新能力	讨论实训中发现的问题及解决方法	(1) 能总结 RC、LC 振荡器的特点、起振条件及输出波形的影响。 (2) 抗挫折能力		0.2
合计				

思考与练习

(1) 在逐渐增大电位器的百分比时，大约在 50% 以上时可以看到电路起振，且振荡波形幅度逐渐增大，试分析原因。

(2) 继续增大电位器的百分比时，振荡波形幅度稳定值会不断增大；而当电位器的百分比达到 95% 以上时，振荡波形出现失真，试分析原因。

(3) 根据相关数据计算该 RC 振荡电路输出正弦波的周期。

综合实训

一、实训内容

设计与制作函数信号发生器，用 MAX038 集成函数发生器产生方波、三角波和正弦波。要求输出信号的频率可调，方波的占空比，锯齿波的上升与下降时间比值，正弦波的失真度可调。

二、仪器仪表及元器件准备

实训所需器件清单见表 4.13。

表 4.13 实训所需器件清单

编号	名称	参数	编号	名称	参数
R_1	电阻器	4.7 kΩ	C_1	电解电容器	10 μF
R_2	电阻器	4.7 kΩ	C_2	电解电容器	1 μF
R_3	电阻器	4.7 kΩ	C_3	电解电容器	0.1 μF
R_4	电阻器	75 kΩ	C_4	独石电容器	0.01 μF
R_5	电阻器	50 kΩ	C_5	独石电容器	1 000 pF
R_{p1}	电位器	50 kΩ	C_6	独石电容器	75 pF
R_{p2}	电位器	5 kΩ	C_7	电解电容器	4.7 μF
MAX038	集成振荡器		C_8	电解电容器	4.7 μF
C_{TC}	可变电容器	50 pF			

实训所需工具：电工电子实训台、数字式万用表、恒温电烙铁、双踪示波器、信号发生器。

三、实训流程

（1）实训原理图设计如图 4.46 所示。

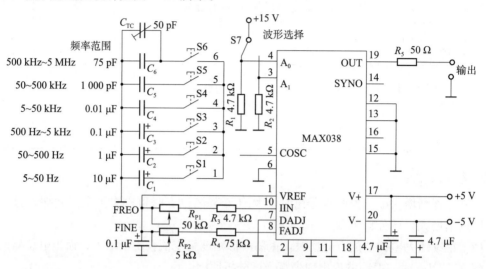

图 4.46　信号发生器的设计原理图

（2）电路的调试与检测。图 4.46 示为由 MAX038 构成的 5 Hz～5 MHz 信号发生器。电路的特点是外围元器件少，功能多，可调元件少，工作稳定可靠。此电路可以根据需要从方波、正弦波和三角波中任选，根据需要从 6 个频率中任选。元件选择好后，按图组装并焊接电路，检察无误后接通电源，波形选择开关 S7 合向 3，用示波器观察输出波形，看是否为正弦波，逐一按下按钮 S1～S6，观察输出波形频率变化。由于电路外围元件少，一般安装无误都能正常工作。

四、能力评价

能力评价表见表 4.14。

表 4.14　信号发生器的设计与制作能力评价表

班级：_____ 小组：_____ 姓名：_____			指导教师：_____ 日　期：_____				
评价项目	评价标准	评价依据	评价方式			权重	得分小计
			学生自评 20%	小组互评 30%	教师评价 50%		
职业素养	（1）遵守企业规章制度、劳动纪律。 （2）按时按质完成工作任务。 （3）积极主动承担工作任务，勤学好问。 （4）人身安全与设备安全。 （5）工作岗位 6S 完成情况	（1）出勤。 （2）工作态度。 （3）劳动纪律。 （4）团队协作精神				0.3	

专业能力	(1) 是否熟悉集成运放的引脚排列及性能特点。 (2) 检查元件的安装和焊接是否正确可靠，连接是否准确，排列是否整齐，焊点是否光滑。 (3) 能否正确选用电子仪器对制作的振荡电路进行波形观察	(1) 选择合适的元器件进行焊接和组装。 (2) 是否能产生波形		0.5
创新能力	(1) 能否判断测量结果的准确性，进而评价所制作电路板质量的好坏。 (2) 电路板如果出现故障能否通过自己努力排除	自学能力和问题解决能力		0.2
合计				

习 题 4

1. 为了满足振荡的相位平衡条件，反馈信号与输入信号的相位差应等于（　　）。
    A. 90°　　　　　B. 180°　　　　　C. 270°　　　　　D. 360°
2. 产生低频正弦波一般可用（　　）振荡器；产生高频正弦波一般可用（　　）振荡器；产生频率稳定度很高的正弦波可选用（　　）振荡器。
    A. RC　　　　　B. LC　　　　　C. 石英晶体
3. 实验室要求正弦波发生器的频率为 10 Hz～10 kHz，应选（　　），电子设备中要求 $f=$（　　）4.000 MHz，$f/f_0=10^{-8}$，应选（　　），某仪器要求正弦波振荡器的频率在 10 MHz～20 MHz 可选（　　）。
    A. RC 振荡器　　　B. LC 振荡器　　　C. 晶体振荡器
4. 已知某振荡电路中的正反馈网络，其反馈系数为 0.02，为保证电路起振且可获得良好的输出信号波形，最合适的放大倍数是下列的（　　）。
    A. 0　　　　　B. 5　　　　　C. 20　　　　　D. 50
5. 石英晶体振荡器的优点为（　　）。
    A. 频率高　　　B. 频率的稳定度高　　　C. 振幅稳定
6. ＿＿＿＿＿＿运算电路可实现 $A_u>1$ 的放大。
7. ＿＿＿＿＿＿运算电路可实现 $A_u<0$ 的放大。
8. ＿＿＿＿＿＿运算电路可将方波电压转换成三角波电压。
9. ＿＿＿＿＿＿运算电路可将方波电压转换成尖脉冲波电压。
10. 根据输入方式不同，过零电压比较器又可分为＿＿＿＿＿＿和＿＿＿＿＿＿两种。
11. 单限电压比较器与滞回电压比较器相比，＿＿＿＿＿＿的抗干扰能力强，＿＿＿＿＿＿的灵敏度高。
12. 反相比例运算电路中，若反馈电阻 R_f 与电阻 R_1 相等，则 u_o 与 u_i 大小＿＿＿＿＿＿，相位＿＿＿＿＿＿，电路称为＿＿＿＿＿＿。

13. 同相比例运算电路中,若反馈电阻 R_f 等于零,则 u_o 与 u_i 大小_____,相位_____,电路称为_____。

14. 集成运放 LM358 符号如图 4.47 所示,该集成运放同相输入端为_____引脚,反相输入端为_____引脚,输出端为_____引脚,正电源为_____引脚。

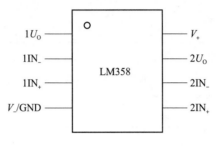

图 4.47　题 9 图

15. 过零比较器中,若希望输入电压大于零时输出负极性电压,则应将输入电压接在集成运放的_____输入端。

项目 5　组合逻辑电路的设计与制作

逻辑电路是一种离散信号的传递和处理，以二进制为原理，实现数字信号逻辑运算和操作的电路。可分为组合逻辑电路和时序逻辑电路。前者由最基本的"与门"电路、"或门"电路和"非门"电路组成，其输出值仅依赖于其输入变量的当前值，与输入变量的过去值无关，即不具记忆和存储功能；后者也由上述基本逻辑门电路组成，但存在反馈回路，即它的输出值不仅依赖于输入变量的当前值，也依赖于输入变量的过去值。由于只分高、低电平，抗干扰力强，精度和保密性佳。广泛应用于计算机、数字控制、通信、自动化和仪表等方面。

组合逻辑电路是任何时刻输出信号的逻辑状态仅取决于该时刻输入信号的逻辑状态，而与输入信号和输出信号过去状态无关的逻辑电路。由于组合逻辑电路的输出逻辑状态与电路的历史情况无关，所以它的电路中不包含记忆性电路或器件。门电路是组合逻辑电路的基本单元。当前组合逻辑电路都已制成标准化、系列化的中、大规模集成电路可供选用。

知识目标

(1) 理解数字信号与模拟信号的特点；
(2) 熟悉数字电路的特点与分类；
(3) 理解二进制、十进制、十六进制及其相互转换；
(4) 理解用编码表示二进制数的方法；
(5) 熟悉逻辑代数中的基本定律、基本公式，理解逻辑代数中的基本规则；
(6) 掌握基本逻辑关系及集成门电路；
(7) 掌握逻辑函数的表示方法及其相互之间的转换；
(8) 熟悉逻辑函数公式法化简；
(9) 熟悉逻辑函数卡诺图法化简；
(10) 掌握组合逻辑电路的分析方法；
(11) 掌握组合逻辑电路的设计方法。

能力目标

(1) 能识别数字信号与模拟信号；
(2) 会查阅数字集成电路资料，能根据逻辑功能选用或代换集成门电路；
(3) 掌握 TTL 和 CMOS 集成电路引脚识读方法，掌握其使用常识；
(4) 熟悉集成门电路的逻辑功能和主要参数的测试方法；
(5) 能用实验的方法分析组合逻辑电路；
(6) 能根据需要设计出简单的组合逻辑电路。

任务 5.1　数字信号及逻辑门电路的认知

> 信息化时代已经不告而至，我们时时刻刻被各种各样的信号包围。信号的本质是表示消息（信息）的物理量，以信号为载体的数据可表示现实物理世界中的任何信息，如文字符号、语音图像等。从其特定的表现形式来看，信号可以分为：模拟信号和数字信号。
>
> 逻辑关系则是研究前提条件与结果之间的关系。逻辑电路就是当它的输入信号满足某种条件时，才有输出信号的电路。门电路是输入、输出之间按一定的逻辑关系控制信号通过或不通过的电路。

任务描述

正确区分模拟信号及数字信号，能够进行二进制、十进制、八进制、十六进制之间的互相转换，完成逻辑门电路的逻辑功能测试。

任务分析

要完成二进制、十进制、八进制、十六进制之间的互相转换，必须要学会数制和码制；要完成逻辑门电路的逻辑功能测试，必须要学会逻辑代数和逻辑门电路的基础知识。所以，本任务分解为数制和码制、逻辑代数基础、逻辑门电路基础等几部分。

知识与技能

一、数字电子技术概述

用数字信号完成对数字量进行算术运算和逻辑运算的电路称为数字电路或数字系统。由于它具有逻辑运算和逻辑处理功能，所以又称数字逻辑电路。人类已经进入数字时代，数字系统在我们日常生活中愈发重要，并广泛应用于通信、商贸、交通控制、航空航天、医疗、天气监测、互联网等重要领域。人们从而拥有了数字电话、数字电视、数字通用光盘、数字相机等数字化设备。

数字系统的一个特性是其通用性，它可以执行一系列的指令，对给定程序进行操作和处理；它的另一特性是具备描述和处理离散信息的能力。我们知道，任何一个取值数目有限的元素集都包含着离散信息，如十进制的各个数、字母表的 26 个字母等。数字系统中的离散信息可由"信号"进行表示，最常见的信号就是电压和电流，它们一般由晶体管构成的电路产生。目前，在各种数字系统中的电信号只有两种离散值，因而也被称为二进制。

从广义上讲，逻辑电平描述信号可以具有的任何特定的离散状态。在数字电子学中，通常将研究限于两个逻辑状态：二进制 1 和二进制 0。

逻辑电平是特定电压或存在信号的状态，通常为"0/1"或"开/关"或"ON/OFF"或"LOW/HIGH"等。

数字电子产品依靠二进制逻辑来存储、处理和传输数据或信息。通常将数字电路中的两个状态称为"开"或"关"。

逻辑电平 0 和 1 不表示具体的数量，而是一种逻辑值。反映在电路上就是高电平和低电平。逻辑值 0 和 1 用以表示元器件的两个稳定状态，比如二极管的导通和截止、晶体管的饱和与截止、开关的闭合与断开、灯泡的亮与灭等。

若数字逻辑电路中的高电平用逻辑 1 表示、低电平用逻辑 0 表示，则称为正逻辑；反之，高电平用逻辑 0 表示、低电平用逻辑 1 表示，则称为负逻辑。本书若无特殊说明，一律采用正逻辑。

在数字电路中，各种半导体器件均工作在开关状态。与模拟电路相比，数字电路具有以下特点：

（1）便于高度集成化。由于数字电路中基本单元电路的结构比较简单，而且又允许组件有较大的分散性，这就使得人们不仅可以把众多的基本单元做在同一块硅片上，同时又能达到大批量生产所需要的良率。

（2）经济性。数字电路能够在一个很小的空间里提供大量的功能。重复使用的电路可以被集成到单个芯片里，以很低的成本进行大批量的生产。

（3）可编程性。现今大多数数字设计也都是采用硬件描述语言进行编程来完成的。这些语言可以将数字电路的结构和功能进行规格化或模型化。一种标准的 HDL 除了带有编译器外，还带有模拟与综合程序。在构建任何真实硬件电路之前，要使用这些软件工具来测试硬件模型的运行情况，然后再将模型用特别的组件技术组合成电路。

（4）易于设计。数字设计是逻辑的，不需要特别的数学技能。对于小型逻辑电路的工作状态，一般人的智力就可以理解。不像电容器、晶体管或其他模拟器件那样，要求对器件参数进行计算才能理解和认识它的内部特性和工作过程。

二、数制和码制

1. 数制

数制又称"计数制"，是用一组固定的符号和统一的规则来表示数值的方法。任何一种数制都包含两个基本要素：基数和位权。

虽然计算机能极快地进行运算，但其内部所用的并不是人类在实际生活中使用的十进制，而是使用只包含 0 和 1 两个数值的二进制。当然，人们输入计算机的十进制被转换成二进制进行计算，计算后的结果又由二进制转换成十进制，这都由操作系统自动完成，并不需要人们手工去做。学习汇编语言，就必须了解二进制（还有八进制、十六进制）。

1）几种常用的数制

十进制 D（decimal）是人们在日常生活中最熟悉的进位计数制。在十进制中，用 0，1，2，3，4，5，6，7，8，9 这十个符号来描述。计数规则是"逢十进一，借一当十"。

二进制 B（binary）是在计算机系统中采用的进位计数制。在二进制中，用 0 和 1 两个符号来描述。计数规则是"逢二进一，借一当二"。

十六进制 H（hexadecimal）是人们在计算机指令代码和数据的书写中经常使用的数制。在十六进制中，数用 0，1，…，9 和 A，B，…，F（或 a，b，…，f）十六个符号来描述。计数规则是"逢十六进一，借一当十六"。

基数、位权和进制是数制的三个要素。基数是数制所使用数码的个数。例如，二进制的基数为 2，十进制的基数为 10。位权是数制中某一位上的 1 所表示数值的大小（所处位置的价值）。例如，十进制的 123，1 的位权是 100，2 的位权是 10，3 的位权是 1。二进制中的

1011（一般从左向右开始），第一个 1 的位权是 8，0 的位权是 4，第二个 1 的位权是 2，第三个 1 的位权是 1。进制是进位规则。十进制、二进制、八进制和十六进制的比较见表 5.1。

表 5.1　十进制、二进制、八进制和十六进制的比较

计数体制	十进制	二进制	八进制	十六进制
数码	0, 1, 2, 3, 4, 5, 6, 7, 8, 9	0, 1	0, 1, 2, 3, 4, 5, 6, 7	0, 1, 2, 3, 4, 5, 6, 7, 8, 9, A, B, C, D, E, F
计数规律	逢十进一	逢二进一	逢八进一	逢十六进一
基数	10	2	8	16
i 位权	10^{i-1}	2^{i-1}	8^{i-1}	16^{i-1}
按权展开式	$\sum_{i=0}^{n-1} K_i 10^i$	$\sum_{i=0}^{n-1} K_i 2^i$	$\sum_{i=0}^{n-1} K_i 8^i$	$\sum_{i=0}^{n-1} K_i 16^i$

2）不同数制间的转换

进制转换是人们利用符号来计数的方法。进制转换由一组数码符号和两个基本因素"基数"与"位权"构成。基数是指进位计数制中所采用的数码（数制中用来表示"量"的符号）的个数。位权是指进位计数制中每一固定位置对应的单位值。

（1）非十进制转换为十进制。

方法：按权相加。

【例 5.1】 $(110101)_2 = (1 \times 2^5 + 1 \times 2^4 + 0 \times 2^3 + 1 \times 2^2 + 0 \times 2^1 + 1 \times 2^0)_{10} = 53$。

【例 5.2】 $(3A6)_{16} = (3 \times 16^2 + A \times 16^1 + 6 \times 16^0)_{10} = 934$。

（2）十进制转换为非十进制。

方法：对于整数部分，除基取余，逆序排列，即采用连续除基取余（短除法），逆序排列法，直至商为 0；对于小数部分，乘基取整，顺序排列，即采用连续乘基取整，顺序排列法。

【例 5.3】将十进制数 93 转换为二进制数。

解　93÷2=46 余 1
46÷2=23 余 0
23÷2=11 余 1
11÷2=5 余 1
5÷2=2 余 1
2÷2=1 余 0
1÷2=0 余 1

所以，$(93)_2 = (1011101)_2$。

【例 5.4】将 0.125 换算为二进制数。

解　第一步，将 0.125 乘以 2，得 0.25，则整数部分为 0，小数部分为 0.25；
第二步，将小数部分 0.25 乘以 2，得 0.5，则整数部分为 0，小数部分为 0.5；
第三步，将小数部分 0.5 乘以 2，得 1.0，则整数部分为 1，小数部分为 0.0；
第四步，读数，从第一位读起，读到最后一位，即为 0.001。

所以，$(0.125)_2 = (0.001)_2$。

(3) 二进制与八进制、十六进制之间的转换。

每个八进制数对应三位二进制数。八进制数转换成二进制数，只需用三位二进制数去代替每个相应的八进制数码即可；二进制数转换成八进制数，则先将二进制数从低位到高位分成若干组三位二进制数，然后用对应的八进制数码代替每组二进制数。

【例 5.5】$(327)_8 = (011, 010, 111)_2 = (011010111)_2$。

【例 5.6】$(101010001)_2 = (101, 010, 001)_2 = (521)_8$。

每个十六进制数对应四位二进制数。十六进制数转换成二进制数，只需用四位二进制数去代替每个相应的十六进制数码即可；二进制数转换成十六进制数，则先将二进制数从低位到高位分成若干组四位二进制数，然后用对应的十六进制数码代替每组二进制数。

【例 5.7】$(3AD)_{16} = (0011, 1010, 1101)_2 = (001110101101)_2$。

【例 5.8】$(1001001111100111)_2 = (1001, 0011, 1110, 0111)_2 = (93E7)_{16}$。

2. 码制

码制是指用二进制代码表示数字和符号的编码方法。

用一个四位二进制代码表示一位十进制数字的编码方法称为二-十进制编码，即 BCD 码。常见的 BCD 码有 8421 码、5421 码、余 3 码及格雷码，见表 5.2。

从表 5.2 中可以看出，从 0000 到 1111 十六种状态中选择不同的十种状态就构成了不同的 BCD 码。其他不用的六种状态，称为禁用码。

8421 码和 5421 码称为有权码，从高位到低位的权值分别为 8（或 5）、4、2、1。

余 3 码是在 8421 码的基础上加二进制数 0011（十进制数 3）而得到的。

格雷码又称循环码，是在 8421 码基础上变化，首位不变，从左到右相邻两位异或。其显著特点是：任意两个相邻的数所对应的代码之间只有一位不同，其余位数都相同。

表 5.2 常见 BCD 码

BCD 码十进制数	8421 码	5421 码	余 3 码	格雷码
0	0000	0000	0011	0000
1	0001	0001	0100	0001
2	0010	0010	0101	0011
3	0011	0011	0110	0010
4	0100	0100	0111	0110
5	0101	1000	1000	0111
6	0110	1001	1001	0101
7	0111	1010	1010	0100
8	1000	1011	1011	1100
9	1001	1100	1100	1101

三、逻辑代数基础

逻辑代数是一种用于描述客观事物逻辑关系的数学方法，逻辑代数有一套完整的运算规则，包括公理、定理和定律。它被广泛地应用于开关电路和数字逻辑电路的变换、分析、化简和设计上，因此也被称为开关代数。随着数字技术的发展，逻辑代数已经成为分析和设计逻辑电路的基本工具和理论基础。

1. 基本逻辑运算

逻辑代数是按一定的逻辑关系进行运算的代数,是分析和设计数字电路的数学工具。在逻辑代数中,只有 0 和 1 两种逻辑值,有与、或、非三种基本逻辑运算,还有与或、与非、与或非、异或几种导出逻辑运算。

逻辑代数中的变量称为逻辑变量,用大写字母表示。逻辑变量的取值只有两种,即逻辑 0 和逻辑 1,0 和 1 称为逻辑常量,并不表示数量的大小,而是表示两种对立的逻辑状态。

逻辑与运算:$F=A \cdot B$(其中,"·"表示逻辑乘,一般省略不写)。

逻辑或运算:$F=A+B$。

逻辑非运算:$F=\overline{A}$。

逻辑代数的基本逻辑运算法则及运算定律,见表 5.3。

表 5.3 逻辑代数的基本逻辑运算法则及运算定律

0-1 律	$A \cdot 0=0$	$A+1=1$
自等律	$A \cdot 1=A$	$A+0=A$
重迭律	$A \cdot A=A$	$A+A=A$
互补律	$A \cdot \overline{A}=0$	$A+\overline{A}=1$
交换律	$A \cdot B=B \cdot A$	$A+B=B+A$
结合律	$(AB)C=A(BC)$	$(A+B)+C=A+(B+C)$
分配律	$A(B+C)=AB+AC$	$A+BC=(A+B)(A+C)$
反演律	$\overline{A+B}=\overline{A} \cdot \overline{B}$	$\overline{AB}=\overline{A}+\overline{B}$
还原律	$\overline{\overline{A}}=A$	
吸收律	$A+AB=A$ $AB+A\overline{B}=A$ $A+\overline{A}B=A+B$	$A(A+B)=A$ $(A+B)(A+\overline{B})=A$ $A \cdot (\overline{A}+B)=A \cdot B$

将逻辑函数输入变量的所有可能取值和对应的输出变量函数值排列在一起而组成的表格称为真值表。如果两个逻辑函数具有相同的真值表,则这两个逻辑函数相等。用真值表法可以证明逻辑代数的基本逻辑运算法则和运算定律。

2. 逻辑代数的运算规则

1) 代入规则

在任一逻辑等式中,如果将等式两边所有出现的某一变量都代之以一个逻辑函数,则此等式仍然成立,这一规则称为代入规则。

2) 反演规则

已知逻辑函数 F,求其反函数时,只要将原函数 F 中所有的原变量变为反变量,反变量变为原变量;"+"变为"·","·"变为"+";"0"变为"1","1"变为"0"。这就是逻辑函数的反演规则。

3) 对偶规则

已知逻辑函数 F,只要将原函数 F 中所有的"+"变为"·","·"变为"+";"0"

变为"1";"1"变为"0",而变量保持不变、原函数的运算先后顺序保持不变,那么就可以得到一个新函数,这新函数就是对偶函数 F'。

对偶函数与原函数具有如下特点:

a. 原函数与对偶函数互为对偶函数。

b. 任何两个相等的函数,其对偶函数也相等。

这两个特点即是逻辑函数的对偶规则。

四、基本逻辑门电路

基本逻辑关系有三种:与逻辑、或逻辑和非逻辑。实现这些逻辑关系的电路分别为与门、或门和非门电路。

1. 与门电路

与门是实现逻辑"乘"运算的电路,有两个以上输入端,一个输出端。只有当所有输入端都是高电平(逻辑"1")时,该电路输出才是高电平(逻辑"1"),否则输出为低电平(逻辑"0")。二输入与门的数学逻辑表达式为 $Y=AB$,对应的真值表见表 5.4。

表 5.4 与门真值表

输入 A	输入 B	输出 Y
0	0	0
0	1	0
1	0	0
1	1	1

以二极管实现为例,与门的实现原理如下:

图 5.1 中 A、B 为两个输入端,Y 为输出端,R 为限流电阻。设 VD_1、VD_2 为理想二极管,当输入端有低电平输入时,VD_1、VD_2 至少有一个是导通的,所以 Y 输出低电平;当输入端都为高电平时,VD_1、VD_2 均截止,Y 输出高电平。输出与输入之间的关系为"有 0 出 0,全 1 出 1"。

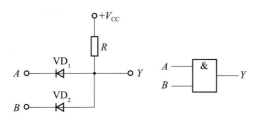

图 5.1 二极管与门

2. 或门电路

或门是实现逻辑"加"运算的电路,又称逻辑和电路。此电路有两个以上输入端,一个输出端。只要有一个或几个输入端是"1",或门的输出即为"1"。而只有所有输入端为"0"时,输出才为"0"。二输入或门的数学逻辑表达式为 $Y=A+B$,对应的真值表见表 5.5。

表 5.5　或门真值表

输入 A	输入 B	输出 Y
0	0	0
0	1	1
1	0	1
1	1	1

以二极管实现为例，或门的实现原理如下：

图 5.2 中 A、B 为两个输入端，Y 为输出端，R 为限流电阻。设 VD_1、VD_2 为理想二极管，当输入端有高电平输入时，VD_1、VD_2 至少有一个是导通的，Y 输出高电平；当输入端都为低电平时，VD_1、VD_2 均截止，Y 输出低电平。

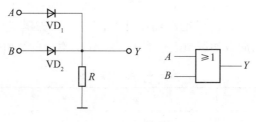

图 5.2　二极管或门

3. 非门电路

非门实现逻辑代数非的功能，即输出始终和输入保持相反。当输入端为高电平（逻辑"1"）时，输出端为低电平（逻辑"0"）；反之，当输入端为低电平（逻辑"0"）时，输出端为高电平（逻辑"1"）。非门的数学逻辑表达式为 $Y=\overline{A}$，对应的真值表见表 5.6。

表 5.6　非门真值表

输入 A	输出 Y
0	1
1	0

以三极管实现为例，非门的实现原理如下：

图 5.3 中只有一个输入端 A，一个输出端 Y。当输入高电平时，晶体管导通，输出低电平；当输入低电平时，晶体管截止，输出高电平。输出与输入之间的关系为"是 1 出 0，是 0 出 1"。

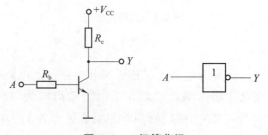

图 5.3　二极管非门

五、基本门电路的组合

1. 与非门电路

与非门就是将与门的输出端接到非门的输入端,再通过非门的输出端进行输出的逻辑电路。与非门是与门和非门的结合,先进行与运算,再进行非运算。与非运算输入要求有两个,如果输入都用 0 和 1 表示,那么与运算的结果就是这两个数的乘积。如 1 和 1 (两端都有信号),则输出为 0;1 和 0,则输出为 1;0 和 0,则输出为 1。与非门的结果就是对两个输入信号先进行与运算,再对此与运算结果进行非运算的结果。简单说,与非与非,就是先与后非。

与非门则是当输入端中有一个或一个以上是低电平时,输出为高电平;只有所有输入是高电平时,输出才是低电平。与非门的数学逻辑表达式为 $Y=\overline{AB}=\overline{A}+\overline{B}$,其真值表见表 5.7。与非门的图形符号如图 5.4 所示。

表 5.7 与非门真值表

输入 A	输入 B	输出 Y
0	0	1
0	1	1
1	0	1
1	1	0

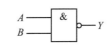

图 5.4 与非门的图形符号

2. 或非门电路

或非门是具有多端输入和单端输出的门电路。当任一输入端(或多端)为高电平(逻辑"1")时,输出就是低电平(逻辑"0");只有当所有输入端都是低电平(逻辑"0")时,输出才是高电平(逻辑"1")。或非门的数学逻辑表达式为 $Y=\overline{A+B}$,其真值表见表 5.8。或非门的图形符号如图 5.5 所示。

表 5.8 或非门真值表

输入 A	输入 B	输出 Y
0	0	1
0	1	0
1	0	0
1	1	0

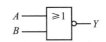

图 5.5 或非门的图形符号

3. 异或门电路

异或门电路有多个输入端、一个输出端。多输入异或门可由二输入异或门构成。若两个输入的电平相异,则输出为高电平 1;若两个输入的电平相同,则输出为低电平 0。异或门的数学逻辑表达式为 $Y=A\oplus B$,其真值表见表 5.9。异或门的图形符号如图 5.6 所示。

表 5.9 异或门真值表

输入 A	输入 B	输出 Y
0	0	0
0	1	1
1	0	1
1	1	0

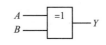

图 5.6 异或门的图形符号

4. 同或门电路

同或门又称异或非门，在异或门的输出端再加上一个非门就构成了异或非门，是数字逻辑电路的基本单元。有两个输入端、一个输出端。当两个输入端中有且只有一个是低电平（逻辑"0"）时，输出为低电平。亦即当输入电平相同时，输出为高电平（逻辑"1"）。

同或门有多个输入端、一个输出端。多输入同或门可由二输入同或门构成。若两个输入的电平相同，则输出为高电平 1；若两个输入的电平相异，则输出为低电平 0。同或门的数学逻辑表达式为 $Y=A\odot B$，其真值表见表 5.10。同或门的图形符号如图 5.7 所示。

表 5.10　同或门真值表

输入 A	输入 B	输出 Y
0	0	1
0	1	0
1	0	0
1	1	1

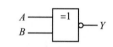

图 5.7　同或门的图形符号

六、集成门电路

1. TTL 集成门电路

TTL 集成门电路是晶体管—晶体管逻辑（Transistor-Transistor-Logic）电路的英文缩写。TTL 电路是数字集成电路的一大门类。它采用双极型工艺制造，具有高速度、低功耗和品种多等特点。

TTL 集成门电路采用双极型工艺制造，具有高速度和品种多等特点。从二十世纪六十年代开发成功第一代产品以来现有以下几代产品。

第一代 TTL 包括 SN54/74 系列（其中 54 系列工作温度为 −55～+125 ℃，74 系列工作温度为 0～+75 ℃），低功耗系列简称 LTTL，高速系列简称 HTTL。

第二代 TTL 包括肖特基钳位系列（STTL）和低功耗肖特基系列（LSTTL）。

第三代为采用等平面工艺制造的先进的 STTL（ASTTL）和先进的低功耗 STTL（ALSTTL）。由于 LSTTL 和 ALSTTL 的电路延时功耗积较小，STTL 和 ASTTL 速度很快，因此获得了广泛的应用。

2. CMOS 集成门电路

CMOS 集成门电路由 N 沟道 MOS 管和 P 沟道 MOS 管组合成互补型 MOS 电路。CMOS 集成门电路比 TTL 集成门电路制造工艺简单、工序少、成本低、集成度高、功耗低、抗干扰能力强，但速度较慢。CMOS 集成门电路除了非门以外，还有与非门、或非门、与或非门、异或门、三态门及 OD 门（漏极开路门）等。

任务工单

1. 与门逻辑功能仿真测试

测试电路：如图 5.8 所示。

实训流程：

（1）按图 5.8 画好仿真电路。

项目 5 组合逻辑电路的设计与制作

(2) 双击逻辑转换仪图标，如图 5.9 所示。

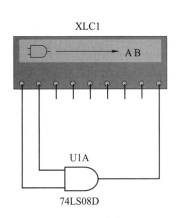

图 5.8 测试电路

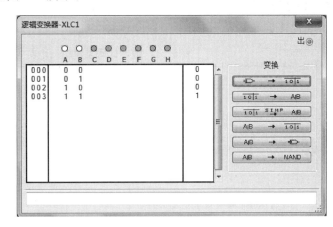

图 5.9 逻辑转换仪

(3) 单击逻辑转换仪中按钮 ，得到 74LS08D 与门逻辑真值表。

(4) 单击逻辑转换仪中按钮 ，得到相应的逻辑函数表达式。

(5) 单击逻辑转换仪中按钮 ，得到相应的逻辑函数最简表达式。

2. 与非门逻辑功能仿真测试

测试电路：如图 5.10 所示。

实训流程：

(1) 按图 5.10 画好仿真电路。

(2) 双击逻辑转换仪图标，如图 5.11 所示。

(3) 单击逻辑转换仪中按钮 ，得到 74LS00D 与非门逻辑真值表。

(4) 单击逻辑转换仪中按钮 ，得到相应的逻辑函数表达式。

(5) 单击逻辑转换仪中按钮 ，得到相应的逻辑函数最简表达式。

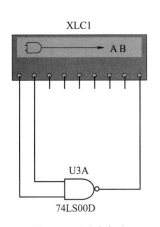

图 5.10 测试电路

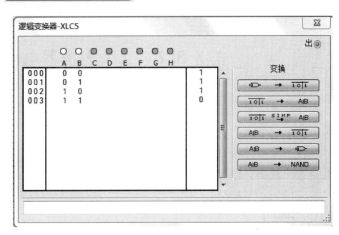

图 5.11 逻辑转换仪

综合评价

综合评价表见表 5.11。

表 5.11 数字信号及逻辑门电路的综合评价表

班级：_____ 指导教师：_____
小组：_____ 日　期：_____
姓名：_____

评价项目	评价标准	评价依据	评价方式			权重	得分小计
			学生自评 20%	小组互评 30%	教师评价 50%		
职业素养	(1) 遵守企业规章制度、劳动纪律。 (2) 按时按质完成工作任务。 (3) 积极主动承担工作任务，勤学好问。 (4) 人身安全与设备安全。 (5) 工作岗位 6S 完成情况	(1) 出勤。 (2) 工作态度。 (3) 劳动纪律。 (4) 团队协作精神				0.3	
专业能力	(1) 会熟练使用 Multisim 仿真软件。 (2) 能理解门电路特点	(1) 工作原理分析。 (2) 软件使用熟练程度				0.5	
创新能力	(1) 门电路测试中提出自己的解决方案。 (2) 根据指定逻辑表达式进行测试	(1) 理解门电路特点。 (2) 门电路测试技巧				0.2	
合计							

思考与练习

（1）分析常见的与、或、非门电路的特点。

（2）如何利用 Multisim 软件进行与非、或门等逻辑门电路测试？

任务 5.2　三人表决器电路的设计

表决器是一种代表投票或举手表决的表决装置。表决时，与会的有关人员只要按动各自表决器上"赞成"或"反对"的按钮，荧光屏上即显示出表决结果。按照设计题目要求，根据所学的组合逻辑电路知识完成三人表决器的设计，使之能够满足表决时少数服从多数的表决规则，根据逻辑真值表和逻辑表达式完成表决功能。

任务描述

设计一个三人表决电路，有三人参加提案表决，三人中至少有两人同意，提案才会通过，否则提案不通过。在理解各种逻辑关系，掌握门电路的逻辑功能和外部特性的基础上，利用逻辑函数的表示方法、化简与转换等进行组合逻辑电路的分析和设计，利用基本门电路可以组成具有各种逻辑功能的逻辑电路。

任务分析

这是一个组合逻辑电路的设计问题。组合逻辑电路是指在任何时刻，输出状态只决定于同一时刻各输入状态的组合，与电路以前的状态无关。要完成表决器电路的设计，必须学会组合逻辑电路的分析设计方法。

知识与技能

一、组合逻辑电路的分析方法

在数字电路中一般有两类电路：一类是组合逻辑电路，另一类是时序逻辑电路。若电路的输出仅取决于该时刻的输入状态，而与输入信号作用之前电路的状态无关，即无记忆功能，则为组合逻辑电路；若电路的输出不仅与该时刻的输入有关，而且与电路原来的状态有关，则为时序逻辑电路。

常见的组合逻辑电路有编码器、译码器、数据选择器、数值比较器、加法器等。组合逻辑电路的分析方法：根据给定的逻辑图，找出（或验证）电路的逻辑功能。

理论上，组合逻辑电路分析的一般步骤如下：

（1）根据给定的组合逻辑电路图，写出逻辑表达式。
（2）化简（或变换）逻辑表达式。
（3）列出最简单的真值表。
（4）根据真值表描述（或验证）所给电路的逻辑功能。

二、逻辑函数基础

当输入变量的取值确定之后，输出变量的值便被唯一地确定下来，这种输出与输入之间的关系就称为逻辑函数关系，简称逻辑函数。用公式表示为 $Y=F（A、B、C、D、\cdots）$。这里的 $A、B、C、D、\cdots$ 为输入变量，Y 为输出变量或者称为逻辑函数，F 为某种对应的逻辑关系。

任何一件具有因果关系的事件都可以用一个逻辑函数来表示。例如：在举重比赛中有三个裁判员，规定只要两个或两个以上的裁判员认为成功，则试举成功；否则试举失败。可以将三个裁判员作为三个输入变量，分别用 $A、B、C$ 来表示，并且用"1"表示该裁判员认为成功，用"0"表示该裁判员认为不成功。用 Y 作为输出的逻辑函数，$Y=1$ 表示试举成功，$Y=0$ 表示试举失败，则 Y 与 $A、B、C$ 之间的逻辑关系式就可以表示为 $Y=F（A、B、C）$。

表示一个逻辑函数有多种方法，常用的有真值表、逻辑函数式、逻辑图、波形图等四种。它们各有特点，又相互联系，还可以相互转换，现介绍如下：

1）真值表

真值表是根据给定的逻辑问题，把输入逻辑变量各种可能取值的组合和对应的输出函数值排列成的表格。它表示了逻辑函数与逻辑变量各种取值之间的一一对应关系。逻辑函数的真值表具有唯一性。若两个逻辑函数具有相同的真值表，则两个逻辑函数必然相等。当逻辑

函数有 n 个变量时,共有 2^n 个不同变量取值组合。在列真值表时,为避免遗漏,变量取值的组合一般按 n 位自然二进制数递增顺序列出。用真值表表示逻辑函数的优点是:直观、明了,可直接看出逻辑函数值和变量取值的关系。缺点是:变量多时真值表太庞大,比较麻烦。"举重裁判"逻辑关系真值表见表 5.12。

表 5.12 "举重裁判"逻辑关系真值表

A	B	C	Y	A	B	C	Y
0	0	0	0	1	0	0	0
0	0	1	0	1	0	1	1
0	1	0	0	1	1	0	1
0	1	1	1	1	1	1	1

2)逻辑函数式

逻辑函数式是将逻辑变量用与、或、非等运算符号按一定规则组合起来表示逻辑函数的一种方法,它是逻辑变量与逻辑函数之间逻辑关系的表达式。

"举重裁判"函数关系可以表示为 $Y=AB+BC+AC$。

逻辑函数式表示法的优点是:简单、容易记忆、不受变量个数的限制、可以直接用公式法化简逻辑函数。缺点是:不能直观地反映出输出函数与输入变量之间的一一对应关系。

3)逻辑图

逻辑图是用逻辑符号表示逻辑函数的一种方法。每一个逻辑符号就是一个最简单的逻辑图。用逻辑图表示逻辑函数的优点是:最接近工程实际,图中每一个逻辑符号通常都有相应的门电路与之对应。它的缺点是:不能用于化简;不能直观地反映输出函数与输入变量之间的对应关系。"举重裁判"逻辑图如图 5.12 所示。

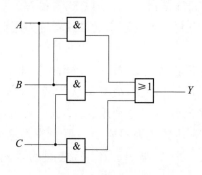

图 5.12 "举重裁判"逻辑图

4)波形图

如果将逻辑函数输入变量每一种可能出现的取值与对应的输出值按时间顺序依次排列起来,就得到了表示该逻辑函数的波形图。波形图又称时序图,多用于信号随时间变化情况的时序分析,以检验实际逻辑电路的功能正确性。"举重裁判"逻辑图的逻辑功能波形图如图 5.13 所示。

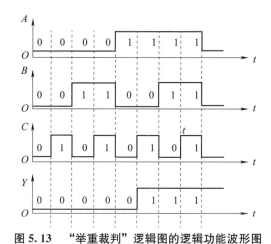

图 5.13 "举重裁判"逻辑图的逻辑功能波形图

三、逻辑函数的公式法化简

1. 化简的意义和最简单的概念

对于同一个逻辑函数,可以有多个不同的逻辑表达式,即逻辑函数的表达式不是唯一的。例如逻辑式 $Y_1 = A + AB + A\overline{BC} + BC + \overline{B}C$,$Y_2 = A + C$ 这两个表达式就是同一个逻辑函数。可以看出第一个表达式比较复杂,第二个表达式比较简单。如果用具体的门电路实现,第一个表达式需要用四个与门、一个非门、一个与非门和一个或门实现;第二个表达式只需要用一个或门实现。由此可见,表达式越简单,实现起来所用的元器件越少,连线越少,工作越可靠,电路的成本越低。第二个表达式就是第一个表达式通过化简得到的。

因此,为了得到最简单的逻辑电路,就需要对逻辑函数式进行化简。这是使用小规模集成电路(如门电路)设计组合逻辑电路所必需的步骤之一。

最常用的逻辑表达式是与或表达式。最简的与或表达式应当使乘积项的个数最少,每个乘积项的变量最少。

2. 公式法化简方法

利用基本公式和常用公式,消去逻辑函数表达式中多余的乘积项和多余的变量,就可以得到最简单的"与或"表达式。公式法化简没有固定的步骤。不仅要能够对公式熟练、灵活地运用,而且还要有一定的运算技巧。常用的化简方法有下列几种:

1) 并项法

利用公式 $AB + A\overline{B} = A$ 把两项合并成一项,合并的过程中消去一个取值互补的变量。

【例 5.9】化简逻辑函数 $Y = ABC + AB\overline{C}$。

解 $$Y = ABC + AB\overline{C} = AB(C + \overline{C}) = AB$$

2) 吸收法

利用公式 $A + AB = A$ 和 $AB + \overline{A}C + BC = AB + \overline{A}C$ 消去多余的乘积项。

【例 5.10】化简逻辑函数 $Y = A\overline{B} + A\overline{B}(C + D)$。

解 $$Y = A\overline{B} + A\overline{B}(C + D) = A\overline{B}$$

3) 消去法

利用公式 $A + \overline{A}B = A + B$ 进行化简。

【例 5.11】 化简逻辑函数 $Y=\overline{A}B+A\overline{C}+\overline{B}C$。

解 $Y=\overline{A}B+A\overline{C}+\overline{B}C=\overline{A}B+(A+\overline{B})\overline{C}=\overline{A}B+\overline{\overline{A}B}\,\overline{C}=\overline{A}B+\overline{C}$

4）配项法

在适当项中乘 1（$1=A+\overline{A}$），拆成两项后分别与其他项合并，进行化简；利用 $A+A=A$ 在表达式中重复写入某一项，然后同其他项合并进行化简。

【例 5.12】 化简逻辑函数 $Y=ABC\overline{D}+ABD+BC\overline{D}+ABC+BD+B\overline{C}$。

解 $Y=(ABC\overline{D}+ABC)+(ABD+BD)+BC\overline{D}+B\overline{C}$

$=ABC+BD+BC\overline{D}+B\overline{C}$

$=B(AC+D+C\overline{D}+\overline{C})$

$=B(D+C+\overline{C}+AC)$

$=B$

任务工单

1. 实训器材

直流稳压电源、74LS00（一片）、74LS20（一片）、开关（三个）、LED 小灯（一个）。

2. 设计过程

（1）分析：设表决三人为 A、B、C，同意为 1，不同意为 0。表决结果输出用 F 表示，提案通过 F 为 1，不通过 F 为 0。

（2）根据分析，列出真值表（见表 5.13）。

表 5.13　表决器电路真值表

A	B	C	Y
0	0	0	
0	0	1	
0	1	0	
0	1	1	
1	0	0	
1	0	1	
1	1	0	
1	1	1	

（3）由真值表写出逻辑表达式并化简。

$$F=AB+AC+BC=\overline{\overline{AB}+\overline{AC}+\overline{BC}}=\overline{\overline{AB}\cdot\overline{AC}\cdot\overline{BC}}$$

（4）画出逻辑图，如图 5.14 所示。

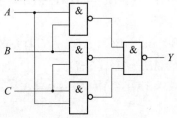

图 5.14　三人表决器逻辑图

(5) 按照逻辑图完成电路原理图设计、元器件选型、电路焊接、电路逻辑功能测试。
(6) 根据逻辑图,利用 Multisim 软件设计电路仿真图,如图 5.15 所示。

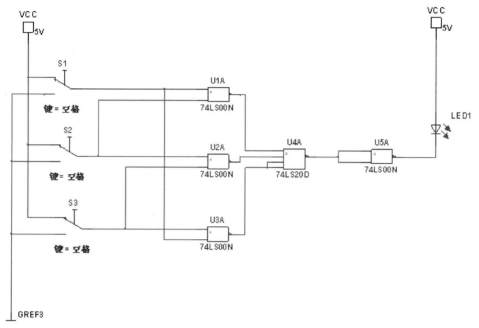

图 5.15 三人表决器仿真电路图

综合评价

综合评价表见表 5.14。

表 5.14 三人表决器电路的设计综合评价表

班级:_____		指导教师:_____				
小组:_____						
姓名:_____		日 期:_____				

评价项目	评价标准	评价依据	评价方式			权重	得分小计
			学生自评 20%	小组互评 30%	教师评价 50%		
职业素养	(1) 遵守企业规章制度、劳动纪律。 (2) 按时按质完成工作任务。 (3) 积极主动承担工作任务,勤学好问。 (4) 人身安全与设备安全。 (5) 工作岗位 6S 完成情况	(1) 出勤。 (2) 工作态度。 (3) 劳动纪律。 (4) 团队协作精神				0.3	
专业能力	(1) 会熟练使用信号发生器和示波器。 (2) 能理解门电路的逻辑功能。 (3) 熟悉 TTL 集成逻辑门电路系列的外形和引脚引线排列。 (4) 能灵活使用小规模集成电路进行功能设计	(1) 工作原理分析。 (2) 仪器使用熟练程度				0.5	

创新能力	(1) 电路调试时，能提出自己独到见解或解决方案。 (2) 举一反三，设计四人表决电路	(1) 门电路参数功能的理解。 (2) 小规模集成门电路分析			0.2
合计					

思考与练习

（1）如何把实际问题转化为逻辑电路？
（2）组合逻辑电路的设计流程是什么？

任务 5.3　裁判判定电路的设计

> 本任务是组合逻辑电路的重要组成部分，它在本书中起着承前启后的作用，既是对前面所学的逻辑电路图、真值表、逻辑函数表达式以及逻辑代数等知识的综合应用，又为后续编码器、译码器等中规模组合逻辑电路的学习奠定基础。通过本任务的学习，读者应能够明确组合逻辑电路设计的思路与方法，体会所学知识点相互之间的联系及在实际中的应用。

任务描述

某比赛裁判判定电路的具体要求：设有一名主裁判和三名副裁判，当三名及以上裁判判定合格时，运动员的动作为合格；当主裁判和一名副裁判判定合格时，运动员的动作也为合格。

任务分析

本任务要完成裁判判定电路的设计，首先要掌握所学过的逻辑电路图、真值表、逻辑函数等内容；其次，要学会逻辑函数的卡诺图化简法。

知识与技能

一、组合逻辑电路的设计方式

组合逻辑电路的设计是根据实际的逻辑问题设计出能实现该逻辑要求的电路。

组合逻辑电路的设计步骤如下：

1）分析设计要求，设置输入和输出变量

根据逻辑功能要求，建立逻辑关系。一般把引起事件的原因、条件等作为输入变量，而把事件的结果作为输出变量，并且要给这些逻辑变量的两种状态分别赋 0 或 1 值。

2）列真值表

根据分析得到的输入、输出之间的关系，列出真值表。

3）写出逻辑表达式，化简或变换

根据真值表写出逻辑表达式，或者画出相应的卡诺图，并进行化简，以得到最简单的逻辑表达式。根据所采用的逻辑门电路，可将化简结果变换成所需要的形式。

4）根据逻辑表达式画出逻辑图

根据化简变换得到的逻辑表达式画出逻辑图。

5）根据逻辑图连线，实现设计电路的逻辑功能

使用小规模集成电路（SSI）设计组合逻辑电路关键的步骤之一是从实际问题中抽象出真值表。

逻辑函数的化简也是关键的步骤之一，为了使设计的电路最合理，就要使得到的逻辑函数表达式最简单。逻辑函数化简除公式法外，还经常使用卡诺图化简法。

但是实际使用时，还有许多实际问题。例如：工作速度问题、稳定度问题、工作的可靠性问题、竞争-冒险问题等，所以有时最简单的设计不一定是最佳的。

二、逻辑函数的卡诺图化简法

1. 逻辑函数的最小项及最小项表达式

在 n 个变量的逻辑函数中，如果其与或表达式的每个乘积项都包含 n 个因子，而这 n 个因子分别为 n 个变量的原变量或反变量，且每个变量在乘积项中仅出现一次，这样的乘积项称为函数的最小项，这样的与或表达式称为最小项表达式。任何一个逻辑函数都可以表示成最小项之和的标准形式。

两个变量的最小项分别是：$\overline{AB}$、$\overline{A}B$、$A\overline{B}$、AB。

n 个变量共有 2^n 个最小项。表 5.15 是三变量最小项及其编号表示。

表 5.15　三变量最小项及其编号表示

变量取值组合			最小项	对应的十进制数	最小项编号
A	B	C			
0	0	0	$\overline{A}\overline{B}\overline{C}$	0	m_0
0	0	1	$\overline{A}\overline{B}C$	1	m_1
0	1	0	$\overline{A}B\overline{C}$	2	m_2
0	1	1	$\overline{A}BC$	3	m_3
1	0	0	$A\overline{B}\overline{C}$	4	m_4
1	0	1	$A\overline{B}C$	5	m_5
1	1	0	$AB\overline{C}$	6	m_6
1	1	1	ABC	7	m_7

最小项有如下性质。

（1）在输入变量的任何取值组合下，必有一个且仅有一个最小项的值为 1。

（2）全体最小项之和为 1。

（3）任意两个不同最小项的乘积为 0。

（4）具有逻辑相邻性（只有一个因子不同）的两个最小项之和，可以合并成一个乘积项，合并后可以消去一个取值互补的变量，留下取值不变的变量。

为了使用方便，需要将最小项进行编号，记作 m_i。方法是：将变量取值组合对应的十进制数作为最小项的编号。

【例 5.13】把逻辑函数 $Y=A\overline{C}+BC+ABC$ 展开成最小项表达式。

解 $Y=A(B+\overline{B})\overline{C}+(A+\overline{A})BC+ABC$
$=AB\overline{C}+A\overline{B}\overline{C}+ABC+\overline{A}BC+ABC$
$=m_7+m_6+m_4+m_3$
$=\sum m(7,6,4,3)$

2. 用卡诺图表示逻辑函数

1) 空白卡诺图

没有填逻辑函数值的卡诺图称为空白卡诺图。n 变量具有 2^n 个最小项，把每一个最小项用一个小方格表示，把这些小方格按照一定的规则排列起来，组成的图形称为 n 变量的卡诺图。二变量、三变量、四变量的卡诺图如图 5.16 所示。其中，图 5.16（a）为二变量卡诺图；图 5.16（b）为三变量卡诺图；图 5.16（c）为四变量卡诺图。图中左侧和上边标注的是变量的取值，或变量取值组合，它们的排列规律是固定的，不允许任意改变。每一个小方格都与真值表的某一行一一对应，所以卡诺图与真值表一一对应。卡诺图也要编号，而且就是最小项的编号。图中的最小项的编号按一定规则排列，是为了用卡诺图化简逻辑函数而设计的。

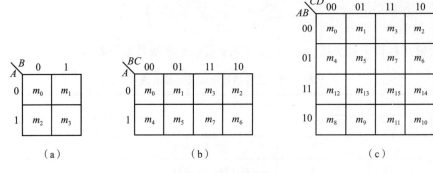

图 5.16 卡诺图

如果两个最小项只有一个变量取值不同，则这两个最小项称为逻辑相邻。图中逻辑相邻的最小项在几何位置上也相邻。而且任何一行或一列的两端的最小项，也仅有一个变量取值不同，也满足逻辑相邻的要求，这种相邻称为滚卷相邻。所以，卡诺图的排列具有相邻性。

2) 逻辑函数的卡诺图

任何逻辑函数都可以填到与之相对应的卡诺图中，称为逻辑函数的卡诺图。对于确定的逻辑函数的卡诺图和真值表一样都是唯一的。

由于卡诺图与真值表一一对应，即真值表的某一行对应着卡诺图的某一个小方格。因此，如果真值表中的某一行函数值为"1"，卡诺图中对应的小方格就填"1"；如果真值表的某一行函数值为"0"，卡诺图中对应的小方格填"0"，即可以得到逻辑函数的卡诺图。

3) 用卡诺图表示逻辑函数

首先把逻辑函数表达式展开成最小项表达式，然后在每一个最小项对应的小方格内填"1"，其余的小方格内填"0"，就可以得到该逻辑函数的卡诺图。

【例 5.14】用卡诺图表示逻辑函数 $Y=\overline{A}B\overline{C}+AB+\overline{A}\overline{B}\overline{C}$。

解：$Y=\overline{A}B\overline{C}+AB(C+\overline{C})+\overline{A}\overline{B}\overline{C}=\overline{A}B\overline{C}+ABC+AB\overline{C}+\overline{A}\overline{B}\overline{C}=m_7+m_6+m_3+m_0$。

在小方格 m_7、m_6、m_3、m_0 中填"1",其余小方格中填"0",可以得到图 5.16 所示的卡诺图。

如果已知逻辑函数的卡诺图,也可以写出该函数的逻辑表达式。其方法与由真值表写逻辑表达式的方法相同,即把逻辑函数值为"1"的那些小方格代表的最小项写出,然后用"或"运算,就可以得到与之对应的逻辑表达式。

由于卡诺图与真值表一一对应,所以用卡诺图表示逻辑函数不仅具有用真值表表示逻辑函数的优点,而且还可以直接用来化简逻辑函数。但是也有缺点:变量多时使用起来麻烦,所以多于四变量时一般不用卡诺图表示。

由于卡诺图中所填写的是一个个最小项,所以从卡诺图中也可得到函数的最小项表示式。

3. 用卡诺图化简逻辑函数

用卡诺图化简逻辑函数的方法称为卡诺图化简法。

(1) 化简的依据:基本公式 $A+\bar{A}=1$;常用公式 $AB+A\bar{B}=A$。

因为卡诺图中最小项的排列符合相邻性规则,因此可以直接在卡诺图上合并最小项,从而达到化简逻辑函数的目的。

(2) 合并最小项的规则:

①如果相邻的两个小方格同时为"1",可以合并一个两格组(用圈圈起来),合并后可以消去一个取值互补的变量,留下的是取值不变的变量。两个小方格合并情况举例如图 5.17 所示。

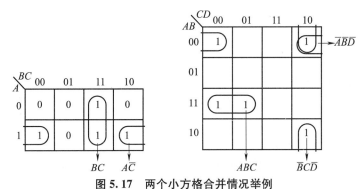

图 5.17 两个小方格合并情况举例

②如果相邻的四个小方格同时为"1",可以合并一个四格组,合并后可以消去两个取值互补的变量,留下的是取值不变的变量。四个小方格合并情况举例如图 5.18 所示。

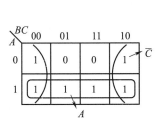 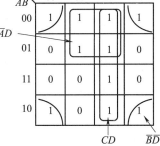

图 5.18 四个小方格合并情况举例

③如果相邻的八个小方格同时为"1",可以合并一个八格组,合并后可以消去三个取值互补的变量,留下的是取值不变的变量。八个小方格合并情况举例如图5.19所示。

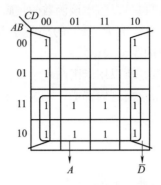

图 5.19 八个小方格合并情况举例

(3) 用卡诺图化简逻辑函数的步骤:

①用卡诺图表示逻辑函数。

②找出可以合并的最小项(画卡诺圈,一个圈代表一个乘积项)。

③所有乘积项相加,可得最简与或表达式。

(4) 画圈的原则如下:

①所有的"1"都要被圈到。

②圈要尽可能的大。

③圈的个数要尽可能的少。

(5) 画圈的步骤如下:

①先圈孤立的"1"方格。

②再圈仅与另一个"1"方格唯一相邻的"1"方格。也就是说,只有一种圈法的"1"方格要先圈。

③然后先圈大圈,后圈小圈。

(6) 化简逻辑函数时应该注意的问题:

①合并最小项的个数只能为 2^n ($n=0$、1、2、3)。

②如果卡诺图中填满了"1",则 $Y=1$。

③函数值为"1"的格可以重复使用,但是每一个圈中至少有一个"1"未被其他的圈使用过,否则得出的不是最简单的表达式。

在实际逻辑函数化简的过程中,如果卡诺图中"1"的个数较多,也可以圈"0"。圈"0"的方法与圈"1"的方法相同,但是得到的逻辑函数式是 $\overline{Y}$,需要对 $\overline{Y}$ 求"非"才能得到 Y。

利用卡诺图化简逻辑函数的优点是:只要按照规则去做,就一定能够得到最简单的表达式。缺点是:受变量个数的限制。

任务工单

1. 设计要求

通过任务描述,制定设计方案及选择合适逻辑器件,完成该电路的设计与测试。

2. 设计过程

(1) 分析：设 A 为主裁判，B、C、D 分别为三名副裁判，判定合格为 1，不合格为 0；运动员的动作合格与否用变量 Y 表示，合格为 1，不合格为 0。即当 A、B、C、D 至少有三个为 1 时，$Y=1$；当 $A=1$，A、B、C、D 有一个为 1 时，$Y=1$。其他情况下 $Y=0$。

(2) 根据分析列真值表，见表 5.16。

表 5.16 裁判判定电路真值表

A	B	C	D	Y
0	0	0	0	0
0	0	0	1	0
0	0	1	0	0
0	0	1	1	0
0	1	0	0	0
0	1	0	11	0
0	1	1	0	0
0	1	1	1	1
1	0	0	0	0
1	0	0	1	1
1	0	1	0	1
1	0	1	1	1
1	1	0	0	1
1	1	0	1	1
1	1	1	0	1
1	1	1	1	1

(3) 由真值表写出逻辑表达式并化简。

$Y=\bar{A}BCD+A\bar{B}CD+A\bar{B}C\bar{D}+A\bar{B}CD+AB\bar{C}\bar{D}+AB\bar{C}D+ABC\bar{D}+ABCD$

用卡诺图化简，如图 5.20 所示。

$$Y=AB+AC+AD+BCD$$

将其化为"与非"形式

$Y=\overline{AB+AC+AD+BCD}=\overline{\overline{AB} \cdot \overline{AC} \cdot \overline{AD} \cdot \overline{BCD}}$

(4) 采用与非门画出逻辑图，如图 5.21 所示。

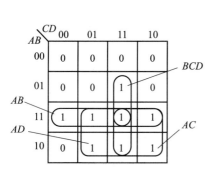

图 5.20 裁判判定电路卡诺图

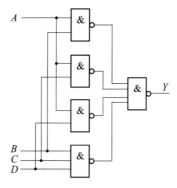

图 5.21 裁判判定电路逻辑图

(5) 根据逻辑图,利用 Multisim 软件设计电路仿真图,如图 5.22 所示,验证设计电路的逻辑功能。

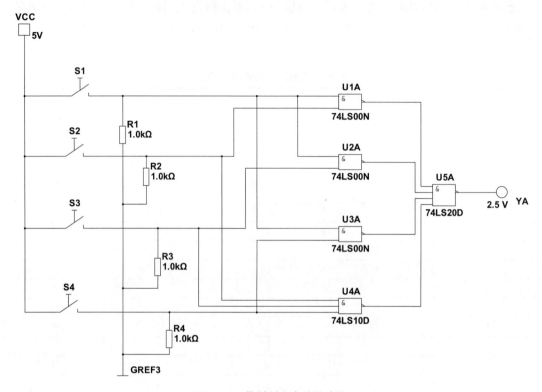

图 5.22 裁判判定电路仿真图

综合评价

综合评价表见表 5.17。

表 5.17 裁判判定电路的设计综合评价表

班级:_____		指导教师:_____				
小组:_____		日　　期:_____				
姓名:_____						

评价项目	评价标准	评价依据	评价方式			权重	得分小计
			学生自评 20%	小组互评 30%	教师评价 50%		
职业素养	(1) 遵守企业规章制度、劳动纪律。 (2) 按时按质完成工作任务。 (3) 积极主动承担工作任务,勤学好问。 (4) 人身安全与设备安全。 (5) 工作岗位 6S 完成情况	(1) 出勤。 (2) 工作态度。 (3) 劳动纪律。 (4) 团队协作精神				0.3	

专业能力	(1) 会熟练使用信号发生器和示波器。 (2) 能理解门电路的逻辑功能。 (3) 熟悉 TTL 集成逻辑门电路系列的外形和引脚排列。 (4) 能灵活使用小规模集成电路进行功能设计	(1) 工作原理分析。 (2) 仪器使用熟练程度			0.5
创新能力	(1) 电路调试提出自己独到见解或解决方案。 (2) 能够举一反三,分析实际应用中的问题,如工作速度问题,稳定度问题等	(1) 门电路参数功能的理解。 (2) 小规模集成门电路分析			0.2
	合计				

思考与练习

(1) 如何利用卡诺图进行逻辑函数的化简?
(2) 列举出几种常见的组合逻辑电路。

综 合 实 训

一、实训内容

(1) 实现两个一位二进制数相加的功能。
(2) 实现两个多位二进制数相加的功能。

二、仪器仪表及元器件准备

实训所需器件见表 5.18。

表 5.18 实训所需器件

序号	名称	规格	数量	序号	名称	规格	数量
1	电阻器 R_1	200 Ω	1	4	与非门	74LS00	2
2	开关	—	2	5	异或门	74LS86	1
3	LED 小灯	—	5	6	与或非门	74LS51	1

实训所需工具:电工电子实训台、数字式万用表、恒温电烙铁、双踪示波器。

三、实训流程

1. 半加器电路设计

(1) 分析。假设两个加数分别为 A 和 B,本位和为 S,本位进位为 C。
(2) 列真值表,见表 5.19。

表 5.19 半加器真值表

A	B	S	C
0	0	0	0
0	1	1	0
1	0	1	0
1	1	0	1

（3）由真值表写出逻辑表达式。

$$S = A \oplus B$$
$$C = AB$$

（4）把逻辑表达式转化为与非门实现并画出逻辑图，如图 5.23 所示。

$$\begin{aligned}
S &= A \oplus B \\
&= \overline{A}B + A\overline{B} \\
&= (\overline{A} + \overline{B})(A + B) \\
&= A\overline{AB} + B\overline{AB} \\
&= \overline{\overline{A \cdot \overline{AB}} \cdot \overline{B \cdot \overline{AB}}}
\end{aligned}$$

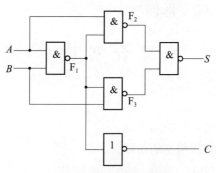

图 5.23 半加器逻辑图

（5）根据逻辑图，利用 Multisim 软件设计电路仿真图，如图 5.24 所示，验证设计电路的逻辑功能。

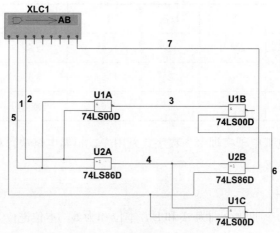

图 5.24 半加器仿真电路图

注意：图 5.23 中测出的是 S 的结果，若要测试 C 的结果，则将测试线改接到 C 端。

2. 全加器电路设计

（1）分析。假设 n 位（本位）的两个加数分别为 A_n 和 B_n，$n-1$ 位向 n 位进位数为 C_{n-1}。本位和为 S_n，本位进位为 C_n。

（2）列真值表，见表 5.20。

表 5.20　全加器真值表

A_n	B_n	C_{n-1}	S_n	C_{n+1}
0	0	0	0	0
0	0	1	1	0
0	1	0	1	0
0	1	1	0	1
1	0	0	1	0
1	0	1	0	1
1	1	0	0	1
1	1	1	1	1

（3）由真值表写出逻辑表达式并化简。

$$S_n = \overline{A}_n \overline{B}_n C_{n-1} + A_n B_n \overline{C}_{n-1} + A_n \overline{B}_n \overline{C}_{n-1} + A_n B_n C_{n-1}$$

$$C_n = \overline{A}_n B_n C_{n-1} + A_n \overline{B}_n C_{n-1} + A_n B_n \overline{C}_{n-1} + A_n B_n C_{n-1}$$

经化简为

$$S_n = (A_n \oplus B_n) \oplus C_{n-1}$$

$$C_n = A_n B_n + (A_n \oplus B_n) \oplus C_{n-1}$$

（4）画出逻辑电路图，如图 5.25（a）所示。全加器也可用一个逻辑符号表示，如图 5.25（b）所示。

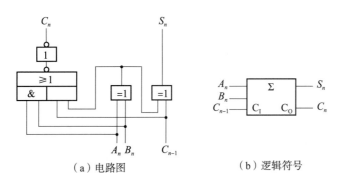

（a）电路图　　　　（b）逻辑符号

图 5.25　全加器逻辑图

（5）根据逻辑图，利用 Multisim 软件设计电路仿真图，如图 5.26 所示，验证设计电路的逻辑功能。

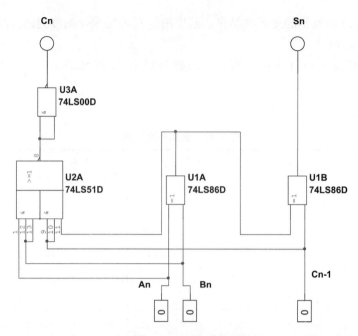

图 5.26 全加器仿真电路图

四、能力评价

能力评价表见表 5.21。

表 5.21 加法器电路设计能力评价表

班级：_____ 小组：_____ 姓名：_____		指导教师：_____ 日　　期：_____				
评价项目	评价标准	评价依据	评价方式			权重	得分小计
			学生自评 20%	小组互评 30%	教师评价 50%		
职业素养	(1) 遵守企业规章制度、劳动纪律。 (2) 按时按质完成工作任务。 (3) 积极主动承担工作任务，勤学好问。 (4) 人身安全与设备安全。 (5) 工作岗位 6S 完成情况	(1) 出勤。 (2) 工作态度。 (3) 劳动纪律。 (4) 团队协作精神				0.3	
专业能力	(1) 熟悉数字集成电路器件的性能和使用方法。 (2) 掌握组合逻辑电路的设计方法	(1) 集成电路器件工作原理分析。 (2) 组合逻辑电路的设计流程				0.5	
创新能力	(1) 提出自己独到见解或解决方案。 (2) 能够举一反三，分析乘法器的实现过程	(1) 提出独特测试方案。 (2) 分析组合逻辑门电路功能				0.2	
合计							

习 题 5

1. 将下列十进制数转换为二进制数。
(1) $(56)_{10}=($ $)_2$；(2) $(123)_{10}=($ $)_2$。

2. 将下列二进制数转换为十进制数。
(1) $(101011)_2=($ $)_{10}$；(2) $(100101001)_2=($ $)_{10}$。

3. 完成下列数的转换。
(1) $(237)_{10}=($ $)_2=($ $)_{16}$；
(2) $(1101101110)_2=($ $)_{16}=($ $)_{10}$。

4. 完成表 5.22 所示常用数制转换表。

表 5.22 数制转换表

二进制	十进制	八进制	十六进制
	26		
1101101			
		56	
			3D2

5. 用真值表法证明下列等式成立。
(1) $A+BC=(A+B)(A+C)$；(2) $A\bar{B}+B+\bar{A}B=A+B$。

6. 写出图 5.27 所示组合逻辑电路的逻辑关系式（不需化简），列出它的真值表。

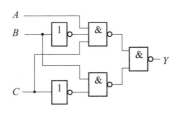

图 5.27 题 6 图

7. 已知逻辑函数 $Y=ABC+AB\bar{C}+\bar{A}BC+\bar{A}\bar{B}C$，试画出该逻辑函数未化简前和化简后两种不同的逻辑电路图。

8. TTL 电路有什么特点？在使用时应注意些什么问题？

9. CMOS 电路有什么特点？在使用时应注意些什么问题？

10. 用公式法化简下列各逻辑等式。
(1) $Y=AB+AB+\bar{A}C+BCD$；(2) $Y=AB+C+(\overline{AB+C})(CD+A)+BD$；
(3) $Y=\overline{\overline{A\bar{B}+ABC}+A(B+A\bar{B})}$；(4) $Y=ABC\bar{D}+ABD+BC\bar{D}+ABC+BD+B\bar{C}$。

11. 用卡诺图法化简下列函数，写出最简与或表达式。
(1) $Y=\bar{A}\bar{B}C+A\bar{B}\bar{C}+\bar{A}C$；(2) $Y=A\bar{B}CD+A\bar{B}+\bar{A}+A\bar{D}$。

12. 有三台电动机 A，B，C。电动机开机时必须满足下列要求：A 开机则 B 必须开机；B 开机则 C 必须开机。不满足要求时，发出报警信号。若设开机为 1，不开机为 0；发报警信号为 1，不发报警信号为 0。试写出报警的逻辑表达式，画出用最简与非门组成的逻辑电路图。

项目 6 中规模逻辑电路的设计与制作

组合逻辑电路的设计除了采用小规模集成器件设计以外，还可以采用中规模集成器件进行设计。用中规模集成器件设计组合逻辑电路时"最合理"指的是：使用的中规模集成器件的片数最少，种类最少，而且连线最少。其设计步骤与采用小规模集成器件设计相比，既有相同之处，又有不同之处。其中不同之处是：采用小规模集成器件设计中需化简或变换逻辑函数，而采用中规模集成器件设计时不需要化简，只需要变换。因为每一种中规模集成器件，都有它自己特定的逻辑函数表达式，所以采用这些器件设计电路时，必须将待实现的逻辑函数表达式变换成与所使用的集成器件的逻辑函数表达式相同的形式，具体步骤如下：

（1）根据给定事件的因果关系列出真值表。
（2）由真值表写出逻辑函数表达式。
（3）对逻辑函数表达式进行变换。
（4）画出逻辑图，并测试逻辑功能。

常用的中规模集成器件主要有：全加器、编码器、译码器、数据选择器等。

知识目标

（1）熟知编码器的基本功能和常见类型，理解优先编码器的工作特点，掌握利用编码器设计电路的方法；
（2）理解译码器的功能，了解译码器的类型，掌握利用译码器设计电路的方法；
（3）了解显示译码器的基本知识；
（4）掌握共阳、共阴七段显示数码管的相关内容；
（5）会利用常见显示译码器构成数码显示电路；
（6）学会中规模集成数据选择器的逻辑功能和使用方法；
（7）学习使用中规模集成芯片实现多功能组合逻辑电路的方法；
（8）理解数据选择器的逻辑功能，理解数据选择器在多路数据传输、数据通道扩展及实现逻辑函数功能方面的应用；
（9）能分析和设计用中规模集成芯片组成的逻辑电路。

能力目标

（1）能检测常见编码器的逻辑功能；
（2）会利用优先编码器设计典型的逻辑控制电路；
（3）能检测常见译码器的逻辑功能；
（4）会利用译码器设计典型的逻辑控制电路；

(5) 能检测判断出七段显示数码管的引脚排列顺序；

(6) 会利用显示译码器构成一位数码显示电路；

(7) 能利用常用的中规模集成芯片，设计简单、常用的功能电路。

任务6.1　电话机信号控制电路的设计

> 数字系统中存储或处理的信息，常常是用二进制码表示的。用一个二进制代码表示特定含义的信息称为编码。在实际应用中，经常会遇到两个以上的输入同时为有效信号的情况。因此，必须根据轻重缓急，事先规定好这些输入编码的先后次序，即优先级别。本任务即采用优先编码器完成电话机信号控制电路的设计。

任务描述

设计一个电话机信号控制电路，其紧急的次序为火警、盗警和日常业务，写出设计过程，并用优先编码器74LS148和必要的门电路实现上述控制要求。

任务分析

要设计电话机信号控制电路，首先分析在二值逻辑电路中，信号是以高低电平给出的，故编码器就是把输入的每一个高低电平信号变成一个对应的二进制代码；其次利用编码器实现电话机信号控制电路，掌握编码器的逻辑功能和应用场景；最后利用编码器设计完成中规模集成电路的逻辑功能和使用方法。

知识与技能

一、编码器

用二进制代码表示文字、符号或者数码等某种信息的过程称为编码，完成编码功能的逻辑电路称为编码器。编码器有许多种，按照输出代码的不同分类，可分为二进制编码器、二-十进制编码器；按照工作方式不同分类，可分为普通编码器和优先编码器。

1. 普通编码器

对于普通编码器，某一时刻只允许一个输入端为有效的输入信号，否则输出的编码有可能出错。

二进制普通编码器的逻辑功能是：根据产生了有效电平（可能是高电平，也可能是低电平，视具体情况而定）的输入端的序号，在输出端产生一组对应的二进制编码。

图6.1（a）是一个三位二进制普通编码器的框图，它的输入是 $\bar{I}_0 \sim \bar{I}_7$ 等八个信号（"非号"表示低电平为有效的输入电平），输出是三位二进制代码 $Y_2 \sim Y_0$，因此又称为8线-3线编码器。图6.1（b）是三位二进制普通编码器的逻辑图。

由图6.1（b）可以写出下述逻辑函数表达式：

$$Y_2 = \bar{I}_7 \cdot \bar{I}_6 \cdot \bar{I}_5 \cdot \bar{I}_4$$

$$Y_1 = \bar{I}_7 \cdot \bar{I}_6 \cdot \bar{I}_3 \cdot \bar{I}_2$$

$$Y_0 = \bar{I}_7 \cdot \bar{I}_5 \cdot \bar{I}_3 \cdot \bar{I}_1$$

式中,输入变量上的"非号"代表低电平是有效的输入电平,与图中输入变量上的非号相对应。根据上述表达式可以得到表 6.1 所示的真值表。

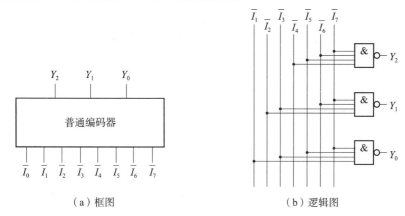

（a）框图　　　　　　　　　　　（b）逻辑图

图 6.1　三位二进制普通编码器

表 6.1　三位二进制编码器真值表

输入								输出		
$\overline{I_7}$	$\overline{I_6}$	$\overline{I_5}$	$\overline{I_4}$	$\overline{I_3}$	$\overline{I_2}$	$\overline{I_1}$	$\overline{I_0}$	Y_2	Y_1	Y_0
0	1	1	1	1	1	1	1	1	1	1
1	0	1	1	1	1	1	1	1	1	0
1	1	0	1	1	1	1	1	1	0	1
1	1	1	0	1	1	1	1	1	0	0
1	1	1	1	0	1	1	1	0	1	1
1	1	1	1	1	0	1	1	0	1	0
1	1	1	1	1	1	0	1	0	0	1
1	1	1	1	1	1	1	0	0	0	0

由表 6.1 可以看出,当任何一个输入端为有效电平(本例为低电平有效)时,三个输出端的取值组成对应的三位二进制代码,例如当 $\overline{I_3}=0$ 时,输出的代码为 011。所以,电路能对任何一个输入信号进行编码。

2. 优先编码器

在实际产品中,均采用优先编码器。图 6.2（a）是 8 线-3 线优先编码器 74LS148 的逻辑符号,图 6.2（b）是 74LS148 的引脚图。表 6.2 是 74LS148 的功能表。

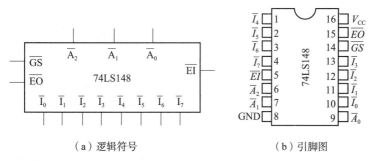

（a）逻辑符号　　　　　　　　　　（b）引脚图

图 6.2　三位二进制优先编码器

在优先编码器中，允许同时输入几个输入信号，电路只对其中优先级别最高的一个输入信号进行编码。

表 6.2　74LS148 的功能表

_				输入							输出		
$\overline{EI}$	$\overline{I}_0$	$\overline{I}_1$	$\overline{I}_2$	$\overline{I}_3$	$\overline{I}_4$	$\overline{I}_5$	$\overline{I}_6$	$\overline{I}_7$	$\overline{A}_2$	$\overline{A}_1$	$\overline{A}_0$	$\overline{GS}$	$\overline{EO}$
1	×	×	×	×	×	×	×	×	1	1	1	1	1
0	1	1	1	1	1	1	1	1	1	1	1	1	0
0	×	×	×	×	×	×	×	0	0	0	0	0	1
0	×	×	×	×	×	×	0	1	0	0	1	0	1
0	×	×	×	×	×	0	1	1	0	1	0	0	1
0	×	×	×	×	0	1	1	1	0	1	1	0	1
0	×	×	×	0	1	1	1	1	1	0	0	0	1
0	×	×	0	1	1	1	1	1	1	0	1	0	1
0	×	0	1	1	1	1	1	1	1	1	0	0	1
0	0	1	1	1	1	1	1	1	1	1	1	0	1

74LS148 的逻辑功能如下：

1）选通输入端 $\overline{EI}$

$\overline{EI}$ 为低电平有效。只有在 $\overline{EI}=0$ 时，编码器才能正常编码；当 $\overline{EI}=1$ 时，无论输入端如何，所有输出端均被封锁在高电平。

2）编码输入端 $\overline{I}_0 \sim \overline{I}_7$

$\overline{I}_0 \sim \overline{I}_7$ 低电平有效。$\overline{I}_7$ 端的优先权最高，$\overline{I}_0$ 端的优先权最低，只要 $\overline{I}_7=0$，就对 $\overline{I}_7$ 进行编码，而不管其他输入端信号为何种状态。

3）编码输出端 $\overline{A}_2$、$\overline{A}_1$、$\overline{A}_0$

$\overline{A}_2$、$\overline{A}_1$、$\overline{A}_0$ 上面 "—" 号表示输出为反码。

4）选通输出端 $\overline{EO}$ 和扩展端 $\overline{GS}$

$\overline{EO}$ 和 $\overline{GS}$ 用于片与片之间的连接，扩展编码器的功能。

$\overline{EI}=1$ 表示"此片未工作"，输出 $\overline{GS}=1$，$\overline{EO}=1$；$\overline{EI}=0$ 表示"此片工作"，此时有两种情况：一是"此片工作，但无有效编码信号输入"，则输出 $\overline{GS}=1$，$\overline{EO}=0$；二是"此片工作，且有有效编码信号输入"，则输出 $\overline{GS}=0$，$\overline{EO}=1$。因此，表 6.2 中出现的三种 $\overline{A}_2\overline{A}_1\overline{A}_0=111$ 的情况可以用 $\overline{GS}$、$\overline{EO}$ 的不同状态加以区分。

任务工单

1. 设计要求

制定设计方案及选择合适逻辑器件，完成该电路的设计与测试。

2. 设计过程

（1）分析。电话输入信号作为输入变量分别用 X_1、X_2、X_3 来表示，并且用"1"表示有信号输入，用"0"表示没有信号输入；一号、二号、三号三个指示灯作为输出变量分别用 L_1、L_2、L_3 来表示，"1"表示灯亮，"0"表示灯未亮。

(2) 完成真值表,见表 6.3。

表 6.3 电话机信号控制电路真值表

输入			输出		
X_1	X_2	X_3	L_1	L_2	L_3
1	×	×	1	0	0
0	1	×	0	1	0
0	0	1	0	0	1

(3) 比较电话机信号控制电路真值表与 74LS148 的功能表确定输入端、输出端和控制端。输入端 X_1、X_2、X_3 分别经非门后输入至 $\overline{I_2}$、$\overline{I_1}$、$\overline{I_0}$;输出端 $\overline{A_2}$、$\overline{A_1}$、$\overline{A_0}$ 经一定的门电路接至电平指示 L_1、L_2、L_3;控制端 $\overline{EI}$ 接低电平。

由输入/输出关系表(见表 6.4)可以得到电平指示输出与 74LS148 输出之间的关系式。

表 6.4 输入/输出关系表

输入			74LS148 输出			输出		
X_1	X_2	X_3	$\overline{A_2}$	$\overline{A_1}$	$\overline{A_0}$	L_1	L_2	L_3
1	×	×	1	0	0	1	0	0
0	1	×	1	0	1	0	1	0
0	0	1	1	1	0	0	0	1

由于这里只用了三个输入端,$\overline{A_1}$、$\overline{A_0}$ 两个输出端可以区分输入的四种状态,故 L_1、L_2、L_3 的输出表达式可以表示为

$$L_1 = \overline{A_1} \cdot \overline{A_0}$$
$$L_2 = \overline{A_1} \cdot \overline{A_0}$$
$$L_3 = \overline{A_1} \cdot \overline{A_0}$$

(4) 画出电话机信号控制电路的逻辑图,如图 6.3 所示。

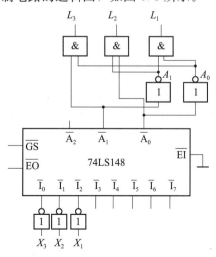

图 6.3 电话机信号控制电路的逻辑图

(5) 根据逻辑图,利用 Multisim 软件设计电路仿真图,如图 6.4 所示,验证设计电路的逻辑功能。

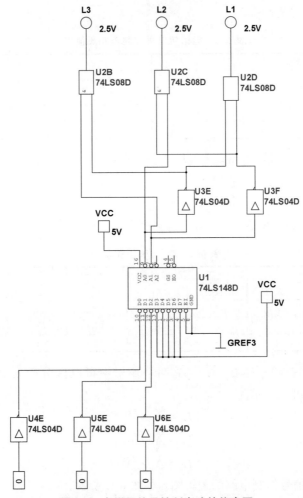

图 6.4　电话机信号控制电路的仿真图

综合评价

综合评价表见表 6.5。

表 6.5　电话机信号控制电路的设计综合评价表

班级：_____	指导教师：_____
小组：_____	日　期：_____
姓名：_____	

评价项目	评价标准	评价依据	评价方式			权重	得分小计
			学生自评 20%	小组互评 30%	教师评价 50%		
职业素养	（1）遵守企业规章制度、劳动纪律。 （2）按时按质完成工作任务。 （3）积极主动承担工作任务，勤学好问。 （4）人身安全与设备安全。 （5）工作岗位 6S 完成情况	（1）出勤。 （2）工作态度。 （3）劳动纪律。 （4）团队协作精神				0.3	

专业能力	(1) 会熟练使用 Multisim 仿真软件。 (2) 能理解编码器电路特点	(1) 工作原理分析清晰程度。 (2) 软件使用熟练程度			0.5
创新能力	(1) 逻辑电路设计中提出自己的解决方案。 (2) 根据指定功能完成门电路的测试	(1) 理解门电路特点。 (2) 门电路测试熟练程度			0.2
合计					

思考与练习

为什么没有信号输入时电话机信号控制电路的 L_3 灯仍亮？如果没有信号输入时要使 L_3 灯不亮，应如何修改电路？（提示：利用选通输出端或者扩展端。）

任务6.2　数码显示电路的设计

数码显示电路在实际生活中随处可见，例如洗衣机程序显示、红绿灯的倒计时显示等。数码显示电路是电子系统中必不可少的组成单元，通过数码显示电路，可以直观地了解电路的参数特性等。

任务描述

在数字系统中，信号以二进制形式表示，并以各种编码的形式传递或保存。本任务将数字系统中的各种数码，通过数码显示电路直观地以十进制数形式显示出来。数码显示电路的实现有多种途径，基本思路是首先将要显示的数码或符号进行译码，然后将译码结果驱动七段数码管显示结果。

任务分析

要设计数码显示电路，首先了解译码器在数字系统中有广泛的用途，不仅用于代码的转换、终端的数字显示，还用于数据分配，存储器寻址和组合控制信号等；其次学习不同的功能可选用不同种类的译码器，实现数码显示功能；最后通过本任务进一步掌握编码器、译码器等中规模集成电路的逻辑功能和应用场景，并能够利用编码器和译码器进行逻辑设计。

知识与技能

译码是编码的逆过程。将二进制代码原来的含义翻译出来的过程称为译码。完成译码功能的电路称为译码器。

常用的译码器有：二进制译码器、二-十进制译码器和显示译码器等。

一、二进制译码器

二进制译码器输入的是一组代码，输出的是与代码相对应的高、低电平。

图 6.5 是三位二进制译码器的框图。输入信号是二进制代码,输出的是高、低电平信号。每输入一组代码,只有一个对应的输出端为有效状态,其余输出端均保持无效状态。或者说二进制译码器有多个输出端,每输入一组代码必有一个而且只有一个输出端有信号输出,其余的输出端均无信号输出。

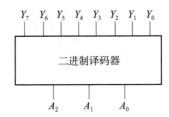

图 6.5　三位二进制译码器的框图

如果输入的是 n 位二进制代码,译码器有 2^n 个输出端。二位二进制译码器有四个输出端,又可以称为 2 线-4 线译码器;同理,三位二进制译码器称为 3 线-8 线译码器;四位二进制译码器称为 4 线-16 线译码器。

图 6.6(a)是集成 3 线-8 线译码器 74LS138 的逻辑符号,图 6.6(b)是 74LS138 的引脚图,表 6.6 是 74LS138 的功能表。

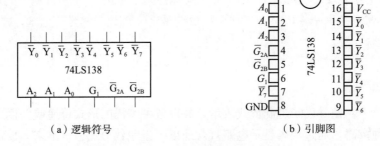

图 6.6　集成 3 线-8 线译码器 74LS138

表 6.6　74LS138 的功能表

输入					输出							
G_1	$\overline{G}_{2A}+\overline{G}_{2B}$	A_2	A_1	A_0	$\overline{Y}_0$	$\overline{Y}_1$	$\overline{Y}_2$	$\overline{Y}_3$	$\overline{Y}_4$	$\overline{Y}_5$	$\overline{Y}_6$	$\overline{Y}_7$
×	1	×	×	×	1	1	1	1	1	1	1	1
0	×	×	×	×	1	1	1	1	1	1	1	1
1	0	0	0	0	0	1	1	1	1	1	1	1
1	0	0	0	1	1	0	1	1	1	1	1	1
1	0	0	1	0	1	1	0	1	1	1	1	1
1	0	0	1	1	1	1	1	0	1	1	1	1
1	0	1	0	0	1	1	1	1	0	1	1	1
1	0	1	0	1	1	1	1	1	1	0	1	1
1	0	1	1	0	1	1	1	1	1	1	0	1
1	0	1	1	1	1	1	1	1	1	1	1	0

74LS138 的逻辑功能如下：

74LS138 有三个译码输入端（又称地址输入端）A_2、A_1、A_0，八个译码输出端$\overline{Y}_0 \sim \overline{Y}_7$，以及三个控制端（又称使能端）$G_1$、$\overline{G}_{2A}$、$\overline{G}_{2B}$。

译码输入端A_2、A_1、A_0有八种用二进制代码表示的输入组合状态。每输入一组二进制代码将使对应的一个输出端为有效电平（$\overline{Y}_0 \sim \overline{Y}_7$上的"—"表示有效电平为低电平），其他输出端均为无效电平。如A_2、A_1、A_0输入为 011 时，$\overline{Y}_3$被"译中"，$\overline{Y}_3$输出为 0。

G_1、$\overline{G}_{2A}$、$\overline{G}_{2B}$是译码器的控制端，当$G_1=1$、$\overline{G}_{2A}+\overline{G}_{2B}=0$（即$G_1$为 1、$\overline{G}_{2A}$、$\overline{G}_{2B}$均为 0）时，译码器可正常译码；否则，译码器被禁止，所有输出端均为无效电平（高电平）。这三个控制端又称"片选"输入端，利用"片选"的作用可以将多片电路连接起来，以扩展译码器的功能。

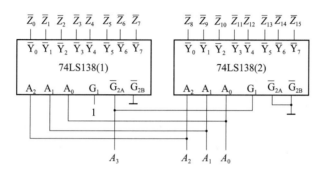

图 6.7 用 74LS138 译码器构成的 4 线-16 线译码器

二、二-十进制译码器

将 8421BCD 码翻译成 10 个对应的输出信号，用来表示 0~9 共 10 个数字的逻辑电路称为二-十进制译码器。图 6.8 为二-十进制译码器 74LS42 的逻辑符号，表 6.7 是 74LS42 的功能表。

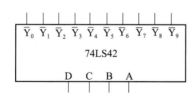

图 6.8 74LS42 的逻辑符号

表 6.7 74LS42 的功能表

数字	输入				输出									
	D	C	B	A	$\overline{Y}_0$	$\overline{Y}_1$	$\overline{Y}_2$	$\overline{Y}_3$	$\overline{Y}_4$	$\overline{Y}_5$	$\overline{Y}_6$	$\overline{Y}_7$	$\overline{Y}_8$	$\overline{Y}_9$
0	0	0	0	0	0	1	1	1	1	1	1	1	1	1
1	0	0	0	1	1	0	1	1	1	1	1	1	1	1
2	0	0	1	0	1	1	0	1	1	1	1	1	1	1
3	0	0	1	1	1	1	1	0	1	1	1	1	1	1

续表

数字	输入				输出									
	D	C	B	A	$\overline{Y}_0$	$\overline{Y}_1$	$\overline{Y}_2$	$\overline{Y}_3$	$\overline{Y}_4$	$\overline{Y}_5$	$\overline{Y}_6$	$\overline{Y}_7$	$\overline{Y}_8$	$\overline{Y}_9$
4	0	1	0	0	1	1	1	1	0	1	1	1	1	1
5	0	1	0	1	1	1	1	1	1	0	1	1	1	1
6	0	1	1	0	1	1	1	1	1	1	0	1	1	1
7	0	1	1	1	1	1	1	1	1	1	1	0	1	1
8	1	0	0	0	1	1	1	1	1	1	1	1	0	1
9	1	0	0	1	1	1	1	1	1	1	1	1	1	0
六个无效信号	1	0	1	0	1	1	1	1	1	1	1	1	1	1
	1	0	1	1	1	1	1	1	1	1	1	1	1	1
	1	1	0	0	1	1	1	1	1	1	1	1	1	1
	1	1	0	1	1	1	1	1	1	1	1	1	1	1
	1	1	1	0	1	1	1	1	1	1	1	1	1	1
	1	1	1	1	1	1	1	1	1	1	1	1	1	1

由表6.6可以看出，该电路输入的是8421BCD码，$\overline{Y}_0 \sim \overline{Y}_9$是译码器的10个输出端，"低电平"为有效输出信号，即有输出时输出端为"0"；没有输出时输出端为"1"。当输入为0000～1001中的任意一组代码时，$\overline{Y}_0 \sim \overline{Y}_9$总有一个输出端为有效的低电平；当输入为1010～1111这六个无效信号时，译码器输出全"1"，无有效输出。因此，该电路为二-十进制译码器。

三、显示译码器

在数字系统中，为便于人们阅读或监视数字系统的工作情况，常常需要将数字量用十进制数码显示出来。数码显示电路一般由译码器、驱动器和显示器组成。那些能够直接驱动显示器件的译码器称为显示译码器。

由于目前大多数的显示器件为七段数码显示器，故本书只介绍能驱动七段数码显示器的译码器。由于它的输出端要直接驱动数码显示器，因此它与二进制译码器、二-十进制译码器都不相同，它的输出端必须能够同时产生多个有效电平，而且要求输出功率较大，所以一般的集成显示译码器又称七段显示器/驱动器。

1. 七段数码显示器

七段数码显示器又称七段数码管（有的加小数点为八段）。根据发光材料的不同，有荧光数码管、液晶（LCD）数码管和发光二极管（LED）等。这里主要介绍最常用的发光二极管七段数码显示器。

七段数码管分共阴极和共阳极两类，其外形图和内部接线如图6.9所示。a～g七个字段通过引脚与外部电路连接。共阴极数码管将各发光二极管的阴极连接在一起成为公共电极接低电平，阳极分别由译码器输出端来驱动。当译码输出某段码为高电平时，相应的发光二极管就导通发光；共阳极数码管将各发光二极管的阳极连接在一起成为公共电极接高电平，阴极分别由译码器输出端来驱动。当译码输出某段码为低电平时，相应的发光二极管就导通发光。

项目 6 中规模逻辑电路的设计与制作

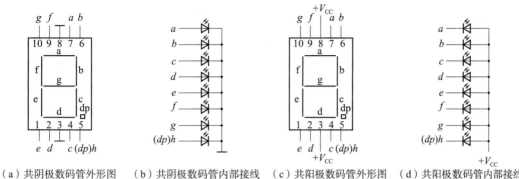

（a）共阴极数码管外形图　（b）共阴极数码管内部接线　（c）共阳极数码管外形图　（d）共阳极数码管内部接线

图 6.9　数码管

LED 工作电压较低，工作电流也不大，故可以用七段显示译码器直接驱动 LED 数码管。对于共阴极数码管，应采用高电平驱动方法；对于共阳极数码管，则采用低电平驱动方法。

2. 七段显示译码器

LED 数码管通常采用图 6.10（b）所示的七段字形显示方式来表示 0～9 十个数字。七段显示译码器就是把输入的 8421BCD 码，翻译成能够驱动七段 LED 数码管各对应段所需的电平。

74LS48 是一种七段显示译码器。图 6.11 为它的逻辑符号，表 6.8 是它的功能表。

图 6.10　七段数码管字形显示方式

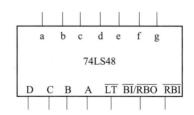

图 6.11　74LS48 的逻辑符号

表 6.8　74LS48 的功能表

十进制或功能	输入					$\overline{BI}/\overline{RBO}$	输出							显示数字
	$\overline{LT}$	$\overline{RBI}$	D	C	B	A		a	b	c	d	e	f	g	
0	1	×	0	0	0	0	1	1	1	1	1	1	1	0	0
1	1	×	0	0	0	1	1	0	1	1	0	0	0	0	1
2	1	×	0	0	1	0	1	1	1	0	1	1	0	1	2
3	1	×	0	0	1	1	1	1	1	1	1	0	0	1	3

续表

十进制或功能	输入					$\overline{BI}/\overline{RBO}$	输出						显示数字
	$\overline{LT}$	$\overline{RBI}$	D	C	B	A		a	b	c	d	e	f	g	
4	1	×	0	1	0	0	1	0	1	1	0	0	1	1	4
5	1	×	0	1	0	1	1	1	0	1	1	0	1	1	5
6	1	×	0	1	1	0	1	1	0	1	1	1	1	1	6
7	1	×	0	1	1	1	1	1	1	1	0	0	0	0	7
8	1	×	1	0	0	0	1	1	1	1	1	1	1	1	8
9	1	×	1	0	0	1	1	1	1	1	0	0	1	1	9
10	1	×	1	0	1	0	1	0	0	0	1	1	0	1	
11	1	×	1	0	1	1	1								
12	1	×	1	1	0	0	1								
13	1	×	1	1	0	1	1								
14	1	×	1	1	1	0	1	0	0	0	1	1	1	1	
15	1	×	1	1	1	1	1	0	0	0	0	0	0	0	灭零
灭灯	×	×	×	×	×	×	0	0	0	0	0	0	0	0	灭零
动态灭零	1	0	0	0	0	0	0	0	0	0	0	0	0	0	灭零
试灯	0	×	×	×	×	×	1	1	1	1	1	1	1	1	8

当输入代码小于 9 时,译码器的输出使七段数码管显示 0～9 这 10 个数字;当输入代码大于 9 时,译码器的输出使七段数码管显示一定的图形,而且这些图形应该与有效的数字有较大的区别,不至于引起混淆;当输入的代码为 1111(十进制数 15)时,译码器的输出使七段数码管的所有字段都不发光,这种状态称为"灭零"状态。

$\overline{BI}/\overline{RBO}$ 既可以作为输入端使用,也可以作为输出端使用。$\overline{BI}/\overline{RBO}$ 作为输入端使用时为灭灯输入端,低电平有效,即 $\overline{BI}=0$ 时,不管其他输入端为何种电平,各输出端均输出"0",即处于"灭零"状态,该端优先权最高。

$\overline{LT}$ 为灯测试输入端。当 $\overline{BI}=1$,$\overline{LT}=0$ 时,各字段 $a\sim g$ 均输出高电平,显示数字"8",可以对数码管进行测试,用来检查数码管各个字段是否正常。正常译码时 $\overline{LT}=1$。

$\overline{RBI}$ 为灭零输入端。当不希望 0(例如小数点前后多余的 0)显示出来时,可以用该信号灭掉。在 $\overline{LT}=1$ 条件下,当输入端 DCBA=0000 时,若 $\overline{RBI}=1$,显示器显示 0,同时动态灭零输出端 $\overline{RBO}=1$;若 $\overline{RBO}=0$,译码器各字段输出均为 0,显示器熄灭,同时 $\overline{RBO}=0$。

$\overline{BI}/\overline{RBO}$ 作为输出端使用时,称为灭零输出端。当 $\overline{LT}=1$,$\overline{RBO}=0$ 时,若输入 DCBA=0000,不但使该译码器驱动的数码管灭零,而且输出 $\overline{RBO}=0$。若将这个 0 送到另一译码器的 $\overline{RBI}$ 端,可以使这个译码器驱动的数码管的 0 都熄灭。

因此,将 $\overline{BI}/\overline{RBO}$ 与相邻的译码器的 $\overline{RBI}$ 配合使用,可以消去整数有效数字之前和小数点之后,不必要显示的"0"。例如,要显示数字 005.600,人们习惯显示成 5.6,这样 5 前面的"0"和 6 后面的"0"都不需要显示,应该消隐,接成图 6.12 所示的电路即可实现。

74LS48 译码器内部输出端有 2 kΩ 电阻上拉,故可以直接使用,显示电路如图 6.13 所示。

但有些译码器内部没有上拉电阻,则需要在外部接上拉电阻或限流电阻,如图 6.14 所示。

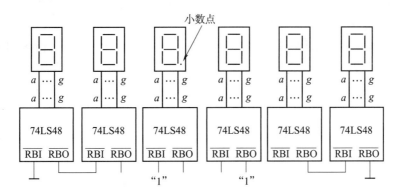

图 6.12　多位数字显示连接

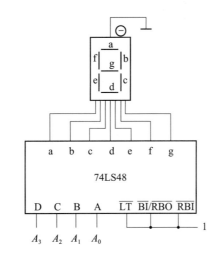

图 6.13　74LS48 驱动数码管电路

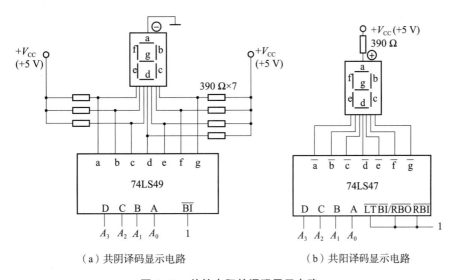

（a）共阴译码显示电路　　　　　　（b）共阳译码显示电路

图 6.14　外接电阻的译码显示电路

任务工单

1. 设备运行监控电路的设计

有红、黄、绿三只指示灯,用来指示三台设备的工作情况,当三台设备都正常工作时,绿灯亮;当有一台设备有故障时,黄灯亮;当有两台设备同时发生故障时,红灯亮;当三台设备同时发生故障时,黄灯和红灯同时亮,试写出用 74LS138 实现红、黄、绿灯点亮的逻辑函数表达式,并画出接线图。

(1)分析。取三台设备的状态为输入变量,分别用 A、B、C 表示,并规定故障时为 1,正常运行时为 0;红、黄、绿三只指示灯作为输出变量分别用 R、Y、G 来表示,"1"表示灯亮,"0"表示灯未亮。

(2)完成真值表,见表 6.9。

表 6.9 设备运行监控电路真值表

A	B	C	$\overline{Y_0}$	$\overline{Y_1}$	$\overline{Y_2}$	$\overline{Y_3}$	$\overline{Y_4}$	$\overline{Y_5}$	$\overline{Y_6}$	$\overline{Y_7}$
0	0	0	0	1	1	1	1	1	1	1
0	0	1	1	0	1	1	1	1	1	1
0	1	0	1	1	0	1	1	1	1	1
0	1	1	1	1	1	0	1	1	1	1
1	0	0	1	1	1	1	0	1	1	1
1	0	1	1	1	1	1	1	0	1	1
1	1	0	1	1	1	1	1	1	0	1
1	1	1	1	1	1	1	1	1	1	0

(3)由真值表写出逻辑表达式,并将其变换成 74LS138 芯片所需的逻辑表达式。

$$G=\overline{Y_0}; \quad Y=\overline{\overline{Y_1} \cdot \overline{Y_2} \cdot \overline{Y_4} \cdot \overline{Y_7}}; \quad R=\overline{\overline{Y_3} \cdot \overline{Y_5} \cdot \overline{Y_6} \cdot \overline{Y_7}}$$

(4)由逻辑表达式画出逻辑图,如图 6.15 所示。

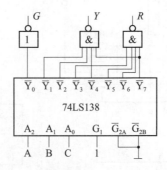

图 6.15 设备运行监控电路逻辑图

(5)根据逻辑图,利用 Multisim 软件设计电路仿真图,如图 6.16 所示,验证设计电路的逻辑功能。

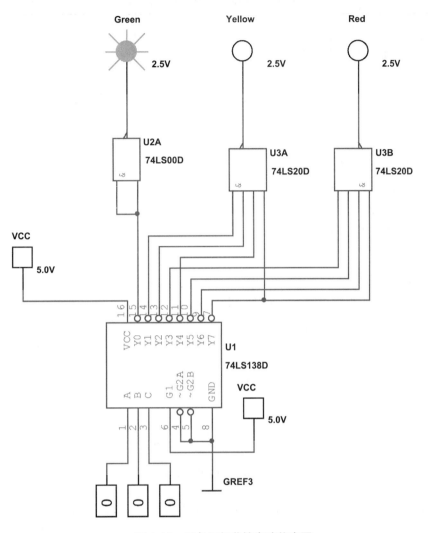

图 6.16 设备运行监控电路仿真图

2. 数码显示电路的设计

要求设计一个译码器：使用两片 74LS00 能显示 0、1、2、6 四个字形的译码逻辑电路，输入变量为 A、B。

1) 设计提示

(1) 先选定 LED 数码管是共阳极还是共阴极形式。

(2) 注意译码器的输出电流能否直接驱动 LED 发光，若不能，则要加驱动器。

(3) 驱动电路或译码电路输出与笔段之间要加限流电阻。

2) 设计过程

(1) 选定 LED 数码管是共阳极还是共阴极形式（这里 LED 数码管为共阳极，型号为 SM420501，共阴极 LED 的 COM 引脚应接地）。

(2) 列出显示状态表，见表 6.10。

表 6.10 数码显示电路状态表

A	B	字形	a	b	c	d	e	f	g
0	0	0	1	1	1	1	1	1	0
0	1	1	0	1	1	0	0	0	0
1	0	2	1	1	0	1	1	0	1
1	1	6	1	0	1	1	1	1	1

（3）写出各段译码逻辑表达式。

$a=d=e=\overline{A}B+A\overline{B}+AB=\overline{B}+AB=\overline{B}+A=\overline{\overline{A}\cdot B}$。

$b=\overline{A}\overline{B}+\overline{A}B+A\overline{B}=\overline{A}+A\overline{B}=\overline{A}+\overline{B}=\overline{A\cdot B}$。

$c=\overline{A}\overline{B}+\overline{A}B+AB=\overline{A}+AB=\overline{A}+B=\overline{A\cdot \overline{B}}$。

$f=\overline{A}\overline{B}+AB=\overline{\overline{\overline{A}\cdot \overline{B}}\cdot \overline{AB}}$。

$g=A\overline{B}+AB=A$。

（4）由逻辑表达式画出逻辑图，如图 6.17 所示。

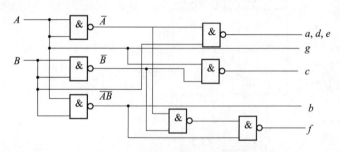

图 6.17 数码显示电路逻辑图

（5）根据逻辑图，利用 Multisim 软件设计电路仿真图，如图 6.18 所示，验证设计电路的逻辑功能。

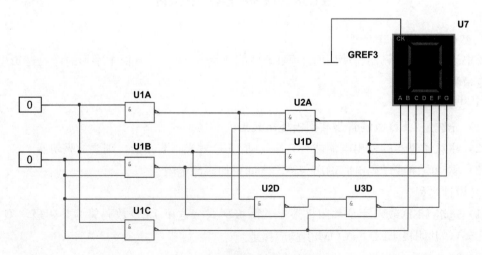

图 6.18 数码显示电路仿真图

📢 综合评价

综合评价表见表 6.11。

表 6.11 数码显示电路的设计综合评价表

班级：_____ 指导教师：_____
小组：_____ 日　　期：_____
姓名：_____

评价项目	评价标准	评价依据	评价方式			权重	得分小计
			学生自评 20%	小组互评 30%	教师评价 50%		
职业素养	(1) 遵守企业规章制度、劳动纪律。 (2) 按时按质完成工作任务。 (3) 积极主动承担工作任务，勤学好问。 (4) 人身安全与设备安全。 (5) 工作岗位 6S 完成情况	(1) 出勤。 (2) 工作态度。 (3) 劳动纪律。 (4) 团队协作精神				0.3	
专业能力	(1) 会熟练使用 Multisim 仿真软件。 (2) 能理解显示电路特点	(1) 工作原理分析清晰程度。 (2) 软件使用熟练程度				0.5	
创新能力	(1) 逻辑电路设计中提出自己的解决方案。 (2) 对数学 0~9 进行译码器功能测试	(1) 理解译码器电路特点。 (2) 译码电路测试熟练程度				0.2	
		合计					

🤔 思考与练习

用 3 线-8 线译码器 74LS138 设计全加器。

任务 6.3　抢答器电路的设计

> 抢答器广泛应用于各种知识竞赛中。当抢先者按下面前的按钮时，输入电路立即输出一个抢答信号，抢先者所对应的指示灯亮或者将编号在显示器上显示，而其他选手再按按钮就无效。抢答器可以通过分立门电路、中规模集成电路或单片机等多种方式实现。本任务用中规模集成电路来设计具有显示选手编号功能的抢答器。

📖 任务描述

本任务设计的抢答器是用基本门电路构成的简易型抢答器，通过对应的发光二极管（指示灯）被点亮来表示抢答成功。

任务分析

要设计一个四人抢答器的控制电路，首先利用 Multisim 软件进行电路仿真；其次进一步了解显示译码器的基本知识并掌握七段数码管的相关内容；最后利用常见显示译码器构成数码显示电路。

知识与技能

本抢答器的组成框图如图 6.19 所示。它主要由抢答按钮组电路、锁存电路、锁存控制电路、编码电路、译码显示电路等几部分组成。

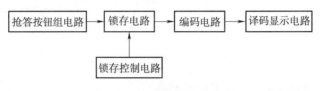

图 6.19 抢答器的组成框图

（1）抢答按钮组电路：由一组按钮组成，每一名竞赛者控制一个按钮。按钮为常开型触点，当按下开关时，触点闭合；当松开开关时，触点能自动复位而断开。

（2）锁存电路：主要元器件是锁存器。当该锁存器的使能端为有效电平（如低电平）时，将当前输出锁定，并阻止新的输入信号通过锁存器。

（3）锁存控制电路：根据要求使锁存电路处于锁存或解锁状态。一轮抢答完成后，应将锁存电路的封锁解除，使锁存器重新处于等待接收状态，以便进行下一轮的抢答。

（4）编码电路：将锁存电路输出端产生的电平信号，编码为相应的三位二进制数码。

（5）译码显示电路：将编码电路输出的二进制数码，经显示译码器，转换为数码管所需的逻辑电平，驱动 LED 数码管显示相应的十进制数码。

编码电路、译码显示电路在前面已作介绍。这里简单介绍锁存器的相关知识。

74LS373 是八路数据锁存器，它能够记忆、锁存数据，其引脚图和逻辑符号如图 6.20 所示，功能表见表 6.12。

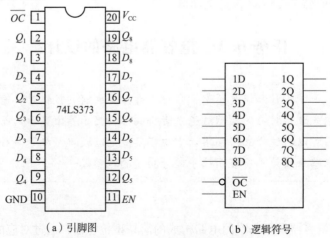

（a）引脚图　　　　　　　　　　（b）逻辑符号

图 6.20 八路数据锁存器 74LS373

表 6.12　八路数据锁存器 74LS373 功能表

输入			输出
$\overline{OC}$	EN	D	Q
0	1	1	1
0	1	0	0
0	0	×	Q^n
1	×	×	Z

从表 6.12 中可以看出，$\overline{OC}$ 为三态控制端（低电平有效），当 $\overline{OC}=1$ 时，八个输出端均为高阻态（功能表中的 Z 表示高阻态）。$\overline{OC}=0$ 时，若使能端 $EN=1$，则锁存器处于接收数据状态，输出端 $Q_1 \sim Q_8$ 随着输入端数据 $D_1 \sim D_8$ 的变化而变化；若使能端 $EN=0$，则锁存器处于锁存数据状态，输出端的数据锁存不变。

任务工单

1. 电路组成和元器件的选择

1) 抢答按钮组电路

图 6.21 所示为四路抢答按钮组电路，四个按钮均为常开型触点。

2) 锁存电路

锁存电路元器件就是八路锁存器 74LS373，如图 6.22 所示。

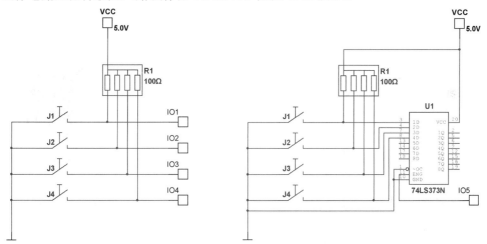

图 6.21　四路抢答按钮组电路　　　　图 6.22　锁存电路

3) 锁存控制电路

锁存控制电路由一个复合按钮和一个或门组成，复合按钮的常开触点接电源（高电平），而常闭触点接地（低电平），如图 6.23 所示。

4) 编码电路

图 6.24 所示为编码电路，74LS148 为 8 线-3 线优先编码器。当 EI 接低电平，编码器处于工作状态，任何一端输入有效信号（低电平）时，输出为相应编号的三位二进制数码。由于输出的数码为反码，故用非门将其转换成原码，同时扩展端 GS 输出高电平。当编码器的输入端均为高电平时，扩展端 GS 输出低电平，表示"此片工作，但无有效信号输入"。

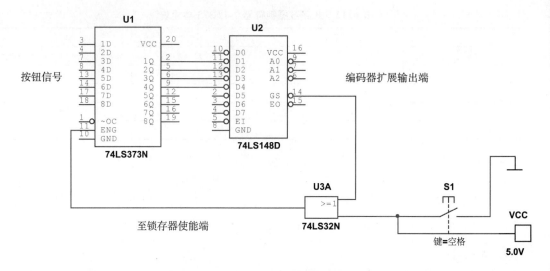

图 6.23 锁存控制电路

5) 译码显示电路

图 6.25 所示为译码显示电路。显示译码器采用 74LS48，数码管采用共阴极，显示相应的十进制数码。数码管显示与否，由编码器 GS 端控制。

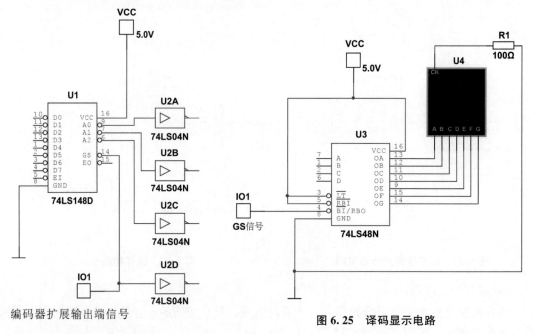

图 6.24 编码电路

图 6.25 译码显示电路

2. 工作过程分析

四人抢答器总体仿真电路如图 6.26 所示。

当按钮未按下时，编码器 $D_1 \sim D_4$ 各端均为高电平，编码器处于工作状态，但无有效信号输入。$\overline{GS}=1$，通过或门，使锁存器使能端 $EN=1$，处于等待接收状态。

当按下某一按钮时,低电平脉冲输入锁存器,锁存器 Q 端输出信号等于输入信号,输入至编码器 74LS148。编码器对该信号进行编码,并使 $\overline{GS}=0$。由于抢答器正常工作时双控开关 S6 置于低电平状态,因此,锁存器使能端 $EN=0$,锁存器处于锁存状态,阻止新的输入信号通过锁存器。

一轮抢答完成后,按一下 S6,高电平脉冲通过或门可使锁存器使能端 $EN=1$,电路解除锁存,使锁存器重新处于等待接收状态,以便进行下一轮的抢答。

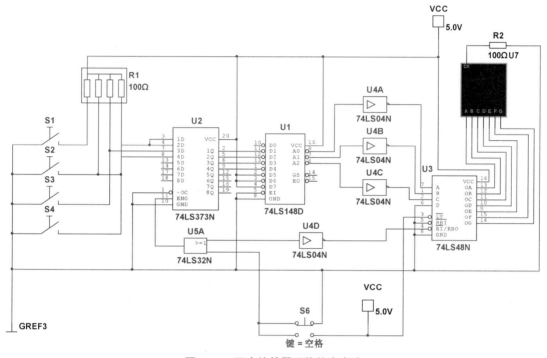

图 6.26 四人抢答器总体仿真电路

综合评价

综合评价表见表 6.13。

表 6.13 抢答器电路的设计综合评价表

班级：_____　　　　指导教师：_____
小组：_____　　　　日　　期：_____
姓名：_____

评价项目	评价标准	评价依据	评价方式			权重	得分小计
			学生自评 20%	小组互评 30%	教师评价 50%		
职业素养	(1) 遵守企业规章制度、劳动纪律。 (2) 按时按质完成工作任务。 (3) 积极主动承担工作任务,勤学好问。 (4) 人身安全与设备安全。 (5) 工作岗位 6S 完成情况	(1) 出勤。 (2) 工作态度。 (3) 劳动纪律。 (4) 团队协作精神				0.3	

专业能力	（1）会熟练使用 Multisim 仿真软件。 （2）能理解锁存器电路特点	（1）工作原理分析清晰程度。 （2）软件使用熟练程度			0.5	
创新能力	（1）逻辑电路设计中提出自己的解决方案。 （2）指定其他功能进行锁存器测试	（1）理解锁存器电路特点。 （2）锁存器电路测试熟练程度			0.2	
合计						

思考与练习

根据所学内容设计并制作八人抢答器，要求八个开关输入，稳定显示与输入开关编码相对应的数字。一轮抢答完成后，能进行解锁，进行下一轮抢答。

综 合 实 训

一、实训内容

人的血型可分为 A、B、AB、O 四种。输血时输血者的血型与受血者血型必须符合图 6.27 中用箭头指示的授受关系。判断输血者与受血者的血型是否符合上述规定，要求用八选一数据选择器（74LS151）及与非门（74LS00）实现。（提示：用两个逻辑变量的四种取值表示输血者的血型，例如 00 代表 A、01 代表 B、10 代表 AB、11 代表 O。）

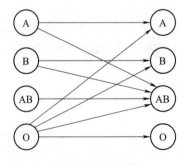

图 6.27　原理图

二、仪器仪表及元器件准备

实训所需器件清单见表 6.14。

表 6.14　实训所需器件清单

序号	名称	规格	数量	序号	名称	规格	数量
1	电阻器 R_1	200 Ω	1	4	与非门	74LS00	2
2	开关		4	5	与或非门	74LS51	1
3	LED 小灯		5	6			

实训所需工具：电工电子实训台、数字万用表、恒温电烙铁、双踪示波器。

三、实训流程

（1）用变量 P 来表征输血者与受血者血型是否一致，$P=1$、$P=0$ 分别表示血型一致和血型不一致，a、b 的组合表征输血者的血型，c、d 的组合表征受血者的血型，见表 6.15。

表 6.15　输血、受血真值表

输血			受血		
a	b	血型	c	d	血型
0	0	A	0	0	A
0	1	B	0	1	B
1	0	AB	1	0	AB
1	1	O	1	1	O

（2）输血时血型的一致情况见表 6.16。

表 6.16　血型的一致情况

a	b	c	d	P
0	0	0	0	1
0	0	0	1	0
0	0	1	0	1
0	0	1	1	0
0	1	0	0	0
0	1	0	1	1
0	1	1	0	1
0	1	1	1	0
1	0	0	0	0
1	0	0	1	0
1	0	1	0	1
1	0	1	1	0
1	1	0	0	0
1	1	0	1	1
1	1	1	0	0
1	1	1	1	1

（3）由表 6.16 可得逻辑表达式为 $P=\overline{abcd}+\overline{abc}\,\overline{d}+\overline{ab}\,\overline{cd}+\overline{abc}\,\overline{d}+a\,\overline{bc}\,\overline{d}+ab\,\overline{c}+abc$。

（4）利用八选一数据选择器（74LS151）及与非门（74LS00）实现逻辑电路。其仿真图如图 6.28 所示。

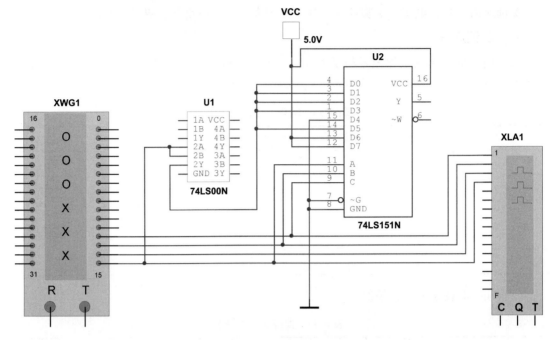

图 6.28 血型匹配仿真图

四、能力评价

能力评价表见表 6.17。

表 6.17 血型匹配电路的能力评价表

班级：_____ 指导教师：_____
小组：_____ 日　期：_____
姓名：_____

评价项目	评价标准	评价依据	评价方式			权重	得分小计
			学生自评 20%	小组互评 30%	教师评价 50%		
职业素养	(1) 遵守企业规章制度、劳动纪律。 (2) 按时按质完成工作任务。 (3) 积极主动承担工作任务，勤学好问。 (4) 人身安全与设备安全。 (5) 工作岗位 6S 完成情况	(1) 出勤。 (2) 工作态度。 (3) 劳动纪律。 (4) 团队协作精神				0.3	
专业能力	(1) 会熟练使用 Multisim 仿真软件。 (2) 理解数据选择电路特点	(1) 工作原理分析清晰程度。 (2) 软件使用熟练程度				0.5	
创新能力	(1) 逻辑电路设计中提出自己的解决方案。 (2) 指定其他功能进行数据选择的测试	(1) 理解数据选择电路特点。 (2) 数据选择电路测试熟练程度				0.2	
合计							

习 题 6

1. 如图 6.29 所示电路，试回答下列问题。

(1) 该电路三个输出信号的逻辑表达式分别为：

$Y_2=$＿＿＿＿＿ $Y_1=$＿＿＿＿＿ $Y_0=$＿＿＿＿＿

根据写出的逻辑表达式，完成电路的真值表，见表 6.18。

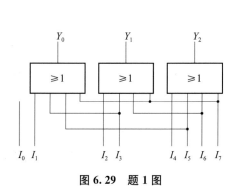

图 6.29 题 1 图

表 6.18 题 1 表

I	Y_2	Y_1	Y_0
I_0			
I_1			
I_2			
I_3			
I_4			
I_5			
I_6			
I_7			

(2) 该电路是由三个或门组成的＿＿＿＿位＿＿＿＿进制＿＿＿＿器。

(3) 该电路输入信号为＿＿＿＿电平有效，当输入 $I_5=1$、其余输入为低电平时，则输出 $Y_2Y_1Y_0=$＿＿＿＿；当输入 $I_1 \sim I_7$ 均为低电平时，则输出 $Y_2Y_1Y_0=$＿＿＿＿。

(4) 该电路输入信号数目 $N=$＿＿＿＿，若输入信号为 16 个，则应该用＿＿＿＿个或门实现这种电路。

2. 用 3 线-8 线译码器 74LS138 及门电路产生逻辑函数：$Z=\overline{A}BC+A\overline{B}C+AB$。

3. 3 线-8 线译码器 74LS138 电路如图 6.30 所示，写出它实现的最简函数表达式 S 和 C_0，并分析其逻辑功能。

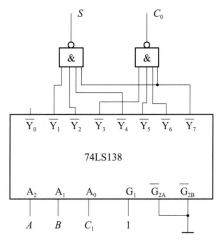

图 6.30 题 3 图

项目 7　数字钟的设计与制作

在单片机问世之前，计时器、闪烁的霓虹灯、数字钟等这些需要延时控制的产品都需要用时序逻辑电路来进行控制，包括微处理器的时钟信号、读/写信号，其本质上也是一种时序逻辑电路。以数字钟为例，它从原理上讲是一种典型的数字电路，其中包括了组合逻辑电路和时序逻辑电路。目前，数字钟的功能越来越强，并且有多种专门的大规模集成电路可供选择。

本项目是完成可实现时、分、秒的数字钟的制作。当计时出现误差时，可以用校时电路校时、校分。校时电路由复位按钮构成，复位按钮按下产生手动脉冲，从而调节计数器，实现校时。同时，通过门电路构成的判断模块对时计时和分计时的输出进行判断，从而实现整点报时的功能。计时器与流水灯外形如图 7.1 所示。

图 7.1　计时器与流水灯外形

知识目标

（1）掌握时序逻辑电路功能的描述方法；
（2）掌握时序逻辑电路的分析方法；
（3）掌握集成 RS 触发器的逻辑功能与使用方法；
（4）掌握主从式触发器的电路结构、动作特点，JK 触发器的逻辑功能及描述，直接置 0 和置 1，主从 JK 触发器的一次性翻转现象；
（5）掌握由集成触发器构成计数器的方法；
（6）学习计数器清零端和置数端的功能，同步和异步的概念；
（7）掌握四位二进制加法计数器 74LS161 的功能和使用方法；
（8）掌握双向移位寄存器 74LS194 的功能和使用方法；
（9）掌握 555 定时器的功能和使用方法。

能力目标

（1）掌握常用集成触发器、计数器的测试方法；
（2）学会组装和验证各种时序逻辑电路、集成触发器电路；
（3）掌握同步计数器设计方法与测试方法；
（4）掌握常用中规模集成计数器的逻辑功能和使用方法；
（5）制作可变进制计数器电路，对电路中出现的故障进行原因分析并排除故障；
（6）制作八位流水灯电路，实现发光二极管依次点亮的功能，对电路出现的故障进行原因分析并排除故障；
（7）学会设计基本中规模时序逻辑电路；
（8）学会设计555组成的脉冲发生器电路；
（9）学会设计74LS192减计数器电路；
（10）学会数字钟的设计与制作。

任务7.1 时序逻辑电路和触发器的认知

> 相对组合逻辑电路来说，时序逻辑电路的输出不仅仅取决于当前的输入信号，而且还取决于电路原来的状态，或者说，还与以前的输入有关。同时，时序逻辑电路包含了存储记忆功能。时序逻辑电路包含了组合逻辑电路和存储电路，输出状态必须反馈到组合逻辑电路的输入端，与输入信号共同决定组合逻辑的输出。

任务描述

完成基本RS触发器逻辑功能测试；完成JK触发器74LS112逻辑功能测试；完成D触发器构成的八分频电路测试。

任务分析

认知时序逻辑电路和触发器，首先了解数字电路根据逻辑功能的不同特点的分类、原理、应用，并对其进行故障分析；其次学习时序逻辑电路在逻辑功能上的特点；最后了解各类触发器在数字电路中的应用。

知识与技能

一、时序逻辑电路的认知

1. 时序逻辑电路概述

数字逻辑电路通常分为组合逻辑电路和时序逻辑电路两大类，组合逻辑电路的有关内容在前面的章节里已经做了介绍，组合逻辑电路的特点是输入的变化直接反映了输出的变化，其输出的状态仅取决于输入的当前状态，与输入、输出的原始状态无关，而时序逻辑电路是一种输出不仅与当前的输入有关，而且与其输出状态的原始状态有关，其相当于在组合逻辑电路的输入端加上了一个反馈输入，在其电路中有一个存储电路，其可以将输出的状态保持住。可以用图 7.2 所示的框图来描述时序逻辑电路的构成。

时序逻辑电路又称时序电路，主要由存储电路和组合逻辑电路两部分组成。它和我们熟悉的其他电路不同，其在任何一个时刻的输出状态由当时的输入信号和电路原来的状态共同决定，而它的状态主要是由存储电路来记忆和表示的。同时，时序逻辑电路在结构以及功能上的特殊性，相较其他种类的数字逻辑电路而言，往往具有难度大、电路复杂并且应用范围广的特点。

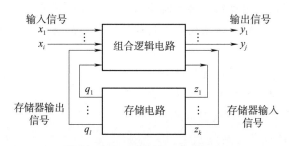

图 7.2　时序逻辑电路结构图

从图 7.2 中可以看出，其输出是输入及输出前一个时刻的状态的函数，这时就无法用组合逻辑电路的函数表达式的方法来表示其输出函数表达式了。在这里引入了现态和次态的概念。现态表示现在的状态（通常用 Q^n 来表示），而次态表示输入发生变化后其输出的状态（通常用 Q^{n+1} 表示），那么输入变化后的输出状态表示为

$$Q^{n+1} = f(X, Q^n)$$

式中，X 表示输入变量。

2. 时序逻辑电路应用

时序逻辑电路应用很广泛，根据所要求的逻辑功能不同进行划分，它的种类也比较繁多。下面主要选取了应用较广、具有典型时序逻辑电路特征的三种逻辑器件进行比较详细的介绍。

1）计数器

一般来说，计数器主要由触发器组成，用以统计输入计数脉冲 CP 的个数。计数器的输出通常为现态的函数。计数器累计输入脉冲的最大数目称为计数器的"模"，用 M 表示。如 $M=6$ 计数器，又称六进制计数器。所以，计数器的"模"实际上为电路的有效状态数。

计数器的种类很多，特点各异。主要分类如下：按计数进制可分为二进制计数器、十进制计数器、任意进制计数器；按计数增减可分为加法计数器、减法计数器、加/减计数器（又称可逆计数器）；按计数器中触发器翻转是否同步可分为异步计数器和同步计数器。

2）寄存器

寄存器是存放数码、运算结果或指令的电路。移位寄存器不但可存放数码，而且在移位脉冲作用下，寄存器中的数码可根据需要向左或向右移位。寄存器和移位寄存器是数字系统和计算机中常用的基本逻辑部件，应用很广。一个触发器可存储一位二进制代码，n 个触发器可存储 n 位二进制代码。因此，触发器是寄存器和移位寄存器的重要组成部分。对寄存器中的触发器只要求它们具有置 0 或者置 1 功能即可，无论是用同步结构的触发器，还是用主从结构或者边沿触发的触发器，都可以组成寄存器。

3）顺序脉冲发生器

顺序脉冲是指在每个循环周期内，在时间上按一定先后顺序排列的脉冲信号。产生顺序脉冲信号的电路称为顺序脉冲发生器。在数字系统中，常用以控制某些设备按照事先规定的顺序进行运算或操作。

3. 时序逻辑电路主要故障分析

由于时序逻辑电路具有存储或记忆的功能，检修起来就比较复杂。时序逻辑电路主要故障分析如下：

（1）时钟：时钟是整个系统的同步信号，当时钟出现故障时会带来整体的功能故障。时钟脉冲丢失会导致系统数据总线、地址总线或控制总线没有动作。时钟脉冲的速率、振幅、宽度、形状及相位发生变化均可能引发故障。

（2）复位：含有微处理器（MPU）的设备，即使是最小系统，一般都具有复位功能。复位脉冲在系统上电时加载到 MPU 上，或在特定情况下使程序回到最初状态（例如，看门狗 Watchdog 程序）。当复位脉冲不能发生、信号过窄、信号幅度不对、转换中有干扰或转换太慢时，程序就可能在错误的地址启动，导致程序混乱。

（3）总线：总线用于传递指令系列和控制事件。一般有地址总线、数据总线和控制总线。当总线即使只有一位发生错误时，也会严重影响系统功能，出现错误寻址、错误数据或错误操作等。总线错误可能发生在总线驱动器中，也可能发生在接收数据位的其他元件中。

（4）中断：带微处理器（MPU）的系统一般都能够响应中断信号或设备请求，产生控制逻辑，以暂时中断程序执行，转到特殊程序，为中断设备服务，然后自动回到主程序。中断错误主要是中断线路黏附（此时系统操作非常缓慢）或受到干扰（系统错误响应中断请求）。

（5）信号衰减和畸变：长的并行总线和控制线可能会发生交互串扰和传输线故障，表现为相邻的信号线出现尖峰脉冲（交互串扰），或驱动线上形成减幅振荡（相当于逻辑电平的多次转换），从而可能加入错误数据或控制信号。发生信号衰减的可能原因比较多，常见的有高湿度环境、长的传输线、高速率转换等。而大的电子干扰源会产生电磁干扰（EMI），导致信号畸变，引起电路的功能紊乱。

二、常用触发器的认知

在实际的时序逻辑电路中往往包含大量的存储单元，而且经常要求它们在同一时刻同步动作，为达到这个目的，在每个存储单元电路中引入一个时钟脉冲（CP）作为控制信号，只有当 CP 到来时电路才被"触发"而动作，并根据输入信号改变输出状态。把这种在时钟信号触发时才能动作的存储单元电路称为触发器。

1. RS 触发器

基本 RS 触发器又称复位/置位触发器（R、S 是英文复位、置位的缩写），是最简单的一种触发器，是构成各种复杂触发器的基础。图 7.3 为 RS 触发器的电路组成和图形符号。

把两个与非门交叉连接起来就可构成一个 RS 触发器，通过这种连接方式产生的逻辑结果只有两种可能：一种是 $\overline{R}=0$，$\overline{S}=1$，另一种是 $\overline{R}=1$，$\overline{S}=0$。绝不可能 $\overline{R}$ 和 $\overline{S}$ 都同时为"1"或为"0"，因为 $\overline{R}$ 若为"0"，$\overline{S}$ 必为"1"，而且也只有 $\overline{S}$ 为"1"，$\overline{R}$ 才能为"0"。也不可能两个与非门都处于放大状态，因为若工作于放大状态，每一个非门相当于一级共发射极放大电路,现在交叉连接,与非门 G_1 的输出接与非门 G_2 的输入,与非门 G_2 的输出又接与非门 G_1 的输入,这就形成了反馈,中间包括两个输出和输入反相的放大级,因而是正反馈,正反馈是不稳定的,必将导致一个门导通另一个门截止,成为一种稳态。例如,$\bar{R}$ 输出电压低了一点,$\bar{S}$ 输出电压就会高一点,反过来又促使 $\bar{R}$ 输出更低,则 $\bar{S}$ 输出更高,直至与非门 G_1 导通输出"0"、与非门 G_2 截止输出"1"成为一种稳态才结束这个过程。RS 触发器逻辑功能表见表 7.1。

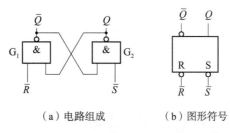

(a)电路组成　　　(b)图形符号

图 7.3　RS 触发器的电路组成和图形符号

表 7.1　RS 触发器逻辑功能表

输入		输出	
$\bar{R}$	$\bar{S}$	Q	$\bar{Q}$
0	1	0	1
1	0	1	0
1	1	不变	不变
0	0	不定	不定

由图 7.4 可知,与非门 G_1 和 G_2 组成基本 RS 触发器。在此之前,增加一级输入控制门电路,CP 为同步控制信号,通常称为脉冲方波信号,或称为时钟脉冲,简称时钟,用字母 CP(Clock Pulse)来表示。通过控制 CP 端电平,可以实现多个触发器同步工作。当时钟脉冲到来之前,即 CP=0 时,不论 R 和 S 端的电平如何变化,G_3 和 G_4 输出都是"1",基本 RS 触发器保持原状态不变;当 CP=1 时,该信号对两个与非门 G_1 和 G_2 的输出信号没

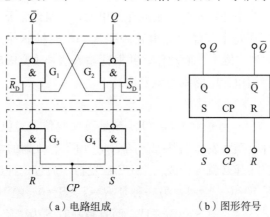

(a)电路组成　　　(b)图形符号

图 7.4　同步 RS 触发器的电路组成和图形符号

有影响，同步 RS 触发器的输出状态随输入信号变化而变化的情况与基本 RS 触发器相同。同步 RS 触发器逻辑功能表见表 7.2。

表 7.2 同步 RS 触发器逻辑功能表

输入		输出		功能说明
$\overline{R}$	$\overline{S}$	Q	$\overline{Q}$	
0	1	1	0	置 1
1	0	0	1	置 0
1	1	不变	不变	保持
0	0	不定	不定	禁止

2. JK 触发器

JK 触发器是数字电路触发器中的一个基本电路单元。JK 触发器具有置 0、置 1、保持和翻转功能。在各类集成触发器中，JK 触发器的功能最为齐全。在实际应用中，它不仅有很强的通用性，而且能灵活地转换为其他类型的触发器。由 JK 触发器可以构成 D 触发器和 T 触发器。

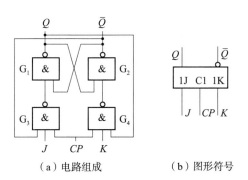

（a）电路组成　　（b）图形符号

图 7.5　JK 触发器的电路组成和图形符号

主从 JK 触发器是在同步 RS 触发器的基础上构成的，如图 7.5 所示。在同步 RS 触发器的 R 端和 S 端分别增加一个两输入端的与门，将 Q 端和输入端经与门输出为原 S 端，输入端称为 J 端；将 Q 端与输入端经与门输出为原 R 端，输入端称为 K 端。

由上面的电路可得到 $S=JQ$，$R=KQ$。

$J=1$，$K=0$ 时，$Q^{n+1}=1$；

$J=0$，$K=1$ 时，$Q^{n+1}=0$；

$J=K=0$ 时，$Q^{n+1}=Q^n$；

$J=K=1$ 时，$Q^{n+1}=\overline{Q^n}$。

$CP=1$ 时，从触发器封锁，状态不变，主触发器接受 R、S 信号状态更新，CP 从 1 变成 0 时，从触发器接收主触发器输出信号，状态更新，主触发器封锁，状态不变。

状态更新的时刻：CP 下降沿到达后。

由以上分析，主从 JK 触发器没有约束条件。在 $J=K=1$ 时，每输入一个时钟脉冲，触发器翻转一次。触发器的这种工作状态称为计数状态。由触发器翻转的次数可以计算出输入时钟脉冲的个数。JK 触发器逻辑功能表见表 7.3。

表 7.3 JK 触发器逻辑功能表

输入		输出	功能说明
J	K	Q^{n+1}	
0	1	0	置 0
1	0	1	置 1
1	1	Q^n	保持
0	0	$\overline{Q^n}$	翻转

主从 JK 触发器特点：

(1) 主从 JK 触发器具有置位、复位、保持（记忆）和计数功能；

(2) 主从 JK 触发器属于脉冲触发方式，触发翻转只在时钟脉冲的负跳沿发生；

(3) 不存在约束条件，但存在一次变化现象。

(4) 产生一次变化的原因是因为在 $CP=1$ 期间，主触发器一直在接收数据，但主触发器在某些条件下（$Q=0$，$CP=1$ 期间 J 端出现正跳沿干扰或 $Q=1$，$CP=1$ 期间 K 端出现正跳沿干扰），不能完全随输入信号的变化而发生相应的变化，以至影响从触发器状态与输入信号的不对应。

3. D 触发器

D 触发器是一个具有记忆功能的，具有两个稳定状态的信息存储器件，是构成多种时序电路的最基本逻辑单元，也是数字逻辑电路中一种重要的单元电路。它具有两个稳定状态，即"0"和"1"，在一定的外界信号作用下，可以从一个稳定状态翻转到另一个稳定状态。触发方式有电平触发和边沿触发两种，前者在 CP（时钟脉冲）$=1$ 时即可触发，后者多在 CP 的前沿（正跳变 $0\rightarrow 1$）触发。D 触发器的次态取决于触发前 D 端的状态，即次态$=D$。因此，它具有置 0、置 1 两种功能。对于边沿 D 触发器，由于在 $CP=1$ 期间电路具有维持阻塞作用，所以在 $CP=1$ 期间，D 端的数据状态变化，不会影响触发器的输出状态。D 触发器应用很广，可用作数字信号的寄存、移位寄存、分频和波形发生器等。

D 触发器由四个与非门组成，其中 G_1 和 G_2 构成基本 RS 触发器。电平触发的主从触发器工作时，必须在正跳沿前加入输入信号。如果在 CP 高电平期间输入端出现干扰信号，那么就有可能使触发器的状态出错。而边沿触发器允许在 CP 触发沿来到前一瞬间加入输入信号。这样，输入端受干扰的时间大大缩短，受干扰的可能性就降低了。边沿 D 触发器又称维持—阻塞边沿 D 触发器。边沿 D 触发器可由两个 D 触发器串联而成，但第一个 D 触发器的 CP 需要用非门反向。

D 触发器的电路原理图和图形符号如图 7.6 所示。

$\overline{S}_D$ 和 $\overline{R}_D$ 分别接至基本 RS 触发器的输入端，它们分别是预置端和清零端，低电平有效。当 $\overline{S}_D=1$ 且 $\overline{R}_D=0$ 时（即在两个控制端口分别从外部输入的电平值，原因是低电平有效），不论输入端 D 为何种状态，都会使 $Q=0$，即触发器置 0；当 $\overline{S}_D=0$ 且 $\overline{R}_D=1$（$\overline{S}_D$ 的非为 1，$\overline{R}_D$ 的非为 0）时，$Q=1$，触发器置 1，$\overline{S}_D$ 和 $\overline{R}_D$ 通常又称为直接置 1 和置 0 端。设它们均已加入了高电平，不影响电路的工作。

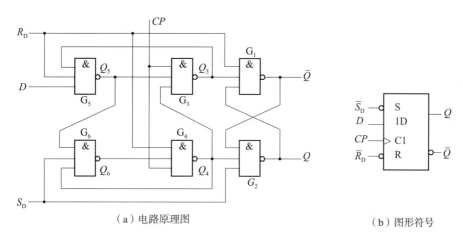

(a) 电路原理图　　　　　　　　(b) 图形符号

图 7.6　D 触发器的电路原理图和图形符号

工作过程如下:

(1) $CP=0$ 时,与非门 G_3 和 G_4 封锁,其输出 $Q_3=Q_4=1$,触发器的状态不变。同时,由于 Q_3 至 Q_5 和 Q_4 至 Q_6 的反馈信号将这两个门打开,因此可接收输入信号 D, $Q_5=D$, $Q_6=\overline{Q}_5=\overline{D}$。

(2) 当 CP 由 0 变 1 时触发器翻转。这时 G_3 和 G_4 打开,它们的输入 Q_3 和 Q_4 的状态由 G_5 和 G_6 的输出状态决定。$Q_3=\overline{Q}_5=\overline{D}$,$Q_4=\overline{Q}_6=D$。由基本 RS 触发器的逻辑功能可知,$Q=\overline{Q}_3=D$。

(3) 触发器翻转后,在 $CP=1$ 时输入信号被封锁。这是因为 G_3 和 G_4 打开后,它们的输出 Q_3 和 Q_4 的状态是互补的,即必定有一个是 0,若 Q_3 为 0,则经 G_3 输出至 G_5 输入的反馈线将 G_5 封锁,即封锁了 D 端通往基本 RS 触发器的路径;该反馈线起到了使触发器维持在 1 状态和阻止触发器变为 0 状态的作用,故该反馈线称为置 1 维持线,置 0 阻塞线。Q_4 为 0 时,将 G_3 和 G_6 封锁,D 端通往基本 RS 触发器的路径也被封锁。Q_4 输出端至 G_6 输入端的反馈线起到使触发器维持在 0 状态的作用,称为置 0 维持线;Q_4 输出端至 G_3 输入端的反馈线起到阻止触发器置 1 的作用,称为置 1 阻塞线。因此,该触发器常称为维持-阻塞触发器。

总之,该触发器是在 CP 正跳沿前接收输入信号,正跳沿时触发翻转,正跳沿后输入即被封锁,三步都是在正跳沿后完成的,所以有边沿触发器之称。与主从触发器相比,同工艺的边沿触发器有更强的抗干扰能力和更高的工作速度。由基本 RS 触发器的逻辑功能可知,$Q=\overline{Q}_3=D$。D 触发器逻辑功能表见表 7.4。

表 7.4　D 触发器逻辑功能表

输入	输出	功能说明
D	Q^{n+1}	
0	0	保持
1	1	保持

由表 7.4 可以归纳出 D 触发器的特征方程是 $Q^{n+1}=D$,D 触发器并不改变输入/输出信

号的特性，仅仅起到传输数据的作用，故在数字电路和计算机电路中进行数据传输和存储时得到应用，也是寄存器的单元电路。

任务工单

1. 基本 RS 触发器逻辑功能测试

根据图 7.7 完成基本 RS 触发器逻辑功能测试。其中 7400N 为四组 2 输入端与非门（正逻辑），74LS00 引脚图如图 7.8 所示。

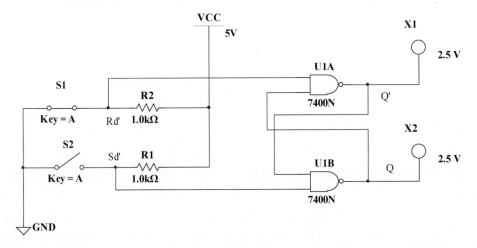

图 7.7 RS 触发器逻辑功能测试电路图

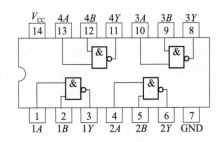

图 7.8 74LS00 引脚图

开关 S1 闭合表示输入 $\overline{R}_D=0$，开关 S2 闭合表示输入 $\overline{S}_D=0$，开关断开表示输入 1。若令 S1 闭合、S2 断开，则 Q 对应探针不亮，$\overline{Q}$ 对应发光二极管点亮，即 Q 被"清零"。同样的方法可观察"置 1""保持""无效"等现象。填写表 7.5。

表 7.5 RS 触发器逻辑功能验证结果

输入		输出	
S1	S2	Q	$\overline{Q}$

2. JK 触发器逻辑功能测试

根据图 7.9 完成基本 JK 触发器逻辑功能测试。其中 74LS112N 为带预置和清除端的两组 JK 触发器，1 引脚是第一个触发器的时钟脉冲 1CP；2 引脚是 1K；3 引脚是 1J；4 引脚是置位端，低电平有效（即 4 引脚为低时输出为高）；5 引脚为 1Q；6 引脚为数 $\overline{Q}$；7 引脚为第二个触发器的反输出 $2\overline{Q}$；8 引脚接地；9 引脚为 2Q；10 引脚为第二个触发器的置位端；11 引脚为 2J；12 引脚为 2K；13 引脚为第二个触发器的时钟脉冲 2CP；14 引脚为第二个触发器的复位端，低电平有效（即 14 引脚为低时输出为低）；15 引脚为第一个触发器的复位端；16 引脚为电源 V_{CC}。74LS112 引脚图如图 7.10 所示。

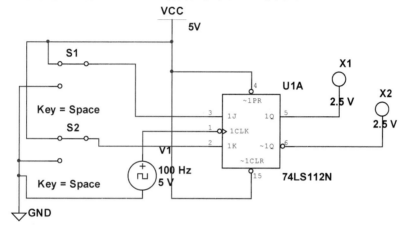

图 7.9　JK 触发器逻辑功能测试电路图

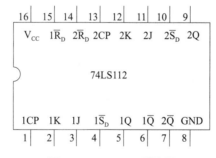

图 7.10　74LS112 引脚图

若 S1S2=11，5 V、100 Hz 信号由信号发生器提供，可见每来一个脉冲的下降沿，Q(X1) 端口状态翻转 1 次，$\overline{Q}$ 与 Q 正好相反。同样的方法可观察 JK 触发器的"清零""置1""保持"功能。填写表 7.6。

表 7.6　JK 触发器逻辑功能验证结果

输入		输出	
S1	S2	Q	$\overline{Q}$

3. D 触发器构成的八分频电路测试

所谓"分频器",就是指使输出信号的频率降低为输入信号频率的若干分之一的电路。在数字电路中通常用计数器实现分频器的功能,原理是:把输入的信号作为计数脉冲,由于计数器的输出端口是按一定规律输出脉冲的,所以可把由不同的端口输出的信号脉冲看作是对输入信号的"分频",至于分频频率是多少,由选用计数器的模所决定。若是十进制计数器就是十分频,若是二进制计数器就是二分频,以此类推。下面介绍由 D 触发器构成的八分频电路的测试。仿真电路如图 7.11 所示。

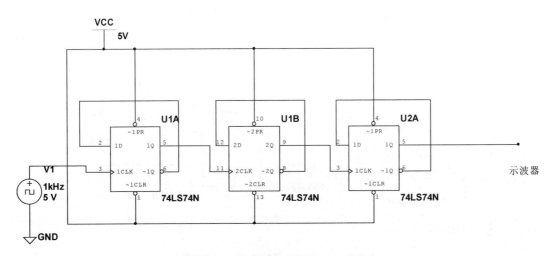

图 7.11 八分频电路测试仿真电路

74LS74 是一个边沿触发器数字电路器件,每个器件中包含两个相同的、相互独立的边沿触发 D 触发器电路模块。其功能较多,可用作寄存器、移位寄存器、振荡器、单稳态波形发生器,分频计数器等。除此之外,数字电路总的集成块的用途相当多,可根据情况灵活运用。74LS74 引脚图如图 7.12 所示。

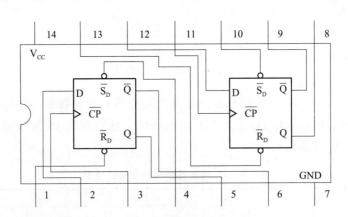

图 7.12 74LS74 引脚图

电路焊接完成后,将示波器的两路通道分别接 U1A 的 CLK 信号源输入端和 U2A 的 1Q 信号输出端,观察两路信号有什么区别。将观察到的信号画到图 7.13 中。

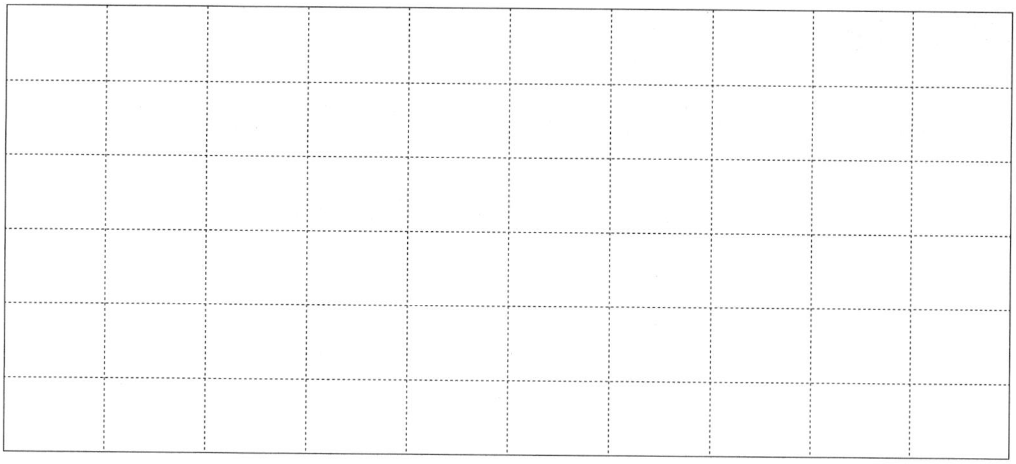

图 7.13 信号图

综合评价

综合评价表见表 7.7。

表 7.7 时序逻辑电路和触发器的认知综合评价表

班级：_____			指导教师：_____			
小组：_____						
姓名：_____			日　　期：_____			

评价项目	评价标准	评价依据	评价方式			权重	得分小计
			学生自评 20%	小组互评 30%	教师评价 50%		
职业素养	(1) 遵守企业规章制度、劳动纪律。 (2) 按时按质完成工作任务。 (3) 积极主动承担工作任务，勤学好问。 (4) 人身安全与设备安全。 (5) 工作岗位 6S 完成情况	(1) 出勤。 (2) 工作态度。 (3) 劳动纪律。 (4) 团队协作精神				0.3	
专业能力	(1) 会熟练使用万用表。 (2) 会检测 RS 触发器、JK 触发器输入和输出状态的关系。 (3) 会使用 D 触发器进行输入信号的分频。 (4) 能灵活使用万用表、示波器电路	(1) 能理解 RS 触发器、JK 触发器、D 触发器的原理和输入输出关系。 (2) 完成触发器的功能测试，正确填写表 7.5、表 7.6 和绘制图 7.13				0.5	
创新能力	(1) 电路调试提出自己独到见解或解决方案。 (2) 会根据各元器件的功能设计典型逻辑电路	(1) 会用示波器、万用表测量输出波形。 (2) 会设计典型时序逻辑电路、触发器的功能。 (3) 会按照要求设计分频器				0.2	
合计							

思考与练习

（1）什么是时序逻辑电路？什么是触发器？

（2）简述 RS 触发器、JK 触发器、D 触发器的功能特征。

任务 7.2　可变进制计数器的制作

> 在数字电路中，把记忆输入时钟脉冲个数的操作称为计数，能够实现计数操作的电子电路称为计数器。计数器是典型的时序逻辑电路，它是用来累计和记忆输入脉冲的个数。计数是数字系统中很重要的基本操作，集成计数器是应用最广泛的逻辑部件。在本任务中，将基于 74LS161 芯片，制作一个可变进制的计数器。

任务描述

学习数码管的驱动方式和引脚规则；学习四位同步二进制加法计数器的功能、接线方式；完成可变进制计数器的制作，实现不同进制数字的显示。

任务分析

要制作可变进制计数器，首先学习四位同步二进制加法计数器 74LS161 芯片，驱动单个数码管；其次按二进制加计数规律计数，辅以简单的门电路；最后在控制信号作用下用 74LS161 的同步置数功能实现可变进制计数器的制作。

知识与技能

一、数码管的认知

LED 数码管是由多个发光二极管封装在一起组成"8"字型的器件，引线已在内部连接完成，只需引出它们的各个笔画、公共电极。LED 数码管常用段数一般为七段，有的另加一个小数点，还有一种是类似于"三位＋1"型。位数有半位、1 位、2 位、3 位、4 位、5 位、6 位、8 位、10 位等，LED 数码管根据 LED 的接法不同分为共阴极和共阳极两类，了解 LED 的这些特性，对编程是很重要的，因为不同类型的数码管，除了它们的硬件电路有差异外，编程方法也是不同的。图 7.14 是共阴极和共阳极数码管的内部电路，它们的发光原理是一样的，只是它们的电源极性不同而已。颜色有红、绿、蓝、黄等几种。LED 数码管广泛用于仪表、时钟、车站、家电等场合。选用时要注意产品尺寸、颜色、功耗、亮度、波长等。

LED 数码管一般用于阿拉伯数字和部分字母的显示。在这种显示方式中，每个数字由"8"字中的七个"字段"组成，因此这种专门用于数字显示的显示器称为"七段数码管"，简称"七段管"，一般每个数字的右下方都会带有小数点的显示位，所以对整个数码管来说一般有八段显示位。实际上每一个显示段分别由一个发光二极管构成，设计者为每段发光二极管标注一个符号，分别用 a、b、c、d、e、f、g、dp 来表示。当某一个发光二极管导通时，相应地点亮某一个字段，通过发光二极管不同的亮灭组合形成不同的数字、字母及其他符号。

通常，公共阳极接高电平（一般接电源），其他引脚接段驱动电路输出端。当某段驱动电路的输入端为低电平时，该端所连接的字段导通并点亮。共阴极数码管中八个发光二极管的阴极（二极管负端）连接在一起。根据发光字段的不同组合可显示出各种数字或字符。此时，要求段驱动电路能吸收额定的段导通电流，还需根据外接电源及额定段导通电流来确定相应的限流电阻。

LED 数码管中的发光二极管亮灭组合实质上就是不同电平的组合，也就是为 LED 数码管提供不同的代码，这些代码称为字形码。七段发光二极管再加上一个小数点共计八段，字形码与这八段的关系见表 7.8。

表 7.8　LED 数码管八段名称

数据段	D7	D6	D5	D4	D3	D2	D1	D0
LED 数码管段	dp	g	f	e	d	c	b	a

字形码与十六进制数的对应关系见表 7.9，可以看出共阴极和共阳极的数码管字形码互为补数。

表 7.9　数码管字型码表

显示字符	字形	共阳极								字形码	共阴极								字形码
		dp	g	f	e	d	c	b	a		dp	g	f	e	d	c	b	a	
0	0	1	1	0	0	0	0	0	0	C0H	0	0	1	1	1	1	1	1	3FH
1	1	1	1	1	1	1	0	0	1	F9H	0	0	0	0	0	1	1	0	06H
2	2	1	0	1	0	0	1	0	0	A4H	0	1	0	1	1	0	1	1	5BH
3	3	1	0	1	1	0	0	0	0	B0H	0	1	0	0	1	1	1	1	4FH
4	4	1	0	0	1	1	0	0	1	99H	0	1	1	0	0	1	1	0	66H
5	5	1	0	0	1	0	0	1	0	92H	0	1	1	0	1	1	0	1	6DH
6	6	1	0	0	0	0	0	1	0	82H	0	1	1	1	1	1	0	1	7DH
7	7	1	1	1	1	1	0	0	0	F8H	0	0	0	0	0	1	1	1	07H
8	8	1	0	0	0	0	0	0	0	80H	0	1	1	1	1	1	1	1	7FH
9	9	1	0	0	1	0	0	0	0	90H	0	1	1	0	1	1	1	1	6FH
A	A	1	0	0	0	1	0	0	0	88H	0	1	1	1	0	1	1	1	77H
B	B	1	0	0	0	0	0	1	1	83H	0	1	1	1	1	1	0	0	7CH
C	C	1	1	0	0	0	1	1	0	C6H	0	0	1	1	1	0	0	1	39H
D	D	1	0	1	0	0	0	0	1	A1H	0	1	0	1	1	1	1	0	5EH
E	E	1	0	0	0	0	1	1	0	86H	0	1	1	1	1	0	0	1	79H
F	F	1	0	0	0	1	1	1	0	8EH	0	1	1	1	0	0	0	1	71H
H	H	1	0	0	0	1	0	0	1	89H	0	1	1	1	0	1	1	0	76H
L	L	1	1	0	0	0	1	1	1	C7H	0	0	1	1	1	0	0	0	38H

续表

显示字符	字形	共阳极								字形码	共阴极								字形码
		dp	g	f	e	d	c	b	a		dp	g	f	e	d	c	b	a	
P	P	1	0	0	0	1	1	0	0	8CH	0	1	1	1	0	0	1	1	73H
R	R	1	1	0	0	1	1	1	0	CEH	0	0	1	1	0	0	0	1	31H
U	U	1	1	0	0	0	0	0	1	C1H	0	0	1	1	1	1	1	0	3EH
Y	Y	1	0	0	1	0	0	0	1	91H	0	1	1	0	1	1	1	0	6EH
—	—	1	0	1	1	1	1	1	1	BFH	0	1	0	0	0	0	0	0	40H
.	.	0	1	1	1	1	1	1	1	7FH	1	0	0	0	0	0	0	0	80H
熄灭	灭	1	1	1	1	1	1	1	1	FFH	0	0	0	0	0	0	0	0	00H

二、数码管段译码 CD4511 的认知

CD4511 是一片七段数码管译码锁存器（CMOS·BCD），用于驱动共阴极 LED（数码管）显示器的 BCD-七段译码器具有 BCD 转换、消隐和锁存控制、七段译码及驱动功能的 CMOS 电路，能提供较大的拉电流，可直接驱动共阴极 LED 数码管。它的引脚图如图 7.14 所示。

引脚功能：

$A_0 \sim A_3$：二进制数据输入端。

$\overline{BI}$：输出消隐控制端。

LE：数据锁定控制端。

$\overline{LT}$：灯测试端。

$Y_a \sim Y_g$：数据输出端。

V_{DD}：电源正。

V_{SS}：接地。

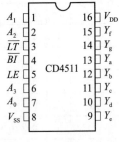

图 7.14　CD4511 引脚图

其中 $A_0 \sim A_3$ 为 BCD 码输入，A_0 为最低位。$\overline{LT}$ 为灯测试端，加高电平时，显示器正常显示，加低电平时，显示器一直显示数码 "8"，各笔段都被点亮，以检查显示器是否有故障。$\overline{BI}$ 为输出消隐控制端，低电平时使所有笔段均消隐，正常显示时，$\overline{BI}$ 端应加高电平。另外，CD4511 有拒绝伪码的特点，当输入数据越过十进制数 9（1001）时，显示字形也自行消隐。LE 是锁存控制端，高电平时锁存，低电平时传输数据。$Y_a \sim Y_g$ 是七段输出，可驱动共阴极 LED 数码管。CD4511 驱动一位计数显示电路。若要多位计数，只需将计数器级联，每级输出接一片 CD4511 和 LED 数码管即可。所谓共阴极 LED 数码管，是指七段 LED 的阴极是连在一起的，在应用中应接地。限流电阻要根据电源电压来选取，电源电压 5 V 时可使用 300 Ω 的限流电阻。

三、同步计数器 74LS161 的认知

74LS161 为四位二进制同步计数器，具有同步预置数、异步清零以及保持等功能。它的引脚图如图 7.15 所示，功能表见表 7.10。

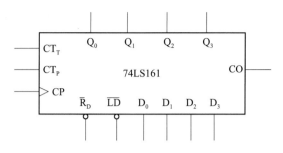

图 7.15 74LS161 引脚图

表 7.10 74LS161 功能表

CP	$\overline{R_D}$	$\overline{LD}$	CT_P	CT_T	D_3	D_2	D_1	D_0	Q_3	Q_2	Q_1	Q_0
×	0	×	×	×	×	×	×	×	0	0	0	0
↑	1	0	×	×	d	c	b	a	d	c	b	a
×	1	1	0	×	×	×	×	×	保持			
×	1	1	×	×	×	×	×	×	保持（C=0）			
↑	1	1	1	1	×	×	×	×	计数			

注：表中×表示任意信号。

由表 7.10 可知，当 $\overline{R_D}=0$（输入低电平），则不管其他输入端（包括 CP 端）状态如何，四个数据输出端 Q_0、Q_1、Q_2、Q_3 全部清零。由于这一清零操作不需要时钟脉冲 CP 配合（即不管 CP 是什么状态），所以为异步清零端，且低电平有效，也可以说该计数器具有"异步清零"功能。

当 $\overline{R_D}=1$ 且 $\overline{LD}=0$ 时，时钟脉冲 CP 上升沿到达，四个数据输出端 Q_0、Q_1、Q_2、Q_3 同时分别接收并行数据输入信号 a、b、c、d。由于这个置数操作必须有 CP 上升沿配合，并与 CP 上升沿同步，所以称该芯片具有"同步置数"功能。

当 $\overline{LD}=\overline{R_D}=1$，$CT_P=CT_T=1$ 时，对计数脉冲 CP 实现同步十进制加计数。

当 $CR=\overline{R_D}=1$ 时，只要 CT_P 和 CT_T 中有一个为 0，则不管 CP 状态如何（包括上升沿），计数器所有数据输出都保持原状态不变。因此，CT_P 和 CT_T 应该为计数控制端，当它们同时为 1 时，计数器执行正常同步计数功能；而当它们有一个为 0 时，计数器执行保持功能。

另外，进位输出 $CO=CT_T Q_0 Q_1 Q_2 Q_3$，表明进位输出端仅当计数控制端 $CT_T=1$ 且计数器状态为 15 时它才为 1，否则为 0。

任务工单

在数字电路中，把记忆输入时钟脉冲个数的操作称为计数，能够实现计数操作的电子电路称为计数器。计数器是种类最多、应用最广、最典型的时序电路。按计数器中触发器是否同时翻转，可分为同步计数器和异步计数器；按计数过程中计数器中的数字增减分类，可分为加法计数器、减法计数器、可逆计数器（加/减计数器）；按计数器中数字的编码方式分类，可分为二进制计数器、二-十进制计数器、循环计数器；按计数容量来分类，可分为十进制计数器、六十进制计数器、N 进制计数器等。

按照图 7.16 所示电路焊接电路板,实现可变进制的计数器功能。其中,74LS15 是三输入的与门,74LS21 是四输入双与门,74LS02 是两输入四或非门,拨动开关 S1=0 时,显示器在计数脉冲作用下依次显示 0、1、2、3、4、5、0 共六个状态,实现了六进制计数;开关 S1=1 时,显示器在计数脉冲作用下依次显示 0、1、2、3、4、5、6、7、0 共八个状态,实现了八进制计数。因此图 7.16 所示电路为一个在开关 S1 控制下的可变进制计数器。

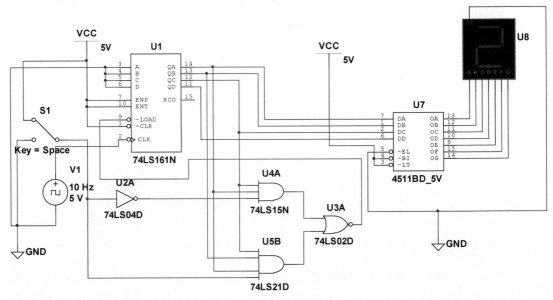

图 7.16 可变进制计数器电路图

综合评价

综合评价表见表 7.11。

表 7.11 可变进制计数器的制作综合评价表

班级:_____ 小组:_____ 姓名:_____

指导教师:_____ 日　期:_____

评价项目	评价标准	评价依据	评价方式			权重	得分小计
			学生自评 20%	小组互评 30%	教师评价 50%		
职业素养	(1) 遵守企业规章制度、劳动纪律。 (2) 按时按质完成工作任务。 (3) 积极主动承担工作任务,勤学好问。 (4) 人身安全与设备安全。 (5) 工作岗位 6S 完成情况	(1) 出勤。 (2) 工作态度。 (3) 劳动纪律。 (4) 团队协作精神				0.3	
专业能力	(1) 会熟练使用万用表。 (2) 完成可变进制计数器的焊接并且正确实现计数显示。 (3) 能灵活使用信号发生器、示波器电路	(1) 工作原理理解。 (2) 仪器使用熟练程度				0.5	

创新能力	（1）电路调试时，能提出自己独到见解或解决方案。 （2）会根据各元器件的功能设计典型逻辑电路	（1）使用仪器的熟练程度。 （2）理解 74LS161、CD4511 的功能。 （3）会设计其他进制计数器			0.2
		合计			

思考与练习

（1）简述数码管显示数字的方式。

（2）什么是计数器？74LS161 的计数原理是什么？

任务 7.3　流水灯电路的制作

> 在数字电路中，一组灯在控制系统的控制下按照设定的顺序和时间来点亮和熄灭称为流水灯电路。流水灯电路是数字电子技术爱好者最常设计的一种电路，因为其效果多样，吸引人的眼球。而为了实现多位流水灯的效果，要引入寄存器的概念。在本任务中，将基于移位寄存器，制作一个点亮顺序可控的流水灯电路。

任务描述

学习寄存器的功能和分类；学习移位寄存器的特点、功能和典型型号；学习四位双向移位寄存器 74LS194 的功能、接线方式，并制作流水灯电路。

任务分析

要通过寄存器制作流水灯电路，首先学习四位双向移位寄存器 74LS194 芯片，驱动八个发光二极管，辅以简单的门电路，实现流水灯的效果；其次通过开关控制，当开关断开时，八个发光二极管均不点亮，即全部清零；最后开关闭合时，八个发光二极管依次点亮又依次熄灭，周而复始。

知识与技能

一、寄存器的认知

寄存器的功能是存储二进制代码，它是由具有存储功能的触发器组合起来构成的。一个触发器可以存储一位二进制代码，故存放 n 位二进制代码的寄存器，需用 n 个触发器来构成。

按照功能的不同，可将寄存器分为基本寄存器和移位寄存器两大类。基本寄存器只能并行送入数据，也只能并行输出。移位寄存器中的数据可以在移位脉冲作用下依次逐位右移或左移，数据既可以并行输入、并行输出，也可以串行输入、串行输出，还可以并行输入、串行输出，或串行输入、并行输出，十分灵活，用途也很广。

寄存器最起码具备以下四种功能。

（1）清除数码：将寄存器里的原有数码清除。

（2）接收数码：在接收脉冲作用下，将外输入数码存入寄存器中。

（3）存储数码：在没有新的写入脉冲来之前，寄存器能保存原有数码不变。

（4）输出数码：在输出脉冲作用下，通过电路输出数码。

仅具有以上功能的寄存器称为数码寄存器；有的寄存器还具有移位功能，称为移位寄存器。

寄存器有串行和并行两种数码存取方式。将 n 位二进制数一次存入寄存器或从寄存器中读出的方式称为并行方式。将 n 位二进制数以每次一位，分成 n 次存入寄存器并从寄存器读出，这种方式称为串行方式。并行方式只需一个时钟脉冲就可以完成数据操作，工作速度快，但需要 n 根输入和输出数据线。串行方式要使用几个时钟脉冲完成输入或输出操作，工作速度慢，但只需要一根输入或输出数据线，传输线少，适用于远距离传输。

在数字电路中，用来存放二进制数据或代码的电路称为寄存器。寄存器是由具有存储功能的触发器组合起来构成的。一个触发器可以存储一位二进制代码，存放二进制代码的寄存器需用触发器级联来构成。

对寄存器中的触发器只要求它们具有置 1 和置 0 的功能即可，因而无论是用电平触发的触发器，还是用脉冲触发或边沿触发的触发器，都可以组成寄存器。图 7.17 是由 D 触发器组成的四位数码寄存器。

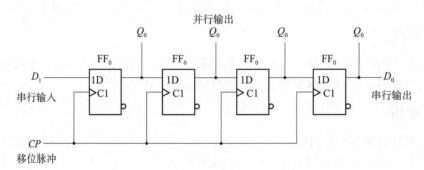

图 7.17　由 D 触发器组成的四位数码寄存器

由电平触发的动作特点可知，在 CP 高电平期间，Q 端的状态跟随 D 端状态的改变而改变；CP 变成低电平以后，Q 端将保持 CP 变为低电平时刻数据端的状态。

根据 D 触发器的性质，上述的寄存器有以下基本特点：

（1）当 $CP=0$ 时，触发器保持原状态不变，即 $Q^{n+1}=Q^n$。

（2）当 $CP=1$（上升沿）时，触发器的状态为 D 输入端的状态，即 $Q^{n+1}=D$。

由此可见，D 触发器只在 $CP=1$（上升沿）时，才会接收和存储数码。

另外，由于四个触发器的清零端并联在一起，因此，如果在 D 端加上负脉冲，就可将全部触发器均置为 0 态，通常将这一过程称为清零，也叫置 0 端。

如果要存储二进制数 1001，它们被分别加到触发器的 D 输入端。当时钟脉冲 CP 到来时，由于 D 触发器的特性是在 $CP=1$ 时，$Q^{n+1}=D$，所以在 CP 脉冲的上升沿时，四个触发器的状态从高位到低位被分别置为 1001，只要不出现清零脉冲或新的接收脉冲和数码，寄存器将一直保持这个状态不变，即输入的二进制数 1001 被存储在该寄存器中。如果想从寄存器中取出 1001 数码，可以从寄存器的各个 Q 输出端获得。

二、移位寄存器

移位寄存器电路同样有数据锁存功能，是暂时存放数据的部件。数字电路中常要进行加减乘除运算，加法和减法运算通常是用加法器和减法器来完成的，而乘除运算则是用移位以后再加减的方法完成的。数字信号在传送时，将数码一位一位按顺序传送的方式称为串行传送，将几位数码同时传送的方式称为并行传送。因此，对于寄存器电路，除要求它能接收、存储和传送数码，有时还要求它把数码进行移位，这种寄存器电路称为移位寄存器电路。

移位寄存器是数字系统中的一个重要部件，应用很广泛。例如，在串行运算中，需要用移位寄存器把二进制的数据一位一位依次送入，再用全加器进行运算。运算的结果又一位一位依次存入移位寄存器中。在有些数字装置中，要将并行传送的数据转换成串行传送，或者将串行传送的数据转换成并行传送，要完成这些转换也需要使用移位寄存器。

从逻辑结构上看，移位寄存器电路有以下两个显著特征。

1) 由相同寄存单元组成

移位寄存器是由相同的寄存单元组成的。一般来说，寄存单元的个数就是移位寄存器的位数。为了完成不同的移位功能，每个寄存单元的输出与其相邻的下一个寄存单元输入之间的连接方式不同。

2) 公用时钟

所有寄存单元共用一个时钟，在公用时钟作用下，各个寄存单元的工作是同步的。每输入一个时钟脉冲，寄存器的数据就顺序向左或向右移动一位。寄存单元一般是主从结构的触发器。

CMOS 移位寄存器属于中规模集成电路，通常可按数据传输方式的不同进行分类，从数据输入方式看，移位寄存器有串行输入和并行输入之分。串行输入就是在时钟脉冲作用下，把要输入的数据从一个输入端依次一位一位地送入寄存器；并行输入就是把要输入的数据从几个输入端同时送入寄存器。

在 CMOS 移位寄存器中，有的只具有一种输入方式，例如只具有串行输入方式，有的同时兼有并行和串行两种输入方式。串行输入的数据加到第一个寄存单元的输入端，在时钟脉冲的作用下输入，数据传送速度较慢。并行输入的数据一般由寄存单元的 R、S 端送入，数据传送速度较快。

常用的集成移位寄存器种类很多，如 74×164、74×165、74×166、74×595（其中 × 表示 HC 或 LS）均为八位单向移位寄存器，74195 为四位单向移位寄存器，74194 为四位双向移位寄存器，74198 为八位双向移位寄存器。

三、双向移位寄存器 74LS194 的认知

移位寄存器是指寄存器中所存的代码能够在移位脉冲的作用下依次左移或右移。74LS194 是一个四位双向移位寄存器，最高时钟脉冲频率为 36 MHz，其逻辑符号及引脚图如图 7.18 所示。

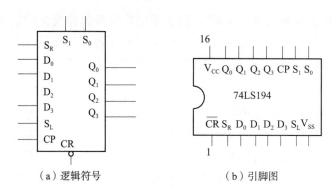

（a）逻辑符号　　　　　　　　（b）引脚图

图 7.18　74LS194 逻辑符号及引脚图

功能如下：

清零：当 $CR=0$ 时，不管其他输入为何种状态，输出全为 0 状态。

保持：$CP=0$，$CR=1$ 时，其他输入为任意状态，输出状态保持，或者 $CR=1$，S_1、S_0 为 0，输入为任意状态，输出状态也保持。

置数：$CR=1$，$S_1=S_0=1$，在 CP 脉冲上升沿时将数据输入端数据 D_0、D_1、D_2、D_3 置入 Q_0、Q_1、Q_2、Q_3 中并寄存。

右移：$CR=1$，$S_0=1$，$S_1=0$，在 CP 脉冲上升沿时，实现右移操作，此时，若 $S_R=0$，则 0 向 Q_0 移位，若 $S_R=1$，则 1 向 Q_0 移位。

左移：$CR=1$，$S_0=0$，$S_1=1$，在 CP 脉冲上升沿时，实现左移操作，此时，若 $S_L=0$，则 0 向 Q_3 移位，若 $S_L=1$，则 1 向 Q_3 移位。

74LS194 功能表见表 7.12。

表 7.12　74LS194 功能表

功能	输入										输出			
	CP	CR	S_1	S_0	S_R	S_L	D_0	D_1	D_2	D_3	Q_0	Q_1	Q_2	Q_3
清除	×	0	×	×	×	×	×	×	×	×	0	0	0	0
送数	↑	1	1	1	×	×	A	B	C	D	A	B	C	D
右移	↑	1	0	1	D_{SR}	×	×	×	×	×	D_{SR}	Q_0	Q_1	Q_2
左移	↑	1	1	0	×	D_{SL}	×	×	×	×	Q_1	Q_2	Q_3	D_{SL}
保持	↑	1	0	0	×	×	×	×	×	×	Q_1^n	Q_2^n	Q_3^n	Q_4^n
保持	↓	×	×	×	×	×	×	×	×	×	Q_1^n	Q_2^n	Q_3^n	Q_4^n

要想设计出八位双向移位寄存器，就必须要明确 74LS194 的 S_R、S_L 引脚的功能：当寄存器数据左移时，（系统 CP 脉冲上升沿处）最右位由 S_L 的状态填充，在表 7.12 中用 D_{SL} 来表示；当寄存器数据右移时，（系统 CP 脉冲上升沿处）最左位由 S_R 的状态填充，在表 7.12 中用 D_{SR} 来表示。

在弄清 S_R、S_L 引脚的功能后，下面来看一下该如何在两片 74LS194 间传递数据：

（1）为了保持系统移位方向的一致性，两片 74LS194 的 S_1、S_0 引脚应分别短接。

（2）八位数据左移时，由外部串行输入决定高位 74LS194 的最右位的状态：高位

74LS194 的 S_L 引脚接外部串行输入。

（3）八位数据左移时，高位 74LS194 最左位数据传到低位 74LS194 最右位：高位 74LS194 的 Q_4 接低位 74LS194 的 S_L。

（4）八位数据右移时，由外部串行输入决定低位 74LS194 的最左位的状态：低位 74LS194 的 S_R 引脚接外部串行输入。

（5）八位数据右移时，低位 74LS194 最右位数据传到高位 74LS194 最左位：低位 74LS194 的 Q_3 接高位 74LS194 的 S_R。电路图如图 7.19 所示。

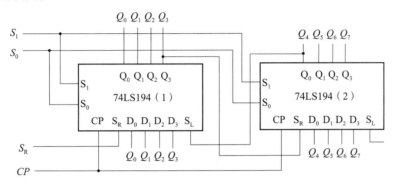

图 7.19　两片 74LS194 组成八位移位寄存器

任务工单

流水灯是一组灯在控制系统的控制下按照设定的顺序和时间来点亮和熄灭，可形成一定的视觉效果，常安装于店面和招牌上，又称跑马灯。以八个灯为例，让八个灯在不同的时间，按照顺序亮起来实现流水灯的效果。这个就可以用移位寄存器来实现。流水灯电路图如图 7.20 所示。

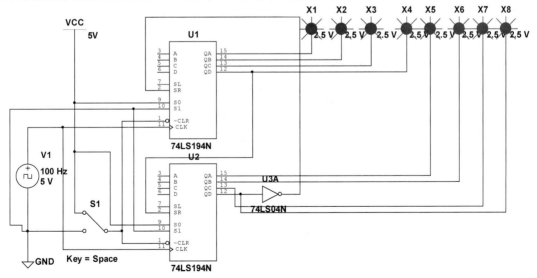

图 7.20　流水灯电路图

测试电路的方法和技巧：

先检查各芯片的电源和地是否接上，检查线路是否连好。检查无问题后，再根据彩灯的变化情况，分析是哪个功能模块出了问题，用数字万用表检查各模块的功能，发现并改正错误，直到符合要求为止。

调试中出现的故障、原因及排除方法：

（1）彩灯不循环：可能是移位寄存器的 S_0 端控制出现问题，将 S_1 断开检查循环控制逻辑电路接线。还可能是芯片 74LS194 移位寄存器没有正常工作，检查是否正确接线，芯片是否功能完好。

（2）彩灯无规律变化：原因可能是由信号发生器产生的时钟脉冲信号不稳定，或者是驱动发光二极管功率问题。

（3）实验过程中灯一会儿亮一会儿不亮：可能是导线的接触不良问题，应该首先从电源是否良好地接入电路开始检查，再检查信号发生器是否正常工作，最后检查芯片引脚电压。

综合评价

综合评价表见表 7.13。

表 7.13 流水灯电路的制作综合评价表

班级：_____ 指导教师：_____
小组：_____ 日　期：_____
姓名：_____

评价项目	评价标准	评价依据	评价方式			权重	得分小计
			学生自评 20%	小组互评 30%	教师评价 50%		
职业素养	（1）遵守企业规章制度、劳动纪律。 （2）按时按质完成工作任务。 （3）积极主动承担工作任务，勤学好问。 （4）人身安全与设备安全。 （5）工作岗位 6S 完成情况	（1）出勤。 （2）工作态度。 （3）劳动纪律。 （4）团队协作精神				0.3	
专业能力	（1）会熟练使用万用表。 （2）完成流水灯电路的焊接并且正确实现 LED 的流水。 （3）能灵活使用信号发生器、示波器	（1）理解流水灯电路驱动方式。 （2）完成流水灯电路的焊接并正确的显示				0.5	
创新能力	（1）电路调试时，能提出自己独到见解或解决方案。 （2）会根据各元器件的功能设计典型逻辑电路	（1）使用仪器的熟练程度。 （2）理解 74LS194 的功能。 （3）会设计 12 位、16 位的流水灯控制电路				0.2	
		合计					

思考与练习

（1）简述寄存器的分类和工作原理。

（2）什么是流水灯？74LS194 实现八位移位寄存器的原理是什么？

任务 7.4 555 定时器的认知和倒计时器的制作

> 555 定时器电路是一种中规模集成定时器，目前应用十分广泛。通常只需外接几个阻容元件，就可以构成各种不同用途的脉冲电路，如多谐振荡器、单稳态触发器以及施密特触发器等。在本任务中，以 555 定时器为基础，设计一个实现随意可调时间和暂停恢复功能的倒计时器，可用于赛车、篮球比赛等需要倒计时的场合。

任务描述

学习 555 定时器的基本原理和功能；学习 555 组成的脉冲发生器电路；学习 74LS192 减计数器电路。

任务分析

用 555 定时器制作倒计时器，首先要设计一个基于 555 定时器的随意可调时间和暂停恢复功能的倒计时器；其次要设置 99 s 内任意数字开始倒数的功能；最后设计具有按键开始倒计时和任意时间暂停和开始的功能。

知识与技能

一、555 定时器的认知

555 定时器是一种模拟电路和数字电路相结合的中规模集成器件，它性能优良，适用范围很广，外部加接少量的阻容元件就可以很方便地组成单稳态触发器和多谐振荡器，不需外接元件就可组成施密特触发器。因此，集成 555 定时器被广泛应用于脉冲波形的产生与变换、测量与控制等方面。

目前生产的 555 定时器有双极型和 CMOS 两种类型，主要制造商生产的产品有 NE555、FX555、LM555 和 C7555。它们的结构和工作原理大同小异，引线也基本相同，有的还有双电路封装，称为 556。通常双极型定时器具有较强的带负载能力，而 CMOS 定时器具有低功耗、输入阻抗高等优点。555 定时器工作的电源电压范围很宽，并可承受较大的负载电流。双极型定时器的电源电压范围为 5~16 V，最大负载电流可达 200 mA，因此可以直接驱动小电动机、继电器、扬声器和发光二极管；CMOS 定时器电源电压范围为 3~18 V，最大负载电流在 4 mA 以下。

1. 电路结构

不同的制造商生产的 555 芯片有不同的结构。标准的 555 芯片集成有 25 个晶体管，2 个二极管和 15 个电阻并通过 8 个引脚引出（DIP-8 封装）。555 的派生型号包括 556（集成了 2 个 555 的 DIP-14 芯片）、558 与 559。NE555 的工作温度范围为 0~70 ℃，军用级的 SE555 的工作温度范围为 -55~+125 ℃。555 的封装分为高可靠性的金属封装（用 T 表示）和低成本的环氧树脂封装（用 V 表示），所以 555 的完整标号为 NE555V、NE555T、SE555V 和 SE555T。一般认为，555 芯片名字的来源是其中的三个 5 kΩ 的电阻。DIP 封装的 555 芯片各引脚功能见表 7.14。

表 7.14　DIP 封装的 555 芯片各引脚功能

引脚	名称	功能
1	GND（地）	接地，作为低电平（0 V）
2	$\overline{TR}$（触发输入）	当此引脚电压降至 $V_{CC}/3$（或由控制端决定的阈值电压）时，输出端给出高电平
3	v_O（输出端）	输出高电平（$+V_{CC}$）或低电平
4	$\overline{R}_D$（复位）	当此引脚接高电平时定时器工作；接地时芯片复位，输出低电平
5	CO（电压控制）	控制芯片的阈值电压。当此引脚接空时，默认两阈值电压为 $V_{CC}/3$ 及 $2V_{CC}/3$
6	TH（阈值输入）	当此引脚电压升至 $2V_{CC}/3$（或由控制端决定的阈值电压）时，输出端给出低电平
7	v'_O（放电端）	内接 OC 门，用于给电容放电
8	V_{CC}（电源）	提供高电平并给芯片供电

555 定时器内部结构图和引脚图如图 7.21 所示。

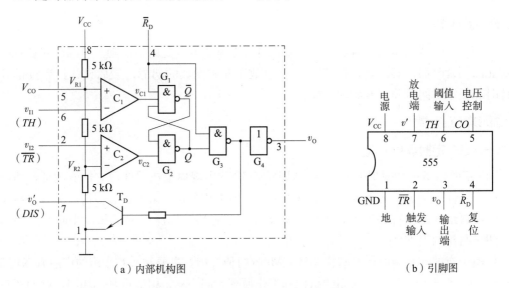

（a）内部机构图　　　　　　　（b）引脚图

图 7.21　555 定时器内部结构图和引脚图

2. 555 定时器的工作原理

555 定时器成本低，性能可靠，只需要外接几个电阻、电容，就可以实现多谐振荡器、单稳态触发器及施密特触发器等脉冲产生与变换电路。它也常作为定时器广泛应用于仪器仪表、家用电器、电子测量及自动控制等方面。555 定时器的内部电路包括两个电压比较器、三个等值串联电阻、一个 RS 触发器、一个放电管 T_D 及功率输出级。它提供两个基准电压 $V_{CC}/3$ 和 $2V_{CC}/3$。

555 定时器的功能主要由两个比较器决定。两个比较器的输出电压控制 RS 触发器和放电管的状态。在电源与地之间加上电压，当 5 引脚悬空时，则电压比较器 C_1 的同相输入端的电压为 $2V_{CC}/3$，C_2 的反相输入端的电压为 $V_{CC}/3$。若触发输入端 $\overline{TR}$ 的电压小于 $V_{CC}/3$，则比较器 C_2 的输出为 1，可使 RS 触发器置 1，使输出端为 1。如果阈值输入端 TH 的电压大于 $2V_{CC}/3$，同时 $\overline{TR}$ 端的电压大于 $V_{CC}/3$，则 C_1 的输出为 1，C_2 的输出为 0，可将 RS 触发器置 0，使输出为 0 电平。表 7.15 为 555 定时器的功能表。

表 7.15　555 定时器的功能表

复位端 $\overline{R}_D$	高电平触发端 v_{I1}	低电平触发端 v_{I2}	放电管 T_D	输出端 v_O
0	×	×	导通	0
1	$>\frac{2}{3}V_{CC}$	$>\frac{1}{3}V_{CC}$	导通	0
1	$<\frac{2}{3}V_{CC}$	$>\frac{1}{3}V_{CC}$	不变	不变
1	$>\frac{2}{3}V_{CC}$	$<\frac{1}{3}V_{CC}$	截止	1
1	$<\frac{2}{3}V_{CC}$	$<\frac{1}{3}V_{CC}$	截止	1

如果在 555 定时器的电压控制端（5 引脚）外加一个电压（其值在 $0\sim V_{CC}$ 之间），比较器的参考电压将发生变化，电路相应的高电平触发电压、低电平触发电压也将发生变化，进而影响电路的工作状态。

3. 555 定时器的应用

1）用 555 定时器构成施密特触发器

施密特触发器是数字系统中常用的电路之一，它可以把变化缓慢的脉冲波形变换成数字电路所需要的矩形脉冲。

施密特触发器电路的特点在于它有两个稳定状态，但与一般触发器的区别在于这两个稳定状态的转换需要外加触发信号，而且稳定状态的维持也要依赖于外加触发信号，因此它的触发方式是电平触发。

施密特触发器电路图和波形图如图 7.22 所示，其回差电压为 $\frac{1}{3}V_{CC}$。若在电压控制端（5 引脚）外接可调电压 V_{CO}（1.5～5 V），可以改变回差电压 ΔV_T，施密特触发器可方便地把三角波转换成方波。

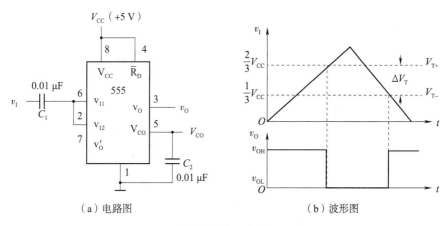

（a）电路图　　　　　　　　（b）波形图

图 7.22　施密特触发器电路图和波形图

当输入信号 $v_I<\frac{1}{3}V_{CC}$ 时，基本 RS 触发器置 1，即 $\overline{Q}=0$，$Q=1$，输出 v_O 为高电平；若 v_I 增加，使得 $\frac{1}{3}V_{CC}<v_I<\frac{2}{3}V_{CC}$ 时，电路维持原态不变，输出 v_O 仍为高电平；如果输入信

号增加到 $v_I > \frac{2}{3}V_{CC}$ 时，RS 触发器置 0，即 $Q=0$，$\overline{Q}=1$，输出 v_O 为低电平；v_I 再增加，只要满足 $v_I \geq \frac{2}{3}V_{CC}$，电路维持该状态不变。若 v_I 下降，只要满足 $\frac{1}{3}V_{CC} < v_I < \frac{2}{3}V_{CC}$，电路状态仍然维持不变；只有当 $v_I = \frac{1}{3}V_{CC}$ 时，触发器再次置 1，电路又翻转回输出为高电平的状态。

2）用 555 定时器构成多谐振荡器

利用施密特触发器可以构成多谐振荡器，于是，先用 555 定时器构成施密特触发器，再把这个施密特触发器改接成多谐振荡器。多谐振荡器电路图和波形图如图 7.23 所示。

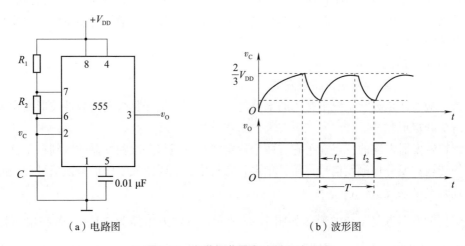

图 7.23　多谐振荡器电路图和波形图

由图 7.23（a）可见，这个施密特触发器稍微复杂一些，又增加了一个电阻 R_1。R_1 与 555 定时器内部的放电管 T_D 构成了一个反相器。逻辑上，这个反相器的输出与 555 定时器的输出完全相同。因此，这个施密特触发器有两个输出端口，分别为 555 定时器的 3 引脚和 7 引脚。电阻 R_2 和电容 C 构成了 RC 积分电路，施密特触发器的一个输出端（7 引脚）接 RC 积分电路的输入端，RC 积分电路的输出端接施密特触发器的输入端。这样，一个多谐振荡器就完成了。施密特触发器的另外一个输出端（3 引脚）就专门作为多谐振荡器的输出，可以最大限度地保证多谐振荡器的带负载能力。这个多谐振荡器可以驱动小型继电器。

主要参数计算：
$$T = t_1 + t_2 = 0.7(R_1+R_2)C + 0.7R_2C = 0.7(R_1+2R_2)C$$

改变 R_1、R_2 和 C 的值，就可以改变振荡器的频率。如果利用外接电路改变 5 引脚的电位，则可以改变多谐振荡器高触发端的电平，从而改变振荡周期 T。在实际应用中，常常需要调节 t_1 和 t_2。在此，引入占空比的概念。输出脉冲的占空比为

$$q = \frac{t_1}{t_1+t_2} = \frac{R_1+R_2}{R_1+2R_2}$$

【例 7.1】图 7.23 所示为由 555 定时器构成的多谐振荡器。已知 $V_{CC}=10$ V，$C=0.1$ μF，$R_1=15$ kΩ，$R_2=24$ kΩ。试求：多谐振荡器的振荡频率。

解
$$f=\frac{1}{T}=\frac{1}{t_1+t_2}$$
$$t_1=0.7(R_1+R_2)C=0.7(15+24)\times10^3\times0.1\times10^{-6}\text{s}=2.73\text{ ms}$$
$$t_2=0.7R_2C=0.7\times24\times10^3\times0.1\times10^{-6}\text{s}=1.68\text{ ms}$$

所以，$f=\dfrac{1}{T}=\dfrac{1}{(2.73+1.68)\times10^3}\text{Hz}\approx226.75\text{ Hz}$。

二、74LS192 的认知

74LS192 是同步十进制可逆计数器，具有双时钟输入，并且有清除和置数等功能，其引脚图如图 7.24 所示。74LS192 的清除端是异步的，当复位输入端（MR）为高电平时，不管时钟端（CU、CD）状态如何，即可完成清除功能。

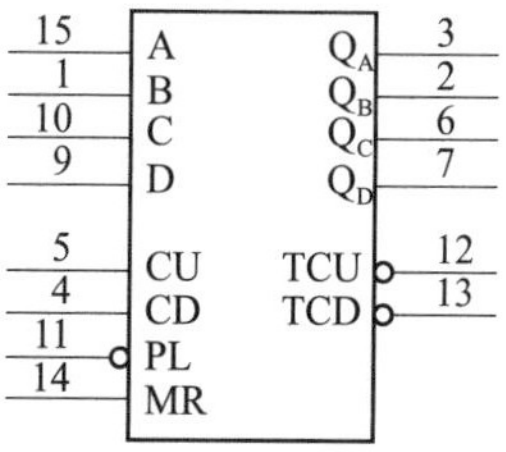

其中：

$A\sim D$：并行数据输入端；

$Q_A\sim Q_D$：数据输出端。

CU 为加计数时钟输入端，CD 为减计数时钟输入端。

PL 为预置输入控制端，异步预置。

MR 为复位输入端，高电平有效，异步清除。

TCU 为进位输出：1001 状态后负脉冲输出。

TCD 为借位输出：0000 状态后负脉冲输出。

图 7.24 74LS192 引脚图

表 7.16 74LS192 功能表

输入								输出			
MR	PL	CU	CD	A	B	C	D	Q_A	Q_B	Q_C	Q_D
1	×	×	×	×	×	×	×	0	0	0	0
0	0	×	×	d	c	b	a	d	c	b	a
0	1	×	1	×	×	×	×	加计数			
0	1	1	×	×	×	×	×	减计数			

当 MR 为高电平，不管其他输入如何，输出都是 0。所以要实现计数功能，就要使 MR 为低电平，PL 为预置端，当其为 0 时处于预置状态，输出端（Q_A，Q_B，Q_C，Q_D）与输入端保持同样的数值。

任务工单

设计一个实现随意可调时间和暂停恢复功能的倒计时器。

具体功能如下：

（1）倒计时器具有可设置 99 s 内任意数字开始倒数的功能。

（2）倒计时器具有按键开始倒计时功能。

（3）倒计时器具有任意时间暂停和开始的功能。

（4）复位键可实现从任意时刻恢复到 99 s 处开始倒计时。

工作过程：接通电源后，通过按键开始实现 99 s 内任意时间的倒计时，倒计时开始进行，期间可通过按键来调控暂停和开始，复位键可以实现倒计时重新由 99 s 开始倒计时。仿真电路如图 7.25 所示。

要实现减计数就要将 CD 端接入一个脉冲，在 CU 端接入一个高电平，当预置输入控制端（PL）接高电平时 74LS192 按照正常计数；当 PL 接低电平时，74LS192 处于预置状态。

本任务要实现两位十进制的随意预置倒计时，还要将个位的借位端，Q_A 接在十位的 CD 端，当借位端没溢出时其为高电平，当有溢出时其为低电平，这样就产生了一个脉冲，这个脉冲宽度是和个位总 CD 端接的脉冲的宽度是一样的，本任务的预置数要求个位与十位都要实现随意且自动的预置数，在十位计数到 0 时要重新回到所预置到的数，所以在十位到达 0 时在个位和十位的预置数端都要给一个低电平，这样就能随意的预置和自动预置了。

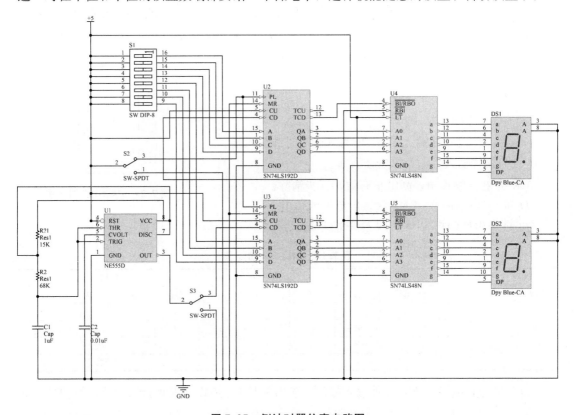

图 7.25　倒计时器仿真电路图

注：图中 15K 即 15 kΩ，1 uF 即 1 μF，下同。

倒计时器制作所需器件见表 7.17。

表 7.17　倒计时器制作所需器件

编号	名称	类型或参数	编号	名称	类型或参数
DS1、DS2	数码管	共阴	R_1	电阻器	15 kΩ
U4、U5	七段显示译码器	74LS48	R_2	电阻器	68 Ω
U2、U3	十进制可逆计数器	74LS192	C_1	电容器	105
S2、S3	开关	两向	C_2	电容器	103
U	定时器	NE555	S1	拨码开关	8 位

从图 7.26 中可以看出当个位和十位都倒计时到 0 时，个位和十位的借位输出端

（TCD）同时由高电平变成低电平，通过一个或门输出为 0，预置输入控制端（PL）为低电平，74LS192 处于预置状态。在个位倒计时到 9 时，个位的借位端由低电平变为高电平，个位和十位的预置数端为高电平，个位和十位正常计数。在 74LS192 实现计数中，刚接通电源的 TCD 为 0，通过或门实现 PL 端输入低电平，这样就实现了第一预置数。个位和十位的 A～D 端都接入一个开关。这样就实现了随意且自动预置数了。

组装倒计时器电路并进行调试。当输入 1 Hz 的时钟脉冲信号时，要求电路能进行减计时，当减计时到零时，能继续跳回 99 s 继续工作。调试倒计时器电路，注意各部分电路之间的时序配合关系。然后检查电路各部分的功能，使其满足设计要求。倒计时器实物图如图 7.26 所示。

图 7.26 倒计时器实物图

综合评价

综合评价表见表 7.18。

表 7.18 555 定时器的认知和倒计时器的制作综合评价表

班级：_____
小组：_____
姓名：_____
指导教师：_____
日　　期：_____

评价项目	评价标准	评价依据	学生自评 20%	小组互评 30%	教师评价 50%	权重	得分小计
职业素养	（1）遵守企业规章制度、劳动纪律。 （2）按时按质完成工作任务。 （3）积极主动承担工作任务，勤学好问。 （4）人身安全与设备安全。 （5）工作岗位 6S 完成情况	（1）出勤。 （2）工作态度。 （3）劳动纪律。 （4）团队协作精神				0.3	

专业能力	（1）会熟练使用万用表。 （2）会设计 555 组成的脉冲发生器电路。 （3）熟悉倒计时器的设计与制作。 （4）完成倒计时器电路的焊接并且正确实现 99 s 内的倒计时功能。 （5）能灵活使用信号发生器、示波器	（1）理解 555 定时模块的工作原理，会用 555 定时模块设计频率可调的脉冲发生器电路。 （2）会用信号发生器生成规定的基准电路，并能用示波器显示出来			0.5
创新能力	（1）电路调试时，能提出自己独到见解或解决方案。 （2）了解倒计时器的组成及工作原理。 （3）设计控制器电路	（1）熟练使用信号发生器和示波器。 （2）理解 74LS192 的功能。 （3）会设计任意时间的倒计时器电路			0.2
		合计			

❓思考与练习

（1）简述 555 定时器的工作原理和应用。

（2）简述 555 定时器产生 1 ms 脉冲的电容充放电时间的计算方法和器件参数的选择。

综 合 实 训

一、实训内容

（1）完成可实现时、分、秒的数字钟的焊接，学习、了解、掌握常用数字钟设计的思路与过程。

（2）计时出现误差时，可以用校时电路校时、校分。校时电路由复位按钮构成，复位按钮按下产生手动脉冲，从而调节计数器，实现校时。

（3）通过门电路构成的判断模块对时计时和分计时的输出进行判断，从而实现整点报时。

二、仪器仪表及元器件准备

实训所需器件清单见表 7.19。

表 7.19　实训所需器件清单

序号	名称	规格	数量	序号	名称	规格	数量
1	复位按钮	常开	3	4	排阻	180	6
2	CD4511		6	5	555 定时器		1
3	74LS160		6	6	74LS00		1

续表

序号	名称	规格	数量	序号	名称	规格	数量
7	74LS08		2	11	电阻	20 kΩ	1
8	74LS21		1	12	电阻	62 kΩ	1
9	数码管		6	13	电容	100 nF	1
10	电阻	100 kΩ	3				

实训所需工具：电工电子实训台、数字万用表、恒温电烙铁、双踪示波器。

三、实训流程

数字钟实际上是一个对标准频率（1 Hz）进行计数的计数电路。由于计数的起始时间和标准时间（北京时间）不可能达到统一，故需要在电路上加一个校时电路，同时标准的1 Hz时间信号必须做到稳定。图7.27所示为数字钟的一般构成框图。

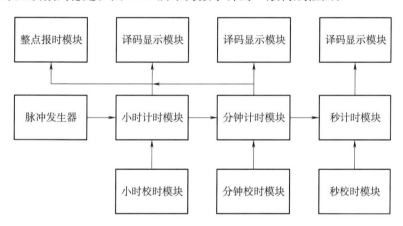

图 7.27 数字钟的一般构成框图

1）脉冲发生模块设计

脉冲发生模块是用来产生时间标准的电路。时间标准信号的准确度和稳定性直接关系到数字钟计时的准确度和稳定性。所以，秒信号产生电路采用555定时器构成的多谐振荡器，能周期性地产生方波信号，其电路图如图7.28所示。

输出方波信号的周期计算如下：

电容充电时间为

$$t_{WH}=0.7(R_2+R_1)C$$

电容放电时间为

$$t_{WL}=0.7R_2C$$

所以，方波信号的周期为

$$t=t_{WH}+t_{WL}=0.7(R_1+2R_2)C$$

频率为

$$f=\frac{1}{t}=\frac{1.43}{(R_1+2R_2)C}$$

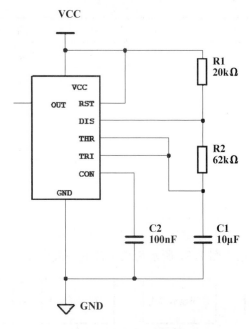

图 7.28 脉冲发生模块电路

因此,通过调节电阻值可以调节多谐振荡器的输出矩形脉冲的占空比。若 R_2 远大于 R_1,则可以得到正负脉冲宽度接近相等的矩形波。如果要使方波信号的频率为 1 Hz,即秒信号,则只需选择合适的电阻值 R_1、R_2 和电容 C 的值即可,LM555 电路要求 R_1 和 R_2 的值均应大于或等于 1 kΩ,但 R_1+R_2 应不大于 3.3 MΩ。

2) 计时模块设计

(1) 分、秒计时模块设计

在数字钟的控制电路中,分和秒的控制都是一样的,都是由一个十进制计数器和一个六进制计数器串联而成的,在电路的设计中采用的是 74LS160D 的异步清零法来实现十进制功能和六进制功能,根据 74LS160D 的结构把输出端的 0110(十进制为 6)用一个与非门 74LS00 引到 CLR 端便可置 0,这样就实现了六进制计数。而 74LS160D 本身为计满后为 10,与六进制计数器串联后成为六十进制计数器。

(2) 时计时模块设计

时计时模块由两片十进制同步加法计数器 74LS160 级联产生,采用的是异步清零法。u_1 输出端为 0001(十进制为 4)与 u_2 输出端 0010(十进制为 2)经过与非门接两片的清零端,从而实现二十四进制计数。

3) 校时模块设计

校时模块电路由复位按钮及二输入或门构成。复位按钮接上拉电阻,当复位按钮按下时,电阻接地,电平由高变低,实现手动产生脉冲。将手动产生的脉冲以及进位产生的脉冲分别输入二输入或门,或门输出进入计数器 CLK 端,则当按钮按下手动脉冲产生,计时器亦会进行计时,从而实现校时。

电路图如图 7.29 所示。

项目 7 数字钟的设计与制作

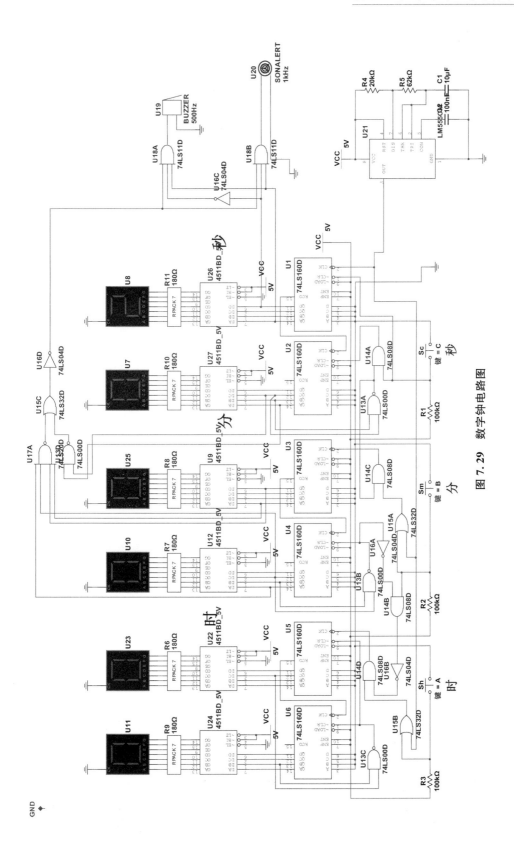

图 7.29 数字钟电路图

四、能力评价

能力评价表见表 7.20。

表 7.20　数字钟能力评价表

班级：_____
小组：_____
姓名：_____

指导教师：_____
日　　期：_____

评价项目	评价标准	评价依据	评价方式			权重	得分小计
			学生自评 20%	小组互评 30%	教师评价 50%		
职业素养	(1) 遵守企业规章制度、劳动纪律。 (2) 按时按质完成工作任务。 (3) 积极主动承担工作任务，勤学好问。 (4) 人身安全与设备安全。 (5) 工作岗位 6S 完成情况	(1) 出勤。 (2) 工作态度。 (3) 劳动纪律。 (4) 团队协作精神				0.3	
专业能力	(1) 熟悉焊接操作手法，正确焊接电路。 (2) 能理解数字钟电路的原理及应用，分析电路的功能和参数。 (3) 能够正确对数字钟电子器件和数字器件的型号进行确定，根据不同门电路的参考手册分辨引脚功能	(1) 理解数字钟工作原理。 (2) 会通过修改电路器件的参数修改数字钟的定时频率				0.5	
创新能力	(1) 根据电路原理图选择合适元器件进行焊接和组装。 (2) 电路焊接能否一次成功，电路如果出现故障，能否通过自己努力排除。 (3) 能否判断测量结果的准确性，进而评价所制作的电路质量的好坏	(1) 完成可实现时、分、秒的数字钟的焊接。 (2) 会用校时电路校时、校分。 (3) 实现整点报时				0.2	
合计							

习 题 7

1. 构成一个五进制的计数器至少需要（　　）个触发器。
　　A. 5　　　　　　　　B. 4　　　　　　　　C. 3　　　　　　　　D. 2
2. 同步时序逻辑电路和异步时序逻辑电路比较，其差异在于后者（　　）。
　　A. 没有触发器　　　　　　　　　　　　B. 没有统一的时钟脉冲控制
　　C. 没有稳定状态　　　　　　　　　　　D. 输出只与内部状态有关

3. 以下不属于时序逻辑电路的是（　　）。
   A. RS 触发器 B. D 触发器
   C. 移位寄存器 D. 数据选择器
4. 下列叙述正确的是（　　）。
   A. 译码器属于时序逻辑电路 B. 寄存器属于组合逻辑电路
   C. 555 定时器是典型的时序逻辑电路 D. 计数器属于时序逻辑电路
5. 图 7.30 所示电路构成（　　）计数器。
   A. 二进制　　　B. 三进制　　　C. 四进制　　　D. 五进制

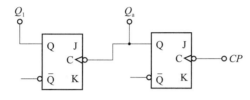

图 7.30　题 5 图

6. 下列说法不正确的是（　　）。
   A. 同步时序逻辑电路中，所有触发器状态的变化都是同时发生的
   B. 异步时序逻辑电路的响应速度与同步时序逻辑电路的响应速度完全相同
   C. 异步时序逻辑电路的响应速度比同步时序逻辑电路的响应速度慢
   D. 异步时序逻辑电路中，触发器状态的变化不是同时发生的
7. 【判断题】时序电路不含有记忆功能的器件。（　　）
8. 【判断题】计数器除了能对输入脉冲进行计数，还能作为分频器用。（　　）
9. 555 定时器由哪几部分组成？各部分的功能是什么？
10. 图 7.31 所示为用 555 定时器设计的单稳态触发器。已知 $V_{CC}=12$ V，$R=100$ kΩ，$C=0.01$ μF，试求：
   （1）输出脉冲的宽度。
   （2）输入脉冲的下限幅度。

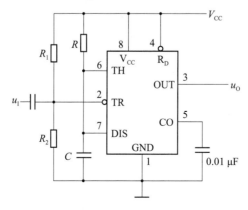

图 7.31　题 10 图

项目 8　金属探测器的设计与制作

　　金属探测器是一种专门用来探测金属的仪器，除了探测有金属外壳或金属部件的地雷以外，还可以用来探测隐蔽在墙壁内部的电线、埋在地下的水管电缆，甚至能够地下探宝，发现埋藏在地下的金属物体。目前还广泛用于各种大型会议中心、会展场馆、体育场馆、监狱系统及娱乐场所的安全检查和工厂企业的防偷检查，甚至可用于对考试禁带物品的检查。

　　金属探测器是根据电磁感应原理制成的。是将一金属置于变化的磁场中时，根据电磁感应原理就会在金属内部产生涡流，涡流产生的磁场反过来又影响原磁场，这种变化可以转换为电压幅值的变化，供相关电路进行检测。它也可以表现为振荡电路频率的变化，用检测频率的办法进行检测。本项目使用的是前者，振荡部分由 555 定时器构成的振荡电路组成，产生的方波信号通过线圈电路，产生相应的交变磁场。无金属存在时，此磁场为相对稳定的交变磁场；当有金属存在时，将会在金属中产生涡流效应，涡流又会产生与原磁场方向相反的磁场，并对总磁场有影响。通过将测得的实际磁场与预先测得并设定的存在金属时的磁场进行比较，就可实现对金属的探测。

　　本项目主要任务是设计基于霍尔传感器的金属探测器电路。多谐振荡器产生一个频率为 24 kHz、占空比为 2/3 的脉冲信号，驱动霍尔传感器检测电路检测是否有金属靠近，再通过放大电路将信号传输给控制器，实现显示和报警功能。金属探测器实物图如图 8.1 所示。

图 8.1　金属探测器实物图

知识目标

（1）掌握电磁感应原理；

（2）掌握电涡流效应原理；

（3）掌握 555 定时器构成的振荡电路的组成和工作原理；

(4) 掌握基本放大电路和集成运算放大电路的组成。

能力目标

(1) 掌握金属探测器电路分析方法；
(2) 掌握金属探测器电路设计方法；
(3) 掌握电涡流效应的应用方法；
(4) 会调查研究、查阅资料、设计计算、确定电路方案；
(5) 会选择元器件，组装电路，独立进行调试、改进；
(6) 会电路指标测试结果，写出设计总结报告；
(7) 掌握普通电子电路的生产流程以及安装、布线、焊接等基本技能；
(8) 掌握常用电子仪器的正确使用方法，还包括对示波器、信号发生器、交流毫伏表等能正确使用；
(9) 掌握常用电子元器件和电路的测试技能。

任务 8.1　振荡电路的设计与制作

> 金属探测器的检测可以表现为振荡电路频率的变化，用检测频率的办法进行检测。其电路振荡部分由 555 振荡器振荡电路组成。振荡电流是一种大小和方向都周期性发生变化的电流，能产生振荡电流的电路就称为振荡电路。本任务将完成一个能产生频率为 24 kHz、占空比为 2/3 的脉冲信号的振荡电路的制作。

任务描述

由 555 定时器构成一个多谐振荡器，产生一个频率为 24 kHz、占空比为 2/3 的脉冲信号。通过计算得出分压电阻，完成电路焊接。

任务分析

通过本任务的制作，复习 555 定时器的使用方法，掌握 555 定时器外围电路的配置方法，会根据指定的输出波形的占空比和频率计算电阻和电容的取值，会查阅芯片手册，按要求选用 555 定时器。

知识与技能

1. 555 定时器的结构及功能

555 定时器是一种集成电路芯片，常被用于定时器、脉冲产生器和振荡电路。555 定时器可被作为电路中的延时器件、触发器或起振元件。

2. 555 定时器构成的三种基本脉冲电路

(1) 单稳态模式：在此模式下，555 定时器功能为单次触发。应用范围包括定时器、脉冲丢失检测、反弹跳开关、轻触开关、分频器、电容测量、脉冲宽度调制（PWM）等。

(2) 无稳态模式：在此模式下，555 定时器以振荡器的方式工作。这一工作方式下的

555芯片常被用于频闪灯、脉冲发生器、逻辑电路时钟、音调发生器、脉冲位置调制（PPM）等电路中。如果使用热敏电阻作为定时电阻，555定时器可构成温度传感器，其输出信号的频率由温度决定。

（3）双稳态模式（又称施密特触发器模式）：在DIS引脚空置且不外接电容的情况下，555定时器的工作方式类似于一个RS触发器，可用于构成锁存开关。

任务工单

（1）按照图8.2，设计555定时器构成一个多谐振荡器，并且在工作过程中，产生一个频率为24 kHz、占空比为2/3的脉冲信号。多谐振荡器的频率计算公式为

$$f = \frac{1}{(R_{10} + 2R_{11})C_{11}\ln 2}$$

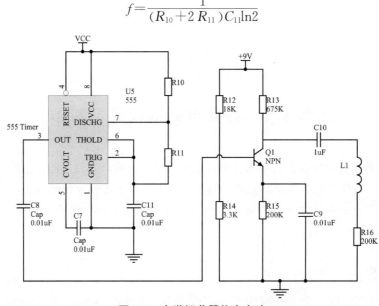

图8.2　多谐振荡器仿真电路

（2）图8.2所示参数对应的频率为24 kHz，选择24 kHz的超长波频率是为了减弱土壤对电磁波的影响。从多谐振荡器输出的正脉冲信号经过电容 C_8[①] 输入到 Q_1 的基极（Q_1 为放大倍数为125的9013H），使其导通，经 Q_1 放大之后，就形成了频率稳定度高、功率较大的脉冲信号输入到探测线圈 L_1 中，在线圈内产生瞬间较强的电流，从而使线圈周围产生恒定的交变磁场。由于在脉冲信号作用下，Q_1 处于开关工作状态，而导通时间又非常短，所以非常省电，可以利用9 V电池供电。通过计算，选取 $R_{11} = R_{12} = 2$ kΩ。

（3）完成电路板的焊接任务。要达到焊接电路的工艺要求，应做到：

①焊接前应观察电路板各个焊点是否光洁，是否被氧化等。

②元器件装焊顺序：由低到高、先小后大，依次焊接电阻、电容、二极管、集成电路、大功率管等元器件。装完同一种规格后再装另一种规格，尽量使电阻的高低一致。

③有极性的元器件极性应严格按照图样上的要求安装，不能错装。芯片与底座都是有方向的。焊接时要严格按照板上的缺口所指的方向进行。

[①]　C_8 即仿真电路中C8，下同。

④在焊接圆形的极性电容器时，一般电容值都是比较大的，其电容器的引脚是分长短的，以长脚对应"＋"所在的孔。对引脚过长的元件，焊接完成后，要将其剪短。

⑤焊接集成电路时，先检查所用型号、引脚位置是否符合要求。焊接时先焊边沿对脚的两只引脚，以使其定位，然后再从左到右、自上而下逐个焊接。

⑥焊接温度（一般为350 ℃）、时间（少于3 s）要适当，加热均匀，焊接时要保持焊点饱满、光滑、有光泽度、无毛刺，焊点要有足够的机械强度。

⑦当电路连接完成后，最好用清洗剂对电路的表面进行清洗，以防电路板表面附着的铁屑使电路短路。

综合评价

综合评价表见表8.1。

表8.1 振荡电路的设计与制作综合评价表

班级：_____
小组：_____
姓名：_____

指导教师：_____
日　　期：_____

评价项目	评价标准	评价依据	评价方式			权重	得分小计
			学生自评 20%	小组互评 30%	教师评价 50%		
职业素养	（1）遵守企业规章制度、劳动纪律。 （2）按时按质完成工作任务。 （3）积极主动承担工作任务，勤学好问。 （4）人身安全与设备安全。 （5）工作岗位6S完成情况	（1）出勤。 （2）工作态度。 （3）劳动纪律。 （4）团队协作精神				0.3	
专业能力	（1）会熟练使用万用表。 （2）会分辨555定时器的引脚分布，会根据输出波形频率和占空比的不同要求计算外围电阻、电容的值。 （3）能灵活使用仪器调试电路	（1）理解555定时器的工作原理。 （2）熟练使用示波器。 （3）根据芯片手册区分555定时器的引脚				0.5	
创新能力	（1）电路调试时，能提出自己独到见解或解决方案。 （2）会灵活应用555定时器电路根据要求设计振荡电路	（1）会用示波器显示检测波形。 （2）555定时器外围电子器件的选型				0.2	
合计							

思考与练习

（1）简述555定时器构成的三种基本脉冲电路的原理。

（2）简述555定时器输出24 kHz占空比为2/3的脉冲信号外围器件的选择。

任务8.2 线性霍尔传感器检测电路的设计与制作

> 金属探测器在无金属存在时此磁场为相对稳定的交变磁场,当有金属物体存在时,将会在金属中产生涡流效应,涡流又会产生与原磁场方向相反的磁场,并对总磁场有影响。在本任务中,通过线性霍尔传感器检测电路对磁场变化进行检测。

任务描述

完成线性霍尔传感器检测电路的设计与制作。通过将测得的实际磁场与预先测得并设定的存在金属时的磁场进行比较,就可实现对金属的探测。

任务分析

通过本任务的制作,学习霍尔传感器 UGN3503U 的检测原理和使用方法,复习集成运算放大电路对弱信号进行放大的原理,学会查阅集成运放 LM324 的使用说明手册,掌握 LM324 外围电路的配置方法,会将采集到的微弱信号放大至 0~5 V 的直流电平,并传输给后续电路进行信号的使用。

知识与技能

一、线性霍尔传感器 UGN3503U 的认知

霍尔传感器是根据霍尔效应制作的一种磁场传感器。霍尔效应是磁电效应的一种,这一现象是霍尔于 1879 年在研究金属的导电机构时发现的。后来发现半导体、导电流体等也有这种效应,而半导体的霍尔效应比金属强得多,利用这个现象制成的各种霍尔元件,广泛地应用于工业自动化技术、检测技术及信息处理等方面。霍尔效应是研究半导体材料性能的基本方法。通过霍尔效应实验测定的霍尔系数,能够判断半导体材料的导电类型、载流子浓度及载流子迁移率等重要参数。

磁场中有一个霍尔半导体片,恒定电流 I 水平穿过导体时,在洛伦兹力的作用下,I 的电子流在通过霍尔半导体时向一侧偏移,使该片在垂直方向上产生电位差,这就是所谓的霍尔电压。

霍尔电压随磁场强度的变化而变化,磁场越强,电压越高;磁场越弱,电压越低。霍尔电压值很小,通常只有几毫伏,但经集成电路中的放大器放大,就能使该电压放大到足以输出较强的信号。若使霍尔集成电路起传感作用,需要用机械的方法来改变磁感应强度。可采用的方法是用一个转动的叶轮作为控制磁通量的开关,当叶轮叶片处于磁铁和霍尔集成电路之间的气隙中时,磁场偏离集成片,霍尔电压消失。这样,霍尔集成电路的输出电压的变化,就能表示出叶轮驱动轴的某一位置,利用这一工作原理,可将霍尔集成电路片用作点火正时传感器。霍尔效应传感器属于被动型传感器,它要有外加电源才能工作,这一特点使它能检测低转速的运转情况。

在本任务的电路设计中,选用了美国 ALLEGRO 公司生产的线性霍尔传感器 UGN3503U,来检测通电线圈周围的磁场变化。线性霍尔传感器 UGN3503U 的主要功能是将感应到的磁场强度信号线性地转变为电压信号。其封装图如图 8.3 所示。

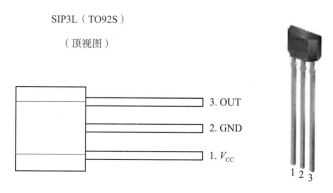

图 8.3　UGN3503U 封装

霍尔线性电路是由霍尔元件、差分放大电路和射频跟随器组成的。其输出的电压和加在霍尔元件上的磁感应强度成正比，它的功能框图和输出特性如图 8.5、图 8.6 所示。

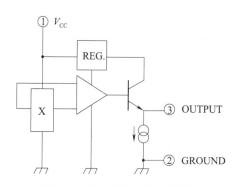

图 8.4　霍尔线性电路功能框图

图中 X 代表霍尔片，REG. 代表射频跟随器。

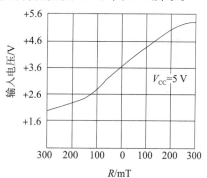

图 8.5　UGN3503U 的输出特性

二、线性霍尔传感器 UGN3503U 的工作原理

霍尔元件是依据霍尔效应制成的器件。如图 8.6 所示，在一块半导体薄片两端通以电流 I，并加以和薄片表面垂直的磁场 B，在薄片的横向两侧会出现一个电压 U_H，这种现象就是霍尔效应。在这种现象产生的洛伦兹力的作用下，电子分别向薄片横向两侧偏转和积聚，因而形成一个电场，称为霍尔电场。霍尔电场产生的电场力和洛伦兹力方向相反，阻碍载流子继续堆积，直到霍尔电场力和洛伦兹力相等，这时，薄片两端建立起一个稳定的电压，即霍尔电压 U_H。霍尔电压 U_H 可用下式表达：

$$U_H = R_H I B / d$$

式中，R_H 为霍尔常数，m^3/C；I 为控制电流，A；B 为磁感应强度，T；d 为霍尔元件的厚度，m。令 $K_H = R_H / d$，可得

$$U_H = K_H I B$$

由上式可知，霍尔电压的大小正比于控制电流 I 和磁感应强度 B。K_H 称为霍尔元件的灵敏度，它与元件材料的性质与几何尺寸有关。因此，当外加电压电源一定时，通过的电流 I 为一恒定值，此时输出的电压只与加在霍尔元件上的磁感应强度 B 的大小成正比，即

$$U_H = K B$$

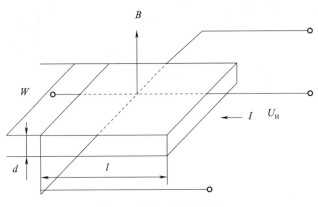

图 8.6　霍尔效应原理图

此时 $K=K_H I$ 为常数。因此，任何引起磁感应强度变化的物理量都将引起霍尔电压的变化。据此，将霍尔元件做成各种形式的探头，固定在工作系统的适当位置，用它去检测工作磁场，再根据霍尔电压的变化提取检测信息，这就是线性霍尔传感器的基本工作原理和作用。

三、集成运算放大器 LM324 的认知

线性霍尔传感器输出的微弱信号经电容耦合到前级运算放大器的同相输入端，运算放大器 U2A 把霍尔传感器感应到的电压转换为对地电压。在电路设计中，LM324 是采用 +5 V 单电源供电集成运放，对于不同强度的信号均可通过调节前级放大电路的反馈电位器 R_w 来改变其放大倍数。

集成运算放大器 LM324 带有差分输入的四运算放大器。与单电源应用场合的标准运算放大器相比，它有一些显著优点：可以工作在低到 3.0 V 或者高到 32 V 的电源下，静态电流和同类型集成运放的静态电流相比更低。共模输入范围包括负电源，因而消除了在许多应用场合中采用外部偏置元件的必要性。其引脚图如图 8.7 所示。

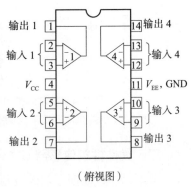

（俯视图）

图 8.7　LM324 引脚图

四、放大和峰值检波电路设计

经前级运算放大器放大的信号经耦合电容输入到后级峰值检波电路中。采用阻容耦合的方法可以使前后级电路的静态工作点保持独立，隔离各级静态之间的相互影响，使得电路总温漂不会太大。峰值检波电路由两级运算放大器组成，第一级运放 U2B 将输入信号的峰值传递到电容 C_6 上，并保持下来。第二级运放 U2C 组成缓冲放大器，将输出与电容隔离开来。在设计中，为了获得优良的保持性能和传输性能，同样采用了输入阻抗高、响应速度较快、跟随精度较好的运算放大器 LM324，这样可有效地利用 LM324 的资源，减少使用元器件的数量，降低了成本。当 LM324 的 U2B 输入电压 U_{i2} 上升时，U2B 输出电压 U_{o2} 跟随上升，使二极管 D_4、D_5 导通，D_3 截止，U2B 工作在深度负反馈状态，使电容 C_6 充电，电容两端电压 U_C 上升。当输入电压 U_{i2} 下降时，U_{o2} 跟随下降，D_3 导通，U2B 也工作在深度负反

馈状态，深度负反馈保证了二极管 D_4、D_5 可靠截止，U_C 值得以保持。当 U_{i2} 再次上升时使 U_{o2} 上升并使 D_4、D_5 导通，D_3 截止，再次对电容 C_6 充电（U_C 高于前次充电电压），U_{i2} 下降时，D_4、D_5 又截止，D_3 导通，U_C 将峰值再次保持。输出 U_o 反映 U_C 的大小，通过峰值检波和后级缓冲放大电路，将采集到的微弱信号放大至 0～5 V 的直流电平，以满足 A/D 转换器 ADC0809 所要求的输入电压变换范围，然后通过 A/D 转换电路将检测到的峰值转化成数字量。

任务工单

（1）根据图 8.8，完成线性霍尔传感器检测电路的设计。线性霍尔元件输出的微弱信号经电容耦合到前级运算放大器，将采集到的微弱信号放大至 0～5 V 的直流电平，通过万用表或者示波器显示出来。

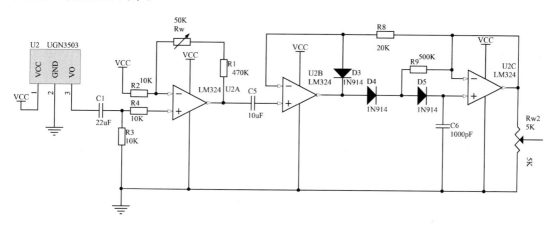

图 8.8 线性霍尔传感器电路

（2）完成电路板的焊接任务。焊接电路的工艺要求同任务 8.1。

综合评价

综合评价表见表 8.2。

表 8.2 线性霍尔传感器电路的设计与制作综合评价表

班级：_____ 小组：_____ 姓名：_____			指导教师：_____ 日　　期：_____				
评价项目	评价标准	评价依据	评价方式			权重	得分小计
			学生自评 20%	小组互评 30%	教师评价 50%		
职业素养	（1）遵守企业规章制度、劳动纪律。 （2）按时按质完成工作任务。 （3）积极主动承担工作任务，勤学好问。 （4）人身安全与设备安全。 （5）工作岗位 6S 完成情况	（1）出勤。 （2）工作态度。 （3）劳动纪律。 （4）团队协作精神				0.3	

专业能力	（1）会熟练使用万用表。 （2）会分辨集成运放 LM324 的引脚分布，会使用线性霍尔传感器 UGN3503U 测量磁场变化。 （3）能灵活使用万用表、示波器对输出信号进行测量	（1）集成运放 LM324、线性霍尔传感器 UGN3503U 工作原理的理解。 （2）万用表、示波器使用熟练程度。 （3）根据芯片手册区分集成运放 LM324 的引脚		0.5	
创新能力	（1）电路调试时提出自己独到见解或解决方案。 （2）熟悉电路各元器件的作用	（1）会用示波器检测出微弱信号转换成 0～5 V 信号的变化。 （2）LM324 外围电子器件的选型		0.2	
		合计			

思考与练习

（1）简述线性霍尔传感器的工作原理。

（2）线性霍尔传感器输出信号需经过什么调理电路后才能被后续电路识别？

任务 8.3　金属探测器检测和报警电路的设计与制作

> 在以上两个任务中，实现了信号的高频振荡和金属的检测功能，但是测试信号的方式采用的是示波器和万用表，为了满足实际使用场景，在本任务中希望将检测信号进行模/数（A/D）转换处理后传输给控制器，再通过控制器驱动声光报警。

任务描述

焊接电路，将任务 8.2 测量得到的 0～5 V 模拟量信号转换成数字量信号传送给单片机，再通过单片机驱动发光二极管和扬声器，实现金属探测的声光报警功能。

任务分析

通过本任务的制作，学习模/数转换电路 ADC0809N 的使用方法。ADC0809N 可以将检测到的 0～5 V 模拟量信号转换成数字量信号；再将数字量信号传送给控制器，这里的控制器以 P89C51 为例。由于单片机的内容会在后续课程中讲授，这里不做过多介绍，同学们只需将程序输入至编译器，编译成功运行即可。

知识与技能

一、模/数转换芯片 ADC0809 的认知

模拟信号只有通过模/数转换器（ADC）转换为数字信号后才能用软件进行处理。与模/数转换相对应的是数/模转换，数/模转换是模/数转换的逆过程。在任务 8.2 中得到的 0～5 V 信号需要通过模/数转换才能使控制器识别，实现自动报警的功能。

ADC0809 是美国国家半导体公司生产的 CMOS 工艺八通道、八位逐次逼近式 A/D 转换器。其内部有一个八通道多路开关，它可以根据地址锁存译码后的信号，只选通八路模拟输入信号中的一路进行 A/D 转换。它由八路模拟开关、地址锁存与译码器、比较器、八位开关树型 A/D 转换器、逐次逼近寄存器、逻辑控制和定时电路组成。它的主要特性包括：

（1）八路输入通道，八位 A/D 转换器，即分辨率为八位。

（2）具有转换启停控制端。

（3）转换时间为 100 μs（时钟频率为 640 kHz 时），130 μs（时钟频率为 500 kHz 时）。

（4）单个+5 V 电源供电。

（5）模拟输入电压范围为 0～+5 V，不需要零点和满刻度校准。

（6）工作温度范围为-40～+85 ℃。

（7）低功耗，约 15 mW。

它的引脚图如图 8.9 所示。

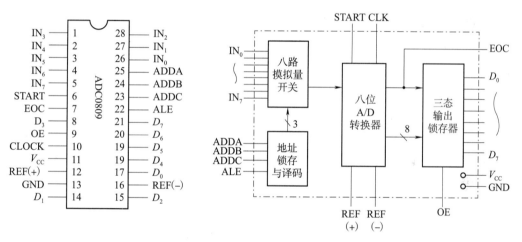

图 8.9　ADC0809 引脚图

ADC0809 的工作时序如图 8.10 所示。

由于 ADC0809 是八位逐次逼近型 A/D 转换器，片内有八路模拟开关，可对八路模拟电压量实现分时转换，转换速度为 100 μs（即 10 千次/s）。当地址锁存允许信号 ALE=1 时，三位地址信号 A、B、C 送入地址锁存器，选择八路模拟量中的一路实现 A/D 转换。这里只使用通道 IN_0，所以，地址译码器 ABC 直接地址为 000，采用线选法寻址。

ADC0809 的模拟输入范围：单极性 0～5 V，设计中采用+5 V 单电源供电。放大后的电压信号送入 ADC0809 的模拟输入通道 IN_0 进行 A/D 转换。当 ADC0809 的 START（启动信号）输入端为高电平时，A/D 转换开始，在时钟的控制下，一位一位地逼近，比较器一次次进行比较，转换结束时，送出转换结束信号 EOC（低到高），并将八位数字量 D_0～D_7 锁存到输出缓存器。AT89C51 的读信号端发出一个输出允许命令输入到 ADC0809 的 ENABLE（即 OE）端，ENABLE 端呈高电位，用以打开三态输出端锁存器。AT89C51 从 ADC0809 读取相应电压数字量，然后存入数据缓冲器中。

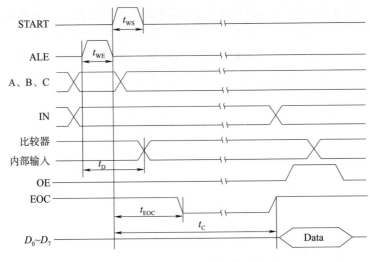

图 8.10 ADC0809 的工作时序

二、报警电路认知和设计

报警电路以直观显示或声音报警方式向操作员报告是否有金属物被检测到。最直观的报警电路就是声光电报警。报警电路仅采用两个 LED 指示灯及一个蜂鸣器构成。第一个 LED 采用绿色灯光，当测量值在一定范围内，即未检测到金属时此灯亮起。当检测到存在金属时，代表危险的 LED 灯亮起，此灯应采用红色，同时与 LED 相并联的蜂鸣器由于上方引脚出现高电平而开始报警。为了使报警启动信号足够驱动蜂鸣器并能使蜂鸣器响声足够响亮，在此电路中引入一个 PNP 型三极管。

三、电源设计

金属探测器的声光报警器电源电路采用 LM7805 三端稳压电路，仿真电路如图 8.11 所示。

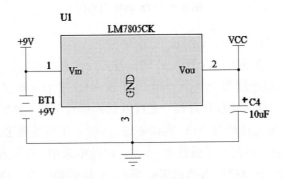

图 8.11 LM7805 三端稳压仿真电路

X78XX 系列是三端正电源稳压电路，它的封装形式为 TO-220。它有一系列固定的电压输出，应用十分广泛。每种类型由于内部电流的限制，以及过热保护和安全工作区保护，使它基本上不会损坏，如果能提供足够的散热片，它就能够提供大于 1.5 A 的输出电流。虽然是按照固定电压值来设计的，但是当接入适当的外部器件后，就能够获得各种不同的电压和电流。其中 LM7805 是输出 DC 5 V 的三端稳压电路,其相关参数见表 8.3。

表 8.3 LM7805 电参数表

参数	符号	典型值	单位
输出电压	U_O	5.0	V
线性调整率	Regline	4.0	mV
负载调整率	Regload	9	mV
静态电流	I_Q	5.0	mA
静态电流变化	ΔI_Q	0.03	mA
输出电压	$\Delta U_O/\Delta T$	−0.8	mV/℃

四、主控部分认知

主控器采用 AT89C51 单片机。AT89C51 是一个低功耗、高性能 CMOS 八位单片机,片内含 4 KB ISP(in-system programmable)的可反复擦写 1 000 次的 Flash 只读程序存储器,器件采用 ATMEL 公司的高密度、非易失性存储技术制造,兼容标准 MCS-51 指令系统及 80C51 引脚结构,芯片内集成了通用八位中央处理器和 ISP Flash 存储单元。

AT89C61 片内结构具有如下特点:40 个引脚,4 KB Flash 片内程序存储器,128 B 的随机存储器(RAM),32 个外部双向输入/输出(I/O)口,2 个数据指针,2 个 16 位可编程定时计数器,5 个中断优先级,2 层中断嵌套,2 个全双工串行通信口,片内时钟振荡器。此外,AT89C51 设计和配置了振荡频率可为 0 Hz 并可通过软件设置的省电模式。空闲模式下,CPU 暂停工作,而 RAM、定时计数器、串行口及外中断系统可继续工作,掉电模式冻结振荡器而保存 RAM 的数据,停止芯片其他功能直至外中断激活或硬件复位。其工作电压为 5 V,晶振频率采用 12 MHz。

在软件设计环节上,基于 Windows 7 操作系统,在 Keil μVision4 软件环境下,利用 C 语言进行编程,程序简单易懂,可移植性强,利用软件把对.c 源文件经过编译、连接后生成的.hex 文件导入 AT89C51 单片机中。具体代码如下:

```
#include <reg52.h>
#include <math.h>
#define uint unsigned int
#define uchar unsigned char
sbit ST = P3^2;
sbit OE = P3^3;
sbit EOC = P3^4;
sbit led1 = P2^0;
sbit led2 = P2^1;
sbit led3 = P2^2;
sbit led4 = P2^3;
sbit dp = P2^4;
sbit ledg = P2^5;
```

```c
uint temp1;
uchar ad_data;
uchar data dis[5] = {0x00,0x00,0x00,0x00,0x00};
uchar code led_segment[ ] = {0x3F,0x06,0x5B,0x4F,0x66,0x6D,0x7D,
                             0x07,0x7F,0x6F};          //共阴数码管字码表
void   main(void);                    //主函数
void   data_pro();
void   delay(int count);
void   display();                     //显示子程序
void main(void)                       //主程序
{
    ad_data = 0;                      //采样值存储单元初始化为0
    while(1)
    {
        ST = 0;
        ST = 1;                       //给START一个高电平,上升沿复位A/D内部寄存器
        ST = 0;                       //给START一个低电平,启动ADC0809工作
                                      //相当于时钟脉冲
        while(EOC == 0)               //EOC为零,A/D转换过程进行中,等待转换结束变为1
        OE = 1;                       //OE=1,允许A/D向外发送数据
        ad_data = P0;                 //通过P0口读取数A/D转换数据
        data_pro();
        display();
    }
}
void delay(int count)                 //定义延时子函数,利用循环来延时
{
    int i,j;
    for(i = 0;i<count;i++ )
    for(j = 0;j<120;j++);
}
void display(void)                    //LED显示子程序
{

        P1 = led_segment[dis[2]] + 0x80;//驱动方法
        led1 = 0;                     //开第一个数码管
        delay(1);                     //动态显示方法进行一个很短的延时
        led1 = 1;                     //关第一个数码管,进行动态显示
```

```c
        P1 = led_segment[dis[1]];
        led2 = 0;
        delay(1);
        led2 = 1;
        P1 = led_segment[dis[0]];
        led3 = 0;
        delay(1);
        led3 = 1;
    }
    void data_pro(void)              //数据处理子程序
    {
        temp1 = (ad_data * 1.0/255) * 500;
        if(temp1>=200)
            {dp = 0;
            ledg = 1; }
        else
            {dp = 1;
            ledg = 0;}
        dis[2] = temp1/100;
        dis[1] = temp1/10 % 10;
        dis[0] = temp1 % 10;

    }
```

任务工单

（1）根据图 8.12 完成金属探测器的声光报警器的硬件电路焊接，达到焊接电路的工艺要求，具体同任务 8.1。

（2）完成单片机的代码编写任务。在编写代码时，具体可参考以下步骤：

①打开 Keil 软件，选择菜单栏上的 Project 命令，创建工程。

②弹出窗口，在文本框中输入芯片型号进行查找，自行将芯片添加到 Keil 软件的库下。

③选中芯片，单击 OK 按钮即可。在左侧的文本框中，右击选择 Add New…命令。

④选择 .c 的文件，输入文件名以及文件的存储目录，单击 OK 按钮后，在添加的文本框中输入上述程序代码，注意区分大小写。

⑤编写好代码以后，选择菜单栏上的"魔法棒"选项，选择 Output 选项，选中 Creat HEX File 选项，单击 OK 按钮。

⑥单击编译按钮，编译完成后，在文件夹下找到 .hex 的文件，将其烧写到芯片中即可。

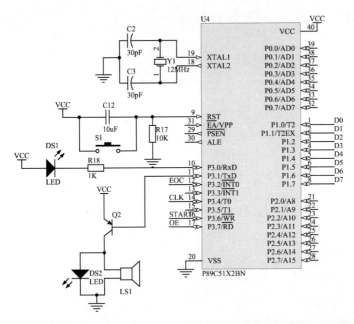
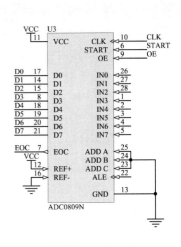

图 8.12 金属探测器的声光报警器

综合评价

综合评价表见表 8.4。

表 8.4 金属探测器检测和报警电路的设计与制作综合评价表

班级：_____　　　　　　　　指导教师：_____
小组：_____　　　　　　　　日　　期：_____
姓名：_____

评价项目	评价标准	评价依据	评价方式			权重	得分小计
			学生自评 20%	小组互评 30%	教师评价 50%		
职业素养	(1) 遵守企业规章制度、劳动纪律。 (2) 按时按质完成工作任务。 (3) 积极主动承担工作任务，勤学好问。 (4) 人身安全与设备安全 (5) 工作岗位 6S 完成情况	(1) 出勤。 (2) 工作态度。 (3) 劳动纪律。 (4) 团队协作精神				0.3	
专业能力	(1) 会熟练使用万用表。 (2) 会分辨 A/D 转换器 ADC0809 的引脚分布，会使用 ADC0809 进行模/数转换。 (3) 正确输入程序代码，烧录到控制器中实现报警功能	(1) 工作原理理解。 (2) 会使用 Keil 单片机编程软件新建项目，完成代码的编写和调试 (3) 根据芯片手册区分 AD0809 的引脚				0.5	

创新能力	(1) 电路调试时,能提出自己独到见解或解决方案。 (2) 熟悉电路各元器件的作用	(1) 使用仪器的熟练程度。 (2) 代码输入无错误,会简单修改 C 语言程序			0.2
合计					

思考与练习

(1) 简述信号模/数转换的工作原理。

(2) 简述如何通过 X78XX 系列芯片设计一个 5 V 直流稳压电源。

任务8.4　金属探测器的整体仿真调试和焊接

> 总体设计将影响整个项目的实现,对整个项目的开发起着指导性的作用,因此总体设计的好坏影响深远。在前三个任务完成后,下面将对它们进行整合和调试。为了降低成本,避免失败造成的器件的浪费,这里介绍一种计算机仿真技术来验证设计结果是否可行,仿真通过后再完成金属探测器的硬件的搭建。

任务描述

在 Proteus 软件上绘制金属探测器的仿真电路图,并且对 555 振荡电路、信号检测和放大电路、单片机报警电路进行仿真,仿真通过后完成对各个模块具体器件参数的调整,完成金属探测器的硬件制作。

任务分析

通过本任务,学习 Proteus 软件的仿真方法,练习 555 振荡电路、信号检测和放大电路外围器件的参数选择和调试方法,学习 Proteus 软件和单片机的联调方法,进一步对整体硬件电路进行调试,实现金属探测功能。

知识与技能

本设计中使用的仿真软件为 Proteus 7.8。在仿真过程中可发现许多问题并及时对出错的地方加以修正。

Proteus 软件是英国 Lab Center Electronics 公司出品的 EDA 工具软件。它不仅具有其他 EDA 工具软件的仿真功能,还能仿真单片机和外围器件。它是目前比较好的仿真单片机及外围器件的工具。

Proteus 从原理图布图、代码调试到单片机与外围电路协同仿真,一键切换到 PCB 设计,真正实现了从概念到产品的完整设计,是目前世界上唯一将电路仿真软件、PCB 设计软件、虚拟模仿软件三合一的设计平台,其处理器支持 8051、HC11PIC10/12/16/18/24/30/DsPIC33、AVR、ARM、8086 和 MSP430 等,并持续增加其他系列处理器模型。在编译方面,它也支持 IAR、Keil 和 MPLAB 等多种编译器。Proteus 软件界面如图 8.13 所示。

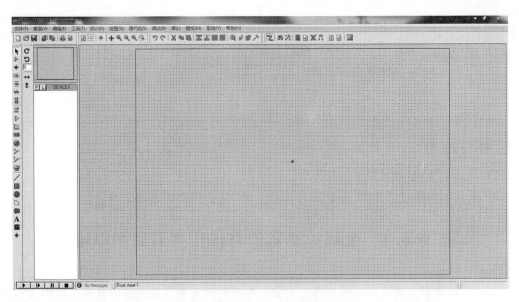

图 8.13　Proteus 软件界面

任务工单

1. 振荡电路仿真（见图 8.14、图 8.15）

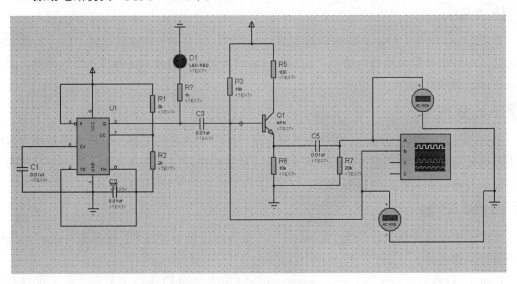

图 8.14　线圈电路仿真原理图

由图 8.15 仿真结果发现，输入到示波器 A 通道的经过放大后的振荡信号（上面波形）与直接由 555 振荡器输出的输入到示波器 B 通道的原始振荡信号（下面波形）相比，存在较明显的失真，且没有放大，甚至有所衰减。而且原始振荡信号输出峰值约为 5 V，已足够大，不需要再进行放大，在实际电路中可去掉 NPN 晶体管放大电路。此方案经验证确实可用。

2. 检测信号放大电路仿真

1）单级放大（见图 8.16、图 8.17）

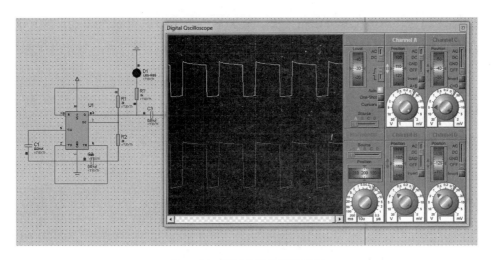

图 8.15　线圈电路仿真结果图

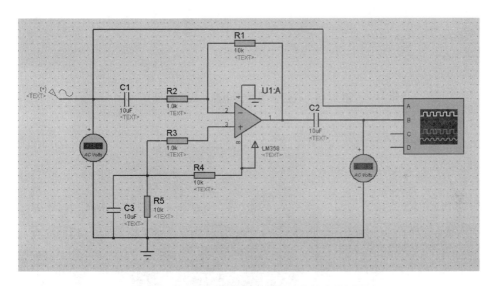

图 8.16　毫伏级交流信号单级放大仿真原理图

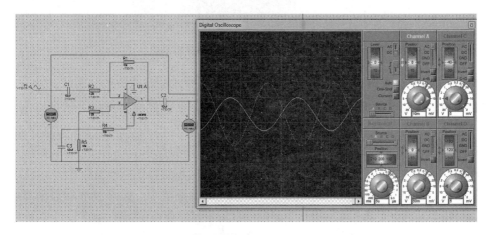

图 8.17　毫伏级交流信号单级放大仿真结果图

由图 8.17 可知，单级放大为反相放大，放大倍数为 10，信号输出效果很好，无失真。但是放大倍数不足。若通过改变电阻改变放大倍数，当倍数达到一定值时会发生较严重失真，故决定采用双级放大。

2）双级放大（见图 8.18、图 8.19）

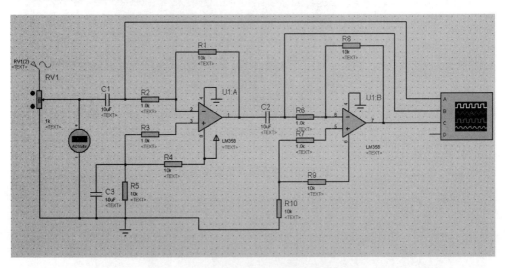

图 8.18　双级信号放大电路仿真原理图

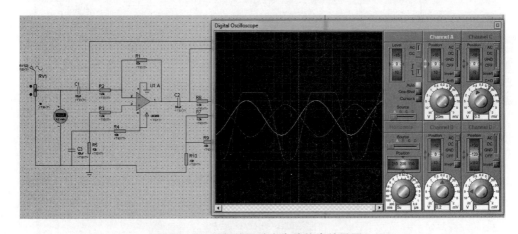

图 8.19　双级信号放大电路仿真结果图

由图 8.19 可见，采用双级放大时，当输入信号峰值较大时（约超过 20 mV 时），就会出现非常严重的失真（顶部失真与底部失真都会出现），所以此电路可放大信号峰值范围有限，故不能采用此电路。

可适应此次设计的双级放大电路仿真原理图及结果图如图 8.20、图 8.21 所示。

由图 8.21 可以看出，此放大电路放大倍数与放大信号峰值范围（峰值在 0～90 mV 范围内的交变信号能做到顶部不失真的放大输出）都能达到预期要求，但是波形看起来有较大变化——信号负半轴部分全部失真（但是正半轴信号无明显失真）。然而在本次设计中不必考虑，因为结合后续的峰值检波电路，只需要比较准确的峰值即可，此电路可以满足设计要求。

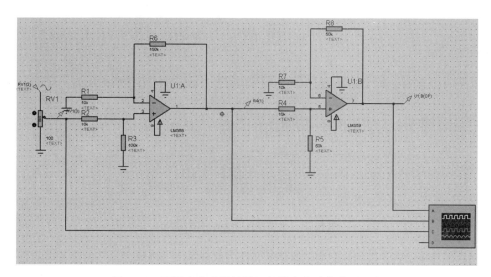

图 8.20　可适应此次设计的双级放大电路仿真原理图

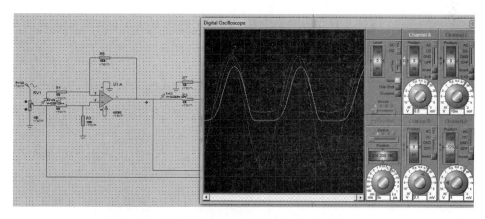

图 8.21　可适应此次设计的双级放大电路仿真结果图

3. 峰值检波电路仿真（见图 8.22、图 8.23）

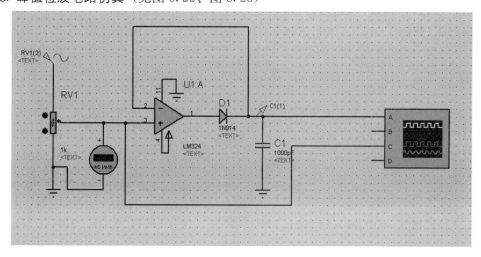

图 8.22　峰值检波电路仿真原理图

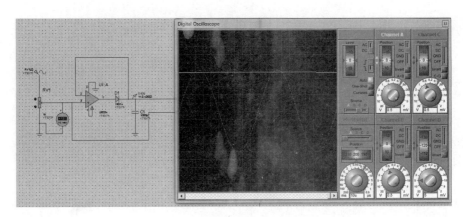

图 8.23 峰值检波电路仿真结果图

此电路的作用是将测量到的交变电压信号转变为以被测信号峰值为参考的直流电压信号。结合图 8.21 的双级放大电路,忽略图 8.21 电路中底部的失真,输出代表信号大小的峰值信号。

注意在此电路中对于 C_1 的选择,若选取过小,如 100 pF,则会出现图 8.24 所示的现象,即由于放电过快,使得波形出现"锯齿"。若选取过大,如 $0.1~\mu F$,则会出现图 8.25 所示的现象,即由于放电太慢,峰值信号不能及时跟随原信号。

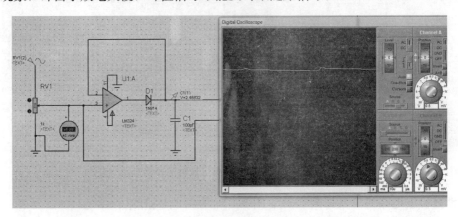

图 8.24 电容 C_1 选取过小(100pF)

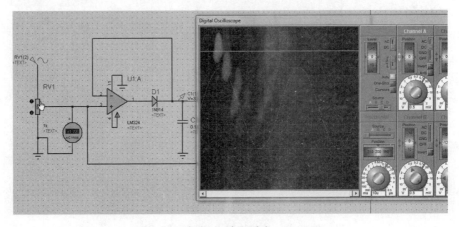

图 8.25 电容 C_1 选取过大($0.1~\mu F$)

双级交流放大+峰值检波电路仿真原理图及结果图如图 8.26、图 8.27 所示。

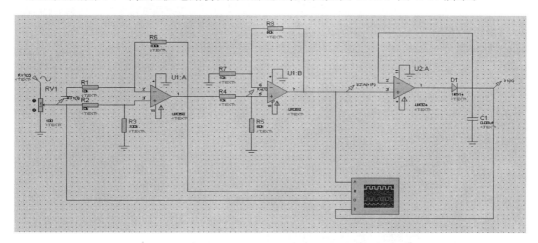

图 8.26　双级交流放大+峰值检波电路仿真原理图

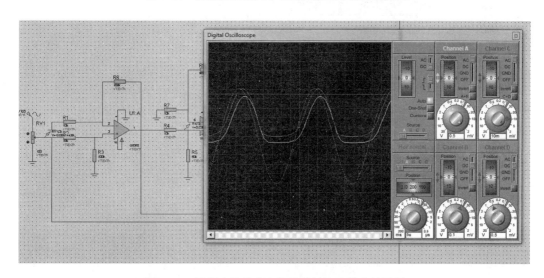

图 8.27　双级交流放大+峰值检波电路仿真结果图

4. A/D 转换与单片机控制电路仿真

在仿真源程序中,设置报警的阈值输入电压为 2.00 V,当输入信号电压超过 2.00 V 时红灯亮起,蜂鸣器报警;低于 2.00 V 时红灯灭,绿灯亮起,蜂鸣器停止报警,如图 8.28、图 8.29 所示。(此 2.00 V 报警电压是为了测试随意设置的,实际报警电压需要利用线圈振荡电路和霍尔元件检测电路实际测得后确定。)

在整体电路中,输入 ADC0809 的 IN0 口的输入信号由霍尔元件检测到的并经过放大和峰值检波后的直流信号提供。ADC0809 的时钟信号 CLOCK 可由 555 振荡电路输出的 24 kHz,5 V 的矩形波提供。

5. 金属探测器电路板焊接

1) 元器件的选择

器件清单见表 8.5。

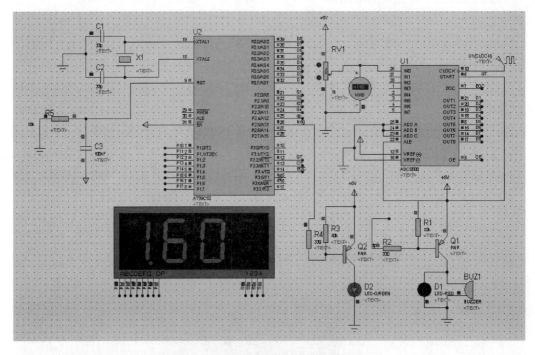

图 8.28 未报警时某时刻仿真结果图

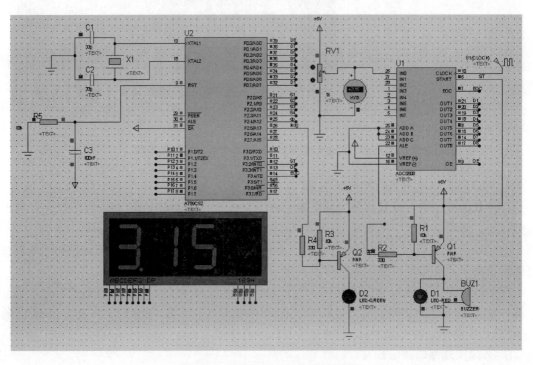

图 8.29 报警时某时刻仿真结果图

表 8.5 器件清单

序号	名称	规格	数量	序号	名称	规格	数量
1	电源	9 V	1	12	可调电阻器	5 kΩ	1
2	电容器	30 pF	9	13	开关		1
3	电容器	10 μF	1	14	LM7805CK		1
4	电容器	10 μF	2	15	UGN3503		1
5	发光二极管	标准	2	16	LM324		3
6	电感器	10mH	1	17	ADC0809N		1
7	扬声器	0.5W	1	18	AT89C51		1
8	晶体管	9013	1	19	555 定时器		1
9	2N6727		1	20	12 MHz 晶振		1
10	电阻器	470 kΩ	15	21	二极管	1N914	3
11	可调电阻器	500 kΩ	1				

本电路由 +9 V 单电源供电，在设计过程中用直流电压源供电，在实际使用中考虑到便捷性，拟采用六节 1.5 V 的 5 号干电池串联使用，或利用可充电锂电池作为电源供电。

2) 金属探测器的通电检查与调试

电路中可在单片机 RST 端口加入开关 S1，作为单片机复位开关，一般不需要使用，当仪器出现故障时（如蜂鸣器始终在报警或输出值维持不变时），按一下此开关，即可使仪器恢复出厂设置，继续使用。

为了节约电量，此设计在电源部分与电路部分之间将引入一个总电源开关，此开关闭合，仪器进入工作状态；开关断开，仪器停止工作，节约了电源电量。

在检测过程中若绿灯亮起，则证明无金属；红灯亮起，且伴随蜂鸣器报警，则证明存在金属。

3) 常见故障及解决办法

(1) 电源指示灯不亮：

①检查电源开关是否打开。

②检查电池是否有电。

③检查指示灯是否损坏。

(2) 打开电源后蜂鸣器一直在报警：

按下单片机复位开关（S1），重新检测。

(3) 检测金属物质时蜂鸣器不报警：

①检查红灯是否亮起，红灯亮起则蜂鸣器损坏。

②被测物体是否达到最小识别金属大小。

(4) 控制电路无反应：

检查单片机和 ADC0809 是否烧坏（单片机明显发热）。

综合评价

综合评价表见表8.6。

表8.6 金属探测器的整体仿真测试和焊接综合评价表

班级：＿＿＿＿ 小组：＿＿＿＿ 姓名：＿＿＿＿		指导教师：＿＿＿＿ 日　　期：＿＿＿＿				
评价项目	评价标准	评价依据	评价方式 学生自评 20%	小组互评 30%	教师评价 50%	权重	得分小计
职业素养	(1) 遵守企业规章制度、劳动纪律。 (2) 按时按质完成工作任务。 (3) 积极主动承担工作任务，勤学好问。 (4) 人身安全与设备安全。 (5) 工作岗位6S完成情况	(1) 出勤。 (2) 工作态度。 (3) 劳动纪律。 (4) 团队协作精神				0.3	
专业能力	(1) 熟悉焊接操作手法，正确焊接电路。 (2) 能理解金属探测器电路的原理及应用，分析电路的功能和参数。 (3) 当有金属接近传感器时，红灯亮起，且伴随蜂鸣器响起，则证明电路达到测试要求	(1) 熟练使用Proteus仿真软件。 (2) 完成金属探测器的电路焊接，完成通电检查与调试。 (3) 可以自行发现常见故障并进行修复				0.5	
创新能力	(1) 根据电路原理图选择合适元器件进行焊接和组装。 (2) 电路焊接能否一次成功，电路如果出现故障，能否通过自己努力排除。 (3) 能否判断测量结果的准确性，进而评价所制作的电路质量的好坏	(1) 金属探测器的工作状态的理解。 (2) 抗挫折能力				0.2	
		合计					

思考与练习

(1) 如何通过仿真软件对峰值检波电路的充电电容参数进行选择？

(2) 若检测金属物质时蜂鸣器不响，可能由哪些原因造成？

附录 A　图形符号对照表

图形符号对照表见表 A.1。

表 A.1　图形符号对照表

序号	名称	国家标准的画法	软件中的画法
1	变压器		
2	电解电容		
3	晶体管		
4	电压源		
5	与门		
6	与非门		
7	或非门		
8	非门		
9	或门		
10	按钮开关		
11	电阻器		
12	接地		
13	二极管		
14	发光二极管		

参考文献

[1] 康华光. 电子技术基础 [M]. 5版. 北京：高等教育出版社，2007.

[2] 阎石. 数字电子技术基础 [M]. 5版. 北京：高等教育出版社，2006.

[3] 曾佳，吴志荣. 模拟电子技术与实践 [M]. 北京：高等教育出版社，2017.

[4] 徐超明，李珍. 电子技术项目教程 [M]. 2版. 北京：北京大学出版社，2014.

[5] 王继辉. 模拟电子技术与应用项目教程 [M]. 北京：机械工业出版社，2014.

[6] 王书杰，汤荣生. 模拟电子技术项目式教程 [M]. 北京：北京大学出版社，2021.

[7] 王志伟. 电子技术应用项目式教程 [M]. 3版. 北京：北京大学出版社，2020.

[8] 吕国泰，白朋友. 电子技术 [M]. 5版. 北京：高等教育出版社，2019.